国家新闻出版改革发展项目库入库项目
物联网工程专业教材丛书
高等院校信息类新专业规划教材

物联网技术与应用实践

主　编　卢向群
副主编　潘淑文　常晓鹏

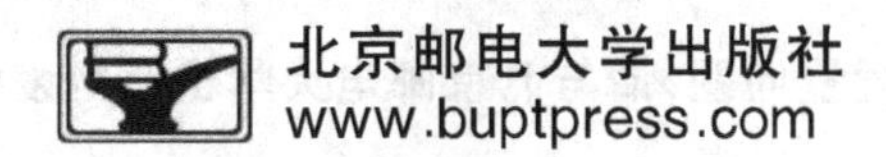

内 容 简 介

本书通过研究各高校现有物联网课程的教学实践，对现有教材进行理论体系分析及实践案例的梳理，整理出真正关键的基础理论知识点，挑选出符合实际应用场景的教学案例，并通过可编程的物联网应用技术开发平台，搭建供使用者实践的实验室开发环境，让使用者能够在理论学习的基础上，真正动手开发实际的物联网应用。

本书以实际应用为起点，第一部分介绍理论与技术，第二部分介绍物联网基础动手实验。本书系统性强、内容丰富，结构清晰，既突出基本原理，也强调工程实践，还兼顾物联网大纲要求，可供高等院校计算机及相关专业的本科生使用，也可供物联网工程技术人员参考。

图书在版编目(CIP)数据

物联网技术与应用实践 / 卢向群主编. -- 北京：北京邮电大学出版社，2021.8(2024.1 重印)

ISBN 978-7-5635-6261-9

Ⅰ. ①物… Ⅱ. ①卢… Ⅲ. ①物联网－高等学校－教材 Ⅳ. ①TP393.4 ②TP18

中国版本图书馆 CIP 数据核字(2020)第 224847 号

策划编辑：姚顺　刘纳新　　**责任编辑**：满志文　　**封面设计**：七星博纳

出版发行：北京邮电大学出版社
社　　址：北京市海淀区西土城路 10 号
邮政编码：100876
发 行 部：电话：010-62282185　传真：010-62283578
E-mail：publish@bupt.edu.cn
经　　销：各地新华书店
印　　刷：北京虎彩文化传播有限公司
开　　本：787 mm×1 092 mm　1/16
印　　张：16.25
字　　数：401 千字
版　　次：2021 年 8 月第 1 版
印　　次：2024 年 1 月第 3 次印刷

ISBN 978-7-5635-6261-9　　　　定　价：45.00 元

·如有印装质量问题，请与北京邮电大学出版社发行部联系·

物联网工程专业教材丛书

前言

物联网的崛起，已成为科技产业最引人注目的新趋势。它既是国家经济发展的新动力，也是推动产业升级和经济结构调整的新抓手。随着我国5G建设的大力推进，物联网应用的实际落地必将全速前进。由此，物联网人才的需求日益急迫。欲构建以物联网为基础的智慧国家，须从教育着手。高校作为国家培养人才的战略高地，责无旁贷担负起这一重任。

目前关于物联网技术的教材不乏在技术理论上写得不错的版本，但此类教材存在的共性问题是基本停留在技术理论层面的探讨。有些教材虽然取名为“技术与应用”或者“技术与实践”，但实际上，所谓的“应用”和“实践”仅仅是物联网技术案例的描述，并没有真正向读者展现案例的开发逻辑、系统配置、硬件设计、软件编写等具体的研发过程。读者看过之后，也仍然无法全面了解如何去开发一个实际的物联网应用。

本书通过研究各高校现有物联网课程的教学实践，对现有教材进行了理论体系分析及实践案例的梳理，整理出真正关键的基础理论知识点，挑选出符合实际应用场景的教学案例，并通过可编程的物联网应用技术开发平台，搭建供学生实践的实验室开发环境，让学习者和使用者能够在理论学习的基础上，真正动手开发实际的物联网应用。

本书章节安排首先介绍理论与技术，随后介绍实际的物联网基础实验。用具体细致的实践来体验物联网理论及技术，提高学习者知识水平和技术能力的同时，让学习者喜爱、享受并去主动研究探索物联网技术。

本书采用国际知名的杜威博士“做中学”的教学理念，强调理论与实践并重，浅显易懂。本书共分为两大部分，详细内容如下：

第一部分　物联网技术的理论基础和物联网应用案例，各章节目录如下：

第1章　绪论

第2章　物联网体系结构

第3章　感知识别与定位技术

第4章　物联网通信技术

第5章　物联网信息处理技术

第 6 章　物联网应用

第二部分　物联网应用实验，各章节的实验内容如下：

第 7 章　网关层实验：以无人值守自动灌溉为应用背景，提供了基于树莓派的网关层 8 个实验。网关层采用 7 寸触摸屏为控制板，开发工具为 Xshell。

第 8 章　节点层实验：以无人值守自动灌溉为应用背景，提供了基于 STM32T103 的节点层 14 个实验。节点层采用温湿度传感器作为数据采集设备，显示屏为 3.2 寸液晶，开发工具为 MDK5.17。

第 9 章　协议栈组网实验：以无人值守自动灌溉为应用背景，提供了基于 CC2530 的协议栈组网 3 个实验。网络层无线通信方式为 Zigbee，开发工具为 IAR。

第 10 章　无人值守自动灌溉系统综合实验：无人值守自动灌溉综合实训搭建基于物联网的无人值守自动灌溉系统。该系统采用温湿度传感器作为采集设备，无线通信方式为 Zigbee。可通过计算机远程查看实时环境数据，包括温度、湿度。远程手动或者自动控制环境设备，包括风扇和水泵，实现智能化远程管理。

作者尽管已尽力将出错的概率降至最低，但疏漏之处仍在所难免。欢迎广大读者批评指正，不胜感激！

卢向群
于北京邮电大学

目 录

第一部分 物联网技术的理论基础和应用案例

第二部分 物联网应用实验

第一部分　物联网技术的理论基础和应用案例

第1章 绪论

20世纪90年代初期,科学家首次提出"物联网"(Internet of Things,IOT)的概念。顾名思义,"物联网"是因"物"而生的网络,它将所有物体通过传感器设备与互联网相连,彼此交换信息,最终实现对物体智能化的识别和管理。伴随着网络技术、通信技术、智能嵌入技术的迅猛发展,今天以互联网为依托的物联网正把我们带入一个以数据为依托的新时代,万物互联将超越人们的想象,彻底改变人类的生活。

现实世界,随处可以看到物联网中"物"的影子,它不仅仅包括家用类电器、电子类设备、各种车辆、其它高科技产品中,还包括各种非电子类物品,甚至一张桌子、一条轮胎、一支笔都可能成为物联网中的一部分。万物互联意味着地球上的人、机、物能够有机地融合在一起,所有物体都将获得语境感知,增强的处理能力和更好的感应能力。

各国专家普遍认为,物联网技术将带来一场新的技术革命,它是继个人计算机、互联网及移动通信网络之后全球信息产业的第三次技术革命。

1.1 物联网的起源与定义

最早的物联网理念起源于1991年英国剑桥大学的咖啡壶事件。1991年,剑桥大学特洛伊计算机实验室的科学家们在咖啡壶旁边安装了一个摄像头,以3帧/秒的速率将图像传至实验室的计算机,方便科学家们查看咖啡加热的状态。两年后,这套"咖啡观测"系统不仅图像捕捉速度更快,而且可通过互联网实时查看,"特洛伊咖啡壶"向人们打开了物质数据化的大门。

1999年,美国麻省理工学院提出"万物皆可通过网络互联"的物联网基本思想。麻省理工学院学科学家利用物品编码和射频识别(Radio Frequence Identifier,RFID)技术对物品进行标识后,把RFID装置和激光扫描仪等传感设备通过互联网连接起来,实现了物品的智能识别和信息交换。对物品的智能识别与信息交换涵盖了物品编码、RFID和互联网技术,这正是现代物联网的雏形。

2005年11月,国际电信联盟(ITU)发布的《ITU互联网报告2005:物联网(The Internet of Things)》对"物联网"的概念进行了定义:无所不在的"物联网"通信时代即将来临,世界上所有的物体都可以通过互联网主动进行信息交换。国际电信联盟将物联网的定义从人与人的通信延伸到人与物、物与物间的通信,即实现物品的3A化互联:任何时间(Any Time)、任何地点(Any Where)、任何物体(Any Thing)之间可实现互联。目前物联网被大家普遍接受的定义是:物联网是通过使用射频识别(RFID)、传感器、红外感应器、全球定位系统、摄像头等信息采集设备,按照约定的协议,将物品与互联网连接起来,进行信息交换和通信,以实现智能化识别、定位、跟踪、监控和管理的一种网络。物联网中的“物”是可读、可识别、可定位、可寻址、可控制的物品。其中可识别是对“物”最基本的要求,不能识别的物品不能被视作物联网的“物”。

科技融合体模型将物联网定义为:当下几乎所有技术与计算机、互联网技术的结合,可实现物体与物体之间、环境及状态信息的实时共享,并能够进行智能化的收集、传递、处理、执行的网络。广义上说,物联网是一个基于互联网、有线通信网和无线通信网等网络的信息载体,它可实现所有能被独立寻址的普通物理对象的互联互通,具有普通对象设备化、自治终端互联化和普适服务智能化的特征。

1.2 物联网在国内外的发展

2008年11月,美国IBM总裁彭明盛正式提出智慧地球(Smarter Planet)的设想。2009年1月,奥巴马政府将“智慧地球”列为继互联网之后美国发展的核心领域。在国家层面,美国进一步巩固信息技术领域的垄断地位。在全球推行EPC标准体系,目的是主导全球物联网的发展。美国国家情报委员会在《2025年对美国利益潜在影响的关键技术》报告中,将物联网列为6种关键技术之一。

日本对物联网技术的重视更是有目共睹,2009年日本IT战略本部提出“I-Japan”战略2015,主要涉及标准化制定、相关法律制定、基础设施建设和人才培养等方面,是一个既有目标又有措施的信息化建设计划,它强化了物联网在交通、医疗、教育和环境监测等领域的应用。

2009年12月,欧洲物联网项目总体协调组发布了《物联网战略研究路线图》,更加系统地提出了物联网战略的实施路径和关键技术,将物联网研究分为感知、通信、组网、宏观架构、软件平台及中间件、情报提炼、搜索引擎、硬件、能源管理、安全等层面。

我国也将传感网和物联网列为国家重点发展的战略性新兴产业之一,制定了多项国家政策及规划,推进物联网产业体系不断完善。2009年8月,温家宝总理提出加速物联网技术的发展,温总理在《让科技引领中国可持续发展》讲话中明确指出,物联网属于五大重点扶持的新型科技领域之一,要求“着力突破传感网、物联网关键技术,使信息网络产业成为推动产业升级、迈向信息社会的发动机”。

国务院在中国政府网公开发布的《十三五国家信息化规划》中有20处提到“物联网”。该方案明确指出,积极推进物联网感知设施规划布局,发展物联网开环应用。推进物联网应用区域试点,建立城市级物联网接入管理与数据汇聚平台。提出发展智慧农业,推进智能传感器、卫星导航、遥感空间地理信息等技术应用。增强对农业生产环境的精准监测能力,提出新型智慧城市建设行动方案。

当前，国内政策与技术的大力扶持，为物联网的繁荣营造了空前的技术氛围。我国在计算机发展的最初阶段，一直是落后的。进入网络时代，我们已经开始与世界水平接近。在RFID时代，我们国家不再落后，我们的应用甚至超越了国外。到了物联网时代，我们与世界已经同步。

1.3 物联网对社会的影响

从物联网未来的应用场景来看，物联网将从以下几个方面影响和改变人类的生活。

1. 产业互联网的发展促进工作方式的改变

物联网对社会的影响

物联网是产业互联网的基础，所以在产业互联网发展的大背景下，物联网将与大数据、人工智能等相关技术构成一个整体解决方案。它将工作内容变得越来越简单，工作方式变得越来越轻松，工作时间将越来越短。

2. 物联网促进教育方式的改变

目前，AI教育是教育领域关注的重点。未来，AI教育将被广泛普及，以解决因材施教和教育资源不平衡等问题。而AI教育的一个重要基础就是物联网，可以说没有物联网就不会有AI教育。

3. 物联网促进日常生活的改变

物联网对于日常生活的改变体现在众多方面，比如：智能出行（车联网概念）、智慧医疗、智能家居、可穿戴设备等等，这些领域都需要物联网的深度参与，所以物联网对人们生活领域的影响是全方位的。

物联网的发展是综合技术发展的结果，物联网需要大数据、云计算、人工智能、移动互联网的支撑才能发挥更大的作用，所以相关技术的发展也将对物联网的发展起积极的促进作用。

1.4 物联网的特征

经过十多年的发展，物联网形成了全面感知、可靠传递、智能处理和深度应用四个主要特征。

1. 全面感知

全面感知是指利用RFID、传感器、卫星、定位器和二维码等技术，随时随地对物体进行信息采集和获取。物联网全面感知追求的不仅是随时随地获知、测量、捕获物体的信息，更强调的是对信息采集的精准性和效用，即能够根据特定的场景和行业获取精准、全面、有效的信息，最终实现对物体的智能化管理。

2. 可靠传递

由于大量感知节点的存在，物联网每天将产生海量的数据。这些海量数据需要借助各种通信网络进行传输，数据传输的稳定性和可靠性是保证物-物相连的关键。只有遵守统一的通信协议才能实现异构网络的融合，才能保证信息实时、准确地传输。

3. 智能处理

为了实现对各种物品的智能化识别、定位、跟踪、监控与管理，物联网需要智能信息处理平台的支撑。智能信息处理平台针对不同的应用需求采用云计算、大数据和人工智能等智能处理技术，对海量数据进行存储、处理和决策分析。

4. 物联网、大数据与人工智能的深度融合

物联网借助云计算、大数据和人工智能的支持得到了蓬勃发展。首先，物联网通过各种感知设备(如 RFID、传感器、摄像头、二维码等)感知物理世界的信息，这些信息通过网络传输到云端存储设备，为物联网应用的后续分析提供了数据支撑。其次，物联网感知的数据具有异构、多源和时序各异等典型的大数据特点，需要利用大数据分析挖掘技术进行深度分析和价值挖掘。最后，物联网感知的海量数据，包含人、机、物共融信息，则需要利用自然语言处理、图形识别、机器学习等技术对这些信息进行深度挖掘、分析处理，后续才能为用户提供智能化的服务。

由此可见，物联网是获取数据的基础，云计算是数据存储的核心，大数据是数据分析的利器，人工智能是反馈控制的关键。物联网、云计算、大数据和人工智能相辅相成，构成了一个完整的闭环控制系统，将物理世界和信息世界有机地融合在一起。

1.5 物联网关键技术

物联网代表了计算机与通信的发展方向，物联网的关键技术主要包括无线射频识别技术、无线传感器网络、网络融合技术、云计算及物联网安全技术等。

1.5.1 无线射频识别技术

RFID (Radio Frequency Identification，RFID)是一种无线射频识别技术，它利用射频信号及其空间耦合传输特性，通过对采集点的信息进行“标准化”标识，完成对静态或移动待识别物体的自动识别。一套完整的 RFID 系统包括两种基本的物理器件、一个阅读器(Reader)和若干电子标签(Tag)以及应用软件系统三大部分。RFID 系统的工作原理是阅读器发射特定频率无线电波给电子标签，驱动电子标签电路将内部数据发送出去，与此同时阅读器依次接收解读数据，并将解读后的数据传送给应用程序做相应处理。RFID 技术具有无接触的自动识别、穿透能力强、读识速度快、同时能对多个物品完成自动识别等特点。

RFID 技术早期应用于供应链，通过对物品进行实时监控，提高物品产生、配送、仓储、销售全过程的管理水平。RFID 技术创新了商品销售及物流配送以及物品跟踪的管理模式。不仅能使遍布世界各地的销售商实时获取商品的销售情况，而且可使生产商及时调整生产量。另据统计，沃尔玛采用 RFID 每年可以节省 83.5 亿美元，其中大部分来源于因无须人工查看进货条形码而节省的劳动力成本。现在，RFID 技术已在物流和供应管理、生产制造和装配、航空行李处理、快递包裹处理、图书馆管理、动物身份标识、运动计时、门禁控制、电子门票、道路自动收费、一卡通等领域广泛应用。RFID 技术与互联网、通信技术相结合，实现了全球范围物品的跟踪与信息的共享。在物联网“识别”物品和近距离通信方面起到了至关重要的作用，极大地推动了物联网的应用和发展。

1.5.2 无线传感器网络

1996年,加利福尼亚大学洛杉矶分校的 William J. Kuser 教授提出"低能耗无线集成微型传感器"概念,揭开了现代无线传感器网络(Wireless Sensor Network, WSN)的序幕。无线传感器是获取物理层信息的关键器件,是物联网中不可缺少的信息采集手段。无线传感器网络的概念融入物联网后,感知周围环境成为物联网发展的必然趋势。美国商业周刊将无线传感网络列为21世纪最具影响的技术之一,无线传感器网络技术得到学术界、工业界乃至政府的广泛关注,被麻省理工学院评为改变世界的十大技术之一。

无线传感器结构由传感器节点、汇聚节点、现场数据收集处理决策部分和分散用户接收装置组成。节点能通过自组织方式构成网络,各个传感器节点获得的数据通过相邻节点进行传输。在传输过程中所得的数据可被多个节点处理,经过多跳路由传输到协调节点,最后通过互联网或以无线传输方式到达管理节点。无线传感器网络与具体行业结合是随物联网走向智能化、自动化的最可行的方法之一。

无线传感网络的传感器可探测包括地震、电磁、温度、湿度、噪声、光强度、压力、土壤成份、移动物体的大小、速度和方向等周边环境中多种多样的现象,成为国防军事、环境监测和预报、健康护理、智能家居、建筑物结构监控、复杂机械监控、城市交通、空间探索、大型车间和仓库管理以及机场、大工业园区等众多产业领域中最具竞争力的应用。

1.5.3 网络融合技术

数据传输是实现物联网中物与物、人与物间信息交互的关键。为适应多样化的业务需求,满足不同环境下大量数据的传输,物联网需要与现有各种通信网络相互融合。网络融合问题是物联网发展的重要的技术问题。网络融合技术具体包括以下几种。

1. 接入与组网技术

以传感器网络为代表的末梢网络需要实现与骨干网间可靠的数据通信,鉴于物联网的泛在性和异构性,实现骨干网与物联网的充分融合、无缝对接是物联网技术面临的重大挑战。为此,物联网还需要研究固定网络、无线网络、移动网络及 Ad Hoc 网络技术、自治计算与联网等相关技术。

2. 通信技术

通信技术在网络传输中起到了承上启下的衔接作用,是物联网产业的核心技术之一。物联网主要的无线通信技术包括蓝牙、ZigBee、Wi-Fi、NFC、LoRa、NB-IoT、IPv6/6LoWPAN、射频RFID等。

3. 三网融合技术

有线电视网、电信网以及计算机通信网络之间相互渗透、相互兼容,进而逐步整合成为全世界统一的信息通信网络是建设物联网的基础,将为物联网的发展提供高质量的通信基础网络。

三网融合的应用遍及智能交通、环境保护、政府工作、公共安全、平安家居等多个领域。在网络层形成无缝连接,在业务层互相渗透和交叉,在应用层趋向使用统一的 IP 协议。三网融合将打破业务壁垒，在经营上实现互相竞争、互相合作，在行业管制和政策方面也将趋向统一。

1.5.4 云计算

云计算（Cloud Computing）是分布式计算的一种，它通过网络“云”将巨大的数据处理程序分解成若干个小程序，通过多个服务器组成的系统进行分析与处理，最终将结果返回给用户。云计算是一种以数据处理能力为核心的密集型计算模式，它融合了虚拟化技术、海量存储技术、编程模型、Web技术、分布式计算技术和信息安全技术等多种关键通信技术。

云计算的核心理念是资源池，包括计算服务器、存储服务器和宽带资源等。资源池是人们平时所说的“云”，它具有很强的扩展性和按需服务性，它通常通过互联网提供动态易扩展且虚拟化的资源。云计算是分布式计算（Distributed Computing）、并行计算（Parallel Computing）、效用计算（Utility Computing）、网络存储（Network Storage Technologies）、虚拟化（Virtualization）、负载均衡（Load Balance）等传统计算机和网络技术发展融合的产物。

云计算平台由软件、硬件、处理器及存储器构成，它可根据需求进行动态部署、配置、重配置或取消服务。云计算平台中的服务器既可以是物理的服务器也可以是虚拟的服务器。

云计算是物联网发展的基石，而对物联网的海量数据，云计算的强大计算能力能够更好地应用在物联网之上，成为物联网应用的计算机大脑。

1.5.5 智能信息处理技术

物联网的海量感知终端产生了大量文本、图片和视频等结构化、半结构化和非结构化数据，快速、有效地处理这些海量数据，挖掘并应用数据的价值是物联网面临的巨大挑战。大数据分析与处理技术、人工智能处理技术等智能信息处理技术为物联网海量数据的处理提供了强有力的支撑。

大数据（Big Data）是指无法在给定的时间内利用常规软件工具进行捕捉、管理和处理的数据集，需要新的处理模式才能使之具有更强的决策力、洞察发现力和流程优化能力。

人工智能处理技术的核心是模糊集合、模糊逻辑、遗传算法、神经网络等，它们是实现大数据处理的理论基础。模糊逻辑是一种模仿人脑的不确定性概念判断、推理的思维逻辑方式。人工神经网络是一种模仿动物神经网络行为特征进行分布式并行信息处理的算法数学模型。这种网络依据系统的复杂程度，通过调整内部大量节点之间相互连接的关系，达到处理信息的目的。

1.5.6 隐私安全技术

隐私安全技术

由于物联网终端感知网络的私有特性，保护物与物、端到端的传输通信安全成为物联网技术面临的关键问题之一。物联网的隐私保护问题主要集中在感知层和物理层，物联网中传感节点常常部署在无人值守、复杂多变的环境中。物联网主要通过物理手段获取存储在节点中的敏感信息，进而侵入网络、控制网络的威胁，以及信息泄露、信息篡改、重放攻击等等网络威胁。在物联网安全领域，数据安全协议、密钥建立及分发机制、数据加密算法设计以及认证技术都是保障物联网安全的关键技术。

综上所述,物联网是各种技术融合而成的新型技术体系,随着技术的发展和各类标准的不断完善,物联网未来的发展必将给人类的生活带来重大改变。

1.6 物联网应用领域

物联网技术已经成为当前各国科技和产业竞争的热点,许多发达国家为抢占科技制高点,都加大了对物联网技术和智慧型基础设施的投入与研发力度。

我国在物联网方面的政策环境不断完善,产业体系上已初步形成包括芯片、元器件、设备、软件、系统集成、运营、应用服务在内的物联网产业链。目前已主导完成多项物联网国际标准,国际标准制定话语权明显提升。

物联网与移动互联网融合推动家居、健康、养老、娱乐等民生应用方面的创新空前活跃。在公共安全、城市交通、设施管理、管网监测等智慧城市领域,物联网应用规模与水平也不断提升。在智能交通、车联网、物流追溯、安全生产、安全防控、医疗健康、能源管理等领域已形成一批成熟的运营服务平台和商业模式。例如,高速公路电子不停车收费系统(ETC)实现了全国联网,部分物联型应用已达到千万级用户规模。

1. 智能家居

智能家居又称为智能住宅,是以住宅为平台,利用物联网技术、网络通信技术、综合布线技术、安全防范技术、自动控制技术、音视频技术,将与家居生活有关的设施关联集成,构建高效的住宅设施与家庭日常事务的管理系统,实现居住环境的便利性、安全性和舒适性。目前较普遍的应用场景如下:

(1)家电远程控制应用。对家用智能电器(冰箱、灯具、电视)的自动控制和远程控制,对室内温度的设置和远程控制等。

(2)智能安防应用。对非法闯入、煤气泄漏和紧急呼救等进行实时监控。一旦有告警,会自动给有关人员或部门发送报警信息,同时启动相关电器关闭并进入应急联动状态,实现对家庭/楼宇安全的主动防范。

(3)交互式智能控制应用。通过语音识别技术实现对智能家电的声控功能,也可通过主动式传感器和控制器实现对智能家居的主动性动作响应。

2. 智慧农业

物联网技术是智慧农业的核心技术之一,是物联网技术与互联网、大数据、云计算等多种信息技术在农业中的综合应用,是一项综合性系统工程。智慧农业依托部署在农业生产现场的各类传感节点和无线通信网络实现农业生产环节的智能感知、智能预警、智能决策、智能分析、专家在线指导,为农业生产提供精准化种植、可视化管理、智能化决策。物联网技术在农业生产各环节中的应用,主要有以下几个方面:

(1)在农业信息监测中的应用。能够实时监视农作物灌溉情况,监测土壤空气变更,畜禽的环境状况以及大面积的地表检测等。收集温度、湿度、风力、大气压力、降雨量等数据信息,测量土地的氮含量变化和土壤pH值等数据,帮助农民合理施肥,使用农药,抗灾、减灾、科学种植,提高农业综合效益。通过对温度、湿度、氧含量、光照等环境调控设备的控制,保障农产品健康生长。

(2)在农业销售流通领域的应用。通过给农产品制定唯一可识别的电子标签、给运输车辆制定可识别车辆的电子标签,可实现对农产品的识别、运输、销售的跟踪管理,从而实现农产品流通的信息化管理。

(3)在农产品运输节的应用。可实现对产品运输路线和数量的高效、科学、合理的安排,有效降低运输成本,提高农产品运输的自动化水平。

3. 智慧交通

随着人们生活水平的提高,车辆保有量日益增加。交通拥堵、交通事故和环境污染等负面效应日益突出,发展智慧交通技术是缓解城市交通问题的有效手段。

智慧交通可以理解为智能交通系统的升级版,它进一步融合了物联网、大数据、云计算、移动互联等技术,并将这些技术综合运用于整个交通管理系统。

智慧交通一般包含以下内容:

(1)先进的交通信息服务系统(ATIS):ATIS 主要为交通管理者提供服务。管理者通过装备在道路、车辆、换乘站、停车场安装的传感器,向交通信息中心提供辖区内实时的交通数据,由交通信息中心向社会提供各类出行信息。

(2)先进的交通管理系统(ATMS):ATMS 用于监测和管理公路交通情况,建立道路、车辆和驾驶员之间的通信联系。

(3)先进的公共交通系统(APTS):APTS 可实现公共交通系统规划、运营及管理功能的自动化,使公共交通实现安全、便捷、经济的运营目标。

(4)先进的车辆控制系统(AVCS):AVCS 目的是使车辆行驶安全而高效。该系统利用安装在车辆四周的雷达或红外探测仪,判断车辆与障碍物间的距离和相邻车辆的位置。如遇紧急情况,车载控制系统会及时发出报警信号,预防碰撞发生。

(5)货运管理系统(FTMS):FTMS 利用高速道路网、GPS 定位技术、GIS 地理信息技术、物流技术和有线及无线网络技术有效组织交通货物运输和管理,提高货物运输的效率。

(6)电子收费系统(ETC):通过安装在车辆前风挡玻璃上的车载 ETC 设备与收费站 ETC 车道的微波天线之间的通信,并利用与银行间的联网与银行后台快速结算,实现无须停车收取路桥费用,提高车辆通行效率。

(7)紧急救援系统(EMS):EMS 以 ATIS、ATMS、交通相关救援机构和交通基础设施为基础,通过 ATIS 和 ATMS,使交通监控中心与专业救援中心形成一个有机整体,为人们提供车辆故障现场快速处置、拖车、现场救护等服务。

(8)商用车辆运营系统(CVOS):主要提供交通信息、车辆行驶信息、货物配送信息以及车辆电子通关信息等功能,实现对商用车辆的有效监控并提高车辆货物运输的效率。

4. 智慧医疗

智慧医疗是指利用物联网技术,完成医务人员、医疗设备与医疗机构之间的互动,逐步达到医疗领域的智能化。通过无处不在的网络,患者使用手持的 PDA 可快速便捷地与各种诊疗仪器相连,并迅速掌握自身的身体状况,也可通过医疗网络快速调阅自身的转诊信息和病历。医务人员可以随时掌握患者的病情和诊疗报告,快速制定诊疗方案。

5. 智慧物流

智慧物流利用 RFID 射频技术、传感器、GIS/GPS 技术、数据仓库与数据挖掘技术等现代化信息技术，在货物流通的环节中获取信息并分析，从而做出决策。使货物在物流的整个环节都可跟踪与管理，实现配送货物的智能化、信息化和网络化。目前，顺丰的手持终端已具备了数据存储及计算能力，可提供物流过程的实时人机交互、跨设备数据通信等功能。智慧物流以精细、动态、科学的管理，实现物流的自动化、可视化、可控化、智能化和网络化。

6. 智慧环保

智慧环保借助物联网技术，把感应器设备嵌入到各种环境监控物体内，有效地提高环境监测的实时性和有效性，以更加精细和动态的方式实现环境监测与管理，并为管理者的合理决策提供精确数据。

7. 智能制造

伴随物联网、云计算及互联网的纵深发展，为传统制造行业的发展提供了契机和可能。德国“工业 4.0”概念旨在用物联网信息系统将工业生产中的供应、制造、销售信息的数据化和智慧化，最终达到快速、有效、个性化的产品供应与服务。与工业 4.0 相呼应，中国于 2015 年 5 月提出了“中国制造 2025”的概念。部署实施中国制造强国的战略，系统化、数字化、智能化、数据化已经成为中国制造业变革的总体方向。

随着技术的发展与各类需求的不断增加，物联网技术在各行各业的应用范围包括但不限于上述的七个领域，在智慧城市、智慧安防、智慧林业、智慧渔业等领域也将得到广泛应用。

第2章 物联网体系结构

物联网被认为是一种形式多样的聚合复杂系统，它反映了“物”与信息世界的深度融合。物联网体系结构（Architecture）本质上是物联网结构与各组成部分间的相互关系，是物联网的骨架和最基本的内容，是指导物联网应用系统设计的前提和基础。

理想的物联网体系结构应遵循分层思想构建，即依据物联网中数据的产生、传输、流动的特征对整个物联网按照网络层次合理规划。物联网体系结构主要包括如何划分和定义物联网的基本组成部分、定义物联网各部分功能、描述物联网各部分间的关系以及每部分涉及的关键技术。

2.1 物联网体系结构的设计原则

物联网的应用涉及不同的领域、不同的行业及不同的应用场景，系统规划和设计因行业及应用场景的不同会产生不同的结果。因此，建立科学合理、符合需求的物联网体系结构才能充分发挥物联网的作用。设计物联网体系结构时应遵循下面几方面原则：①以用户为中心原则；②时空性原则；③互联互通原则；④开放性原则；⑤安全性原则；⑥鲁棒性原则；⑦可管理性原则。

2.2 常见的物联网体系结构

物联网具有很突出的异构性，为实现异构设备间的互联、互通与互操作，物联网体系结构的设计应具有开放、分层、可扩展的特点。下面介绍几种常见的物联网体系结构。

2.2.1 三层物联网体系结构

物联网通常被抽象成感知层、传输层、应用层三个层次，如图 2-1 所示。

三层物联网体系结构把物联网的感知控制功能抽象为感知层、传输层与应用层，层与层间通过接口协议进行通信。

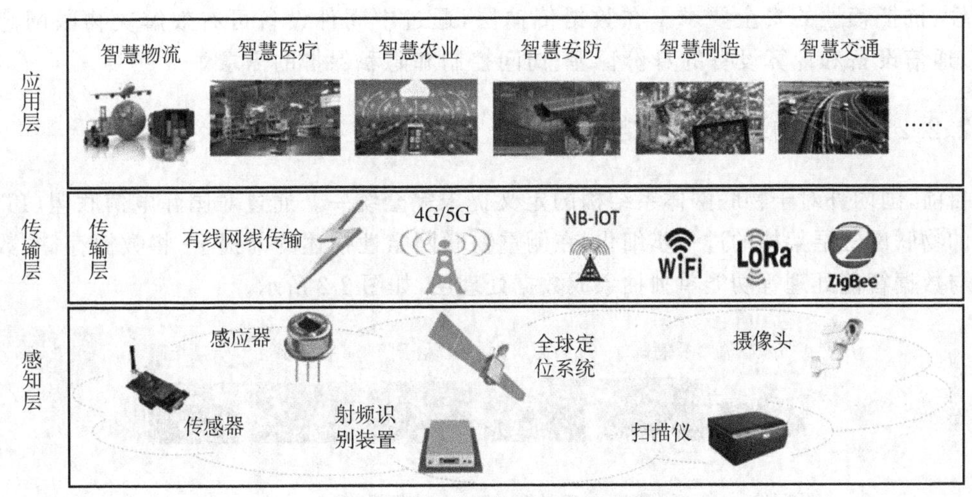

图 2-1 物联网的三层体系结构

1. 感知层

感知层位于三层物联网结构的最底层，主要承担感知物体和采集信息的功能，是信息采集的核心。

2. 传输层

传输层也称为中间件层，主要实现数据的传输与处理，是信息交换、数据传输的中枢。

3. 应用层

应用层解决了信息处理和人机交互问题，一般包括数据智能处理子层和应用支撑子层，主要功能是分析加工数据并为用户提供丰富的应用服务。

三层物联网体系结构有如下特点：

1)屏蔽了资源的异构性

物联网中的异构性主要体现在以下三个方面：

(1)信息采集设备种类多种多样。传感器、RFID、条形码、扫描仪、摄像头以及 GPS 等设备，这些信息采集设备及其网关采用了不同的硬件结构、驱动程序和操作系统。

(2)采集的数据格式不同。不同的设备使用的编码格式、数据格式不同，数据处理时需将所有数据进行格式转化，形成统一的格式，以便上层应用对采集到的数据进行加工处理。

(3)同一个信息服务于多个应用环境。物联网中，同一个信息采集设备所采集的信息需要提供给多个应用环境，处于不同应用环境的系统也需要进行数据交换，但是由于数据的异构性，不同系统在不同平台间不能被移植。除此之外，网络协议和通信机制的不同，也会阻碍不同系统间数据的有效集成。

2)安全性

三层物联网体系结构之安全性

安全性是各种网络系统可靠稳定运行的基础。由于物联网系统的开放性、复杂性和包容性的特点，不可避免地存在诸多安全隐患。为建立物联网可靠稳定的运行环境，必须利用加密、可信接入、认证、访问控制、身份管理等技术建立可靠的安全架构，才能满足物联网对机密性、真实性、完整性、抗抵赖性的安全要求。在数据传输层,通过中间件设备可有效解决物联网感知设备、通信设备和计算设备的身份管理、访问控制和隐私保护的需求。

2.2.2 四层物联网体系结构

目前,国内外对于物联网体系结构的定义仍未完全统一。通过对国际电信联盟(ITU)给出的物联网三层架构的进一步细化,在侧重物联网定性描述的前提下,将数据存储、数据挖掘与数据智能处理等功能单独抽象成数据处理层,如图 2-2 所示。

图 2-2 四层物联网系统架构图

四层物联网体系结构借鉴了 ITU 基于 USN 的四层体系结构和三层体系结构思想,采用自下而上的分层架构,给出了包含数据处理层的四层物联网体系结构,用以指导物联网的理论和技术研究。该结构的特点是侧重物联网的定性描述而不是协议的具体定义,它把物联网定义为一个包含感知识别层、数据传输层、数据处理层、应用决策层的四层体系结构。

1. 感知识别层

感知是指对客观事物的信息直接获取并进行认知和理解的过程。物联网的感知识别层相当于人类的五官,通过视觉、听觉、嗅觉、触觉去感知外部世界。感知识别层通过传感器、摄像机、探测器、感应器等感应设备采集外部物理设备数据,再通过 RFID、条形码、蓝牙等短距离传输技术实现数据的传递。

感知识别层由数据采集、短距离无线通信和协同信息处理三个子层组成。数据采集子层利用传感器、RFID 标签、多媒体信息采集器、条形码和实时定位等各类传感器设备采集数据。无线短距离通信和协同信息处理子层将采集到的数据在局部范围内进行协同处理,通过提高信息的精度,降低信息的冗余度,将处理后的数据通过有组织能力的短距离传感器网络接入到广域承载网络。

从信息学的角度,感知层常见的关键技术有检测技术和短距离无线通信技术,它们主要由传感器技术、RFID技术、条形码技术等技术组成。

下面分别介绍物联网应用到的感知识别技术的三种技术,如图2-3所示。

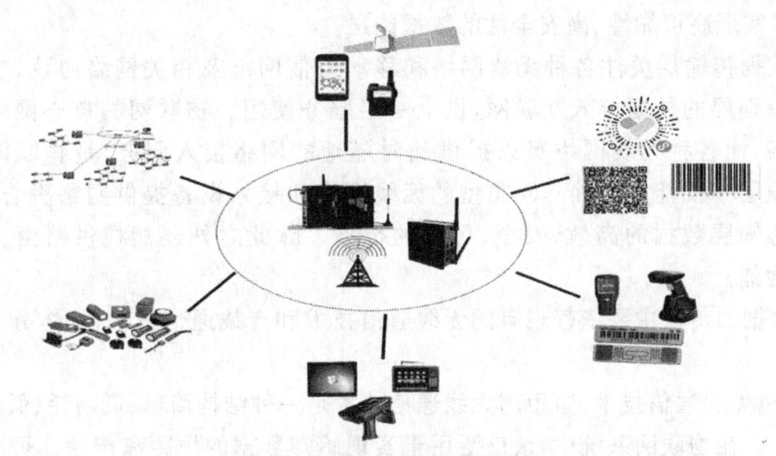

图2-3 物联网感知识别技术

(1)传感技术

传感技术(Sensing Technology)是关于从自然信源获取信息,并对之进行处理(变换)和识别的一门多学科交叉的现代科学与工程技术,它与智能计算技术、通信技术一起被称为物联网的三大技术支柱。从仿生学的观点出发,如果将智能计算比作处理和识别信息的大脑,通信系统则像是传递信息的神经系统,传感器则是感觉物理世界的感觉器官。传感技术是物联网技术的基础,是信息技术之源。现代社会,从各种复杂的工程系统到日常生活的衣食住行几乎都离不开各种各样的传感器。传感技术早已渗透到工业生产、军事国防、宇宙探测、海洋开发、环境保护、资源调查、医学诊断、生物工程、文物保护、安全防范、家用电器等诸多领域。传感器可以被看作是一种检测装置,它能感知到被测量的信息,并将感知到的信息按一定规律变换成为电信号或其它形式的信息输出。传感器通常由敏感元件和转换元件组成。敏感元件是指传感器中能直接感受或响应被测量(输入量)的部分,转换元件是指传感器中能将敏感元件感受的或响应的被测量转换成适于传输和(或)测量的电信号的部分。现代传感器具有微型化、数字化、智能化、多功能化、系统化和网络化的特点。

(2)自动识别技术

自动识别技术(Automatic Identification and Data Capture)是物联网中非常重要的技术,也是物联网区别于其它网络最独特的部分。物联网的自动识别技术将计算机、光、电、通信和网络技术融为一体,与互联网、移动通信等技术相结合,可实现对每个物品的标识和识别,并将数据实时更新,是物联网数据来源的基础。自动识别技术包括生物识别、光识别、磁识别、电识别、RFID识别和条形码识别等技术。

(3)定位技术

定位技术(Location Technology)是利用信息化手段测量目标物体的位置参数、时间参数、运动参数等时空信息的技术。定位技术在物流测量、智能安防、智能交通、紧急救援服务等基于位置的服务行业具有广阔的应用前景。目前常见的定位技术包括卫星定位、蜂窝定位、网络定位、RFID定位等。

2. 数据传输层

物联网的数据传输层主要功能是信息传输,可以实现物与物、物与人、人与物和人与人之间的信息传递,是物联网信息传递和应用服务支撑的基础设施层。该层通常利用有线或无线通信技术实现高可靠性、高安全性的数据传送。

物联网数据传输层关注各种无线网络和移动通信网络及相关网络协议,它的核心作用是把感知识别层的数据接入互联网,供上一层服务使用。物联网的核心网络是互联网和下一代网络,而各种无线网络可以提供随时随地的网络接入服务,是物联网的边缘部分。数据传输层不仅能为各种不同类型的无线网络和接入设备提供网络融合服务,还可实现物联网感知层数据的高效、安全、可靠的传输。除此之外还能提供路由、格式转换、地址转换等功能。

感知层数据的传输主要依赖现有的无线通信技术和有线通信技术,具体分为以下几类通信技术。

(1)短距离无线通信技术,短距离无线通信技术是一种结构简单、低功耗、低成本的无线网络通信技术。在物联网系统中,被广泛用于实现感知数据的短距离传输。短距离无线通信技术主要包括 WLAN 技术、窄带物联网技术(NB-IoT),超宽带(UWB) 技术、ZigBee 中(紫峰)技术、RFID 以及蓝牙技术。WLAN、UWB 等技术侧重于便携式家电和通信设备的使用。WLAN 是目前家庭使用最为广泛的无线通信技术,它的最高传输速率大于100Mbit/s,支持文本、音频和视频等不同类型的信息传输。RFID 、ZigBee 等技术主要应用于家庭、企业、工厂,实现自动化的信息采集与控制、状态监测、产品跟踪等功能。NB-IoT 技术可直接部署于 GSM 网络、UMTS 网络或 LTE 网络,具有低功耗、广覆盖、高可靠、低成本、大容量等优势,广泛应用于智能交通、智慧农业等多个垂直行业。

(2)广域网通信技术,主要负责底层感知数据的远程传输,分为有线传输和无线传输两种传输方式。广域网通信技术主要有 IP 互联技术、4G/5G 移动通信技术、卫星通信技术等。物联网需要融合各种异构的通信接入技术,为数据的传输和交换创造多元化、交互式的网络环境,目的是实现不同网络间的无缝融合和透明操作。

(3)网络融合技术,物联网终极目标是基于多种网络接入方式,构建一个真正统一的网络平台,实现互联网、移动通信网、广电网等不同类型网络间无缝、透明的融合。

综上所述,物联网的数据传输层主要分为接入网和核心网。接入网分为有线接入和无线接入两种接入方式。接入网的主要功能是实现物联网终端设备的接入和移动性管理。核心网的主要功能是实现数据的远程传输,它具有开放性结构,支持异构性接入和终端移动性等特征。

3. 数据处理层

对海量感知信息的计算与处理是物联网支撑的核心,也是物联网大规模发展面临的重大挑战之一。数据处理层利用云计算、大数据和人工智能等技术,为感知数据的存储与分析提供支持和动态组织管理,有效地提升了物联网信息的处理能力。

物联网数据处理层主要采用以下技术。

(1)智能信息处理技术。物联网的感知设备所获取到的数据具有异构性、海量性和不确定性的特点。智能信息处理融合了智能计算、数据挖掘、算法优化、机器学习等技术,对各类感知设备获取到的信息进行智能处理和分析能够将感知的物理数据转化为便于人和机器理解的逻辑数据，并将处理的最终结果交付用户。例如，在高速公路上通过ETC收费时，通过智能信处理技术可以获得车辆的车牌号、缴费金额、车主姓名等信息。物联网所带来变革的本质，就是使物品之间可以沟通和交流，从而使网络更加智能化。

(2)海量感知数据的存储技术。在物联网中，各种传感器设备在不同时间采集大量的数据，并需要对这些信息进行汇总、分析、统计和备份。随着时间的推进，数据不断地积累，要求数据存储设备可弹性增长并具有大规模的并行计算能力。"云计算"的资源虚拟化、分布式存储等技术为信息存储的弹性资源分配和分布式计算处理以及海量信息的高效利用提供了有效支撑。

(3)服务计算技术。在物联网中，不同行业应用的业务流程和功能存在较大差异，但不同行业对数据处理的需求基本相同。通常，将这数据处理功能从与行业密切相关的流程中分离出来，封装成面向不同行业的服务，以平台服务的方式提供给用户。例如，智能云终端通过集中各类应用资源并结合专家系统，建立网络化信息处理基础设施，为各种各样的数据信息提供存储、分析、决策平台，并通过提供服务的方式服务用户。智能云终端服务开辟了新的协同和交互模式，也是泛在感知网络和智能网络之间的纽带和黏合剂。

4. 应用支撑层

物联网应用支撑层位于感知识别层和数据传输层之上，是物联网与用户交互的接口。它的特点是与行业需求相结合，以实现物联网的智能应用。物联网应用支撑层利用已经分析和处理的感知数据，一方面可支撑公共中间件、信息开放平台、云计算和服务支撑平台等跨行业、跨应用、跨系统之间的信息共享和信息协同；另一方面提供智能交通、智能物流、智能家居、工业控制等行业的各类应用。

物联网的应用支撑层针对不同应用类别，可定制与之相适应的物联网应用服务，分为监控型、控制型、扫描型等不同的应用类型。

(1)监控型应用。主要使用各种传感设备结合云计算、大数据等技术，对代表物体属性的各个要素进行监视、监控和测定，并实现信息的采集、传递、分析以及对代表物或其环境要素的控制。例如，物流监控、农业大棚的污染监控等应用。

(2)控制型应用。在控制型应用中更加强调和关注对物体的监测与控制。在控制型应用中，一切信息的获取都服务于控制。控制型应用的目的是通过控制改变受控物体的属性或功能，更好地满足人们的需求。例如，智能交通、智能家居、智能医疗等应用。

(3)扫描型应用。扫描型应用的典型代表是有移动支付功能的手机钱包、电子支付等。基于传感器、RFID技术的手机钱包、电子支付等扫描型业务通过手机的光/磁感应直接完成刷卡消费。以手机等设备为载体的基于RFID的电子支付功能在移动商务中扮演着重要角色，是第三次信息技术革命的典型应用之一。

综上所述，物联网技术汇集了传感器技术、嵌入式计算技术、互联网络及无线通信技术、分布式信息处理技术等多个领域的技术，在城市管理、智慧家居、智慧工业、智慧农业、环境监测、远程医疗等多领域具有广泛的应用前景。

此外，物联网在每一层中还包括了安全机制、容错机制等技术，为用户提供安全、可靠和便捷的应用支撑。

2.3 物联网其它应用架构

目前,具有代表性的物联网应用架构主要分为三类:基于传感器技术的无线传感网系统结构,基于互联网和射频识别技术的 EPC/UID 系统结构以及学术界和企业界提出的 M2M/CPS 系统结构。

2.3.1 无线传感器网络应用架构

无线传感器网络(Wireless Sensor Network,WSN)是一种分布式传感器网络,是密集部署在监控区域的大量智能传感器节点组成的一种网络系统,它的末梢是可以感知和检测外部信息的传感器。鉴于数以万计的传感器的位置不能预先确定,只能采用随机投放方式部署传感器的节点,这些节点通过无线技术自由组合构成网络。节点间通过无线连接,采用多跳(Multi-hop)、对等(Peer to Peer)方式通信,且能够自组织网络的拓扑结构,传感器节点间的协同能力极强。

无线传感器网络系统如图 2-4 所示,是由大量功能相同或不同的无线传感器节点(sensor node)、汇聚节点(sink node)、互联网和通信卫星、任务管理节点等部分组成。无线传感器网络是一个多跳的无线网络,它主要通过局部的信息采集和预处理以及节点间交换信息完成任务。分布于指定感知区城内的每个传感器节点都可进行数据采集,随后采用多跳路由方式把数据传送至汇聚节点,汇聚节点也以同样方式将信息发送到其它节点。汇聚节点与互联网或通信卫星相连,并完成任务管理节点与传感器之间的通信。用户通过管理节点对传感器网络进行配置和管理,发布监测任务并收集监测数据。

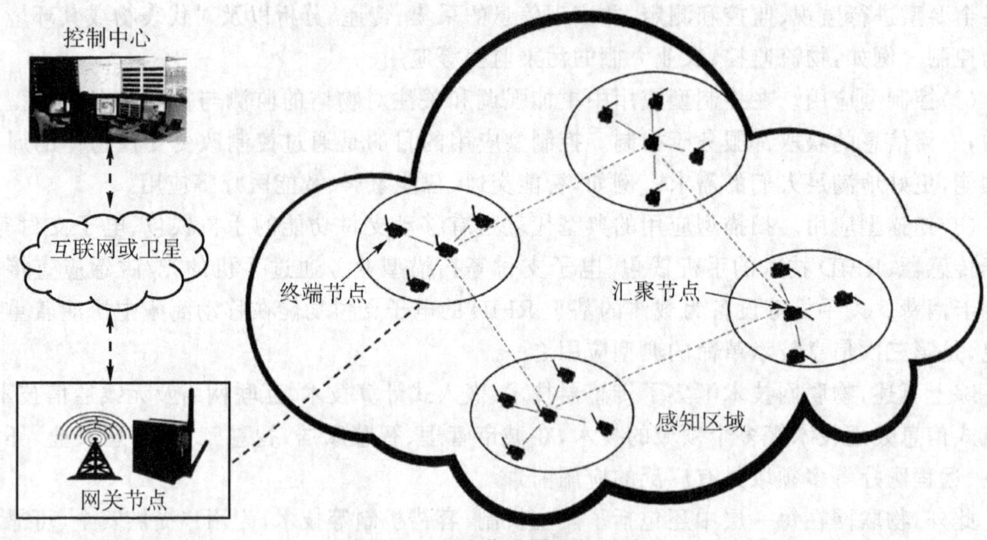

图 2-4 无线传感器网络系统

2.3.2 EPC应用架构

电子产品编码(Electronic Product Code,EPC)的理念是1999年由美国麻省理工学院(MIT)的两位教授提出,其核心思想是通过射频识别技术实现数据的自动标识和采集,为每一个产品提供一个唯一的电子标识符。

基于EPC和RFID技术的EPC系统,是利用RFID条形码技术,在计算机互联网基础之上构建能够实现全球物品实时信息共享的物联网。电子标签是EPC的核心器件,通过电子标签阅读器实现对EPC标签信息的读取,并把标签信息传入互联网。

EPC系统由EPC编码体系、射频识别系统和信息网络系统三部分组成,系统里的服务器可实现对物品信息的实时采集和全程跟踪。系统具有独立的操作平台和高度的互动性,是一个开放、灵活和可扩展的体系,如图2-5所示。

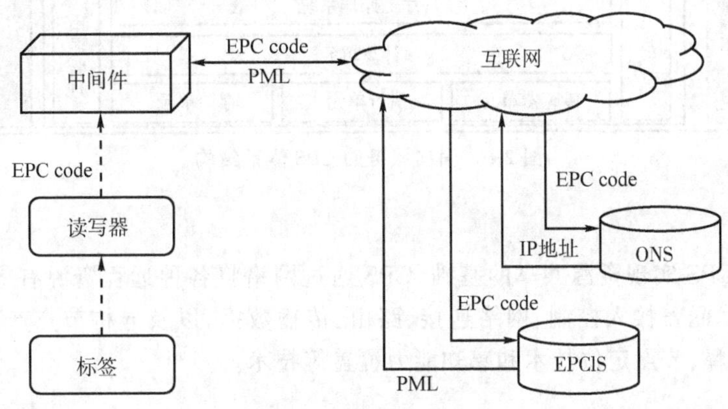

图2-5 EPC系统的组成

2.3.3 物理信息融合系统架构

物理信息融合系统(Cyber Physical Systems,CPS)是一个综合计算、网络和物理环境的复杂系统。CPS通过将计算机技术、通信技术和控制技术的有机融合与深度协作,使大型系统具备实时感知、动态控制和信息服务的能力。

CPS是一种大规模、分布式、异构、复杂以及深度嵌入式的实时系统,它涉及计算科学、网络技术、控制理论等多学科。从产业角度讲,CPS涵盖了小到智能家庭网络,大到工业控制系统乃至智能交通系统等国家级甚至世界级的应用。CPS催生出众多具有计算、通信、控制、协同和自治性能的设备,必将改变人与现实物理世界之间的交互方式。

图2-6所示是国防科技大学根据CPS的概念和特性设计的一种面向服务的CPS体系架构。

1. 节点层

节点层是CPS中最关键的一层,是CPS与物理世界交互的终端。节点层包括:传感器、执行器、嵌入式计算机、PDA等设备。该层涉及的主要技术包括:嵌入式系统技术、传感器技术、节点通信技术、连接与覆盖技术、路由技术、电源管理、片上计算机和数据库、智能控制、移动对象管理等技术。

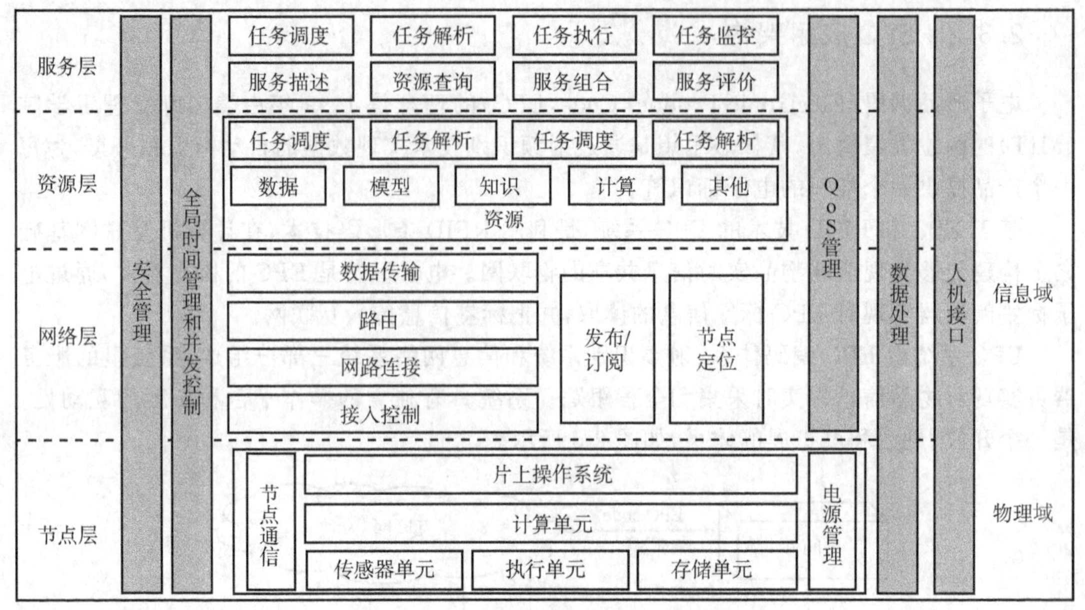

图 2-6 面向服务的 CPS 体系结构

2. 网络层

网络层是 CPS 实现资源共享的基础，CPS 通过网络将各种远程资源有效地连接起来。CPS 网络层技术涵盖接入控制、网络连接、路由、传输数据，以及异构节点产生的异构数据的描述、语义解释、节点定位技术和感知能力覆盖等技术。

3. 资源层

资源层将信息处理能力以及节点的感知和对物理过程的影响能力描述成资源，而后通过对资源进行查询、组合、定位和维护等操作，实现对资源的有效管理，为 CPS 各种任务的完成提供保障。

4. 服务层

服务层是 CPS 中资源能力的抽象层，该层将资源视为实体的一种存在方式，将其包装成服务提供给用户。

CPS 是一个具有控制属性的网络，迅速发展的传感器技术、无线通信技术、微电子技术以及计算机技术，特别是移动 Ad Hoc 网络、Mesh 网络、传感器网络以及传统的有线网络和蜂窝网络技术的发展，为 CPS 系统网络的实现和研究带来新的方向与策略。CPS 已被普遍认为是计算机信息处理技术史上的再一次技术革命。

2.3.4 M2M 系统架构

M2M 系统架构

M2M 的定义可分为广义和狭义两种。广义 M2M 包括机器-机器、人-机器或机器-人，它指人与各种远程设备之间的无线数据通信。狭义 M2M 是 Machine-to-Machine 的简称，指一方或双方是机器且机器通过程序控制，能自动完成整个通信过程的通信方式。

2000 年以后，M2M 技术在世界各地的电力、水利、医疗、交通、零售、石油、工业控制、公共事业管理等诸多行业迅速推广。由于 M2M 的推广应用，自 2011 年，欧洲电信标准化协会(ETS1)和第三代合作伙伴计划(3GPP)等国际标准化组织启动了对 M2M 技术进行标准化的专项工作。

图 2-7 中 M2M 系统从右至左可以划分为 M2M 设备域、M2M 网络域和 M2M 应用域。M2M 设备域是泛在网的感官和触角，它完成对外界的感知和对受控单元的控制。M2M 网络域是由形态不同、接入方式多样、功能不同的终端单元组成。它们完成信息的感知和传输，并根据自身的逻辑和控制中枢的逻辑实现控制与被控制。网络应用是 M2M 的大脑，其应用范围极为宽泛，既可以是简单的、单一的、需要人工干预的普通应用，也可以是复杂的、融合的、高度自动化的智能应用系统。

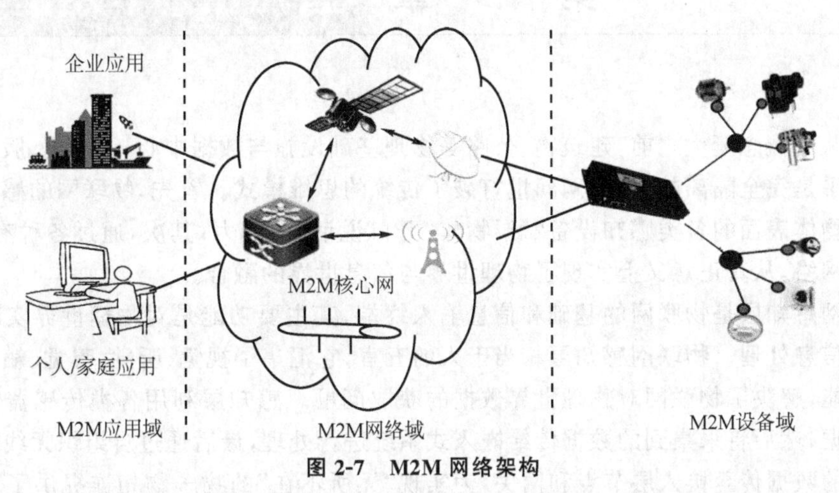

图 2-7　M2M 网络架构

通过以上对 WSN、EPC、CPS 以及 M2M 的架构分析可知，它们都是物联网的不同表现形式，主要用于实现物理世界的信息感知和信息传送。从功能应用上来讲，WSN 和 EPC 系统侧重于物理世界感知信息的获取，M2M 主要侧重于机器与机器之间的通信。而 CPS 更加侧重于反馈与控制的过程，强调对物理世界实时动态的信息控制与服务。M2M、EPC 偏重实际应用，CPS 和 WSN 则更强调学术研究。

第3章 感知识别与定位技术

在物联网概念诞生之前，建筑物、公路等物理基础设施与数据中心、计算机、服务器等信息世界几乎是完全隔离的，物联网问世打破了传统的思维模式。首先，物联网的感知技术通过附着在物体表面的各类感知设备赋予物体“开口说话”的能力；其次，通过各种有线/无线方式接入网络，从真正意义上实现了物理世界与信息世界的融合。

物联网感知层是物联网的基础和信息输入终端，其主要功能是对物理世界实现全面感知和初步信息处理。物联网感知层相当于人的五官，它汇集了视觉、听觉、嗅觉、触觉等器官的相似功能，解决了物联网对物理世界数据的获取问题。感知层利用各类传感器实时监测并采集数据，然后将采集到的数据传给嵌入式系统进行处理，最后通过自组织无线通信网络将处理后的数据传至接入层节点和网关，为实现“无所不在”的物一物相连提供了真实可靠的数据。感知层的主要设备有 RFID、传感器、嵌入式系统、IC 卡、磁卡、一维或二维条形码等设备。

物联网感知层技术包括传感器技术、嵌入式计算技术、RFID 技术、EPC 编码技术、GPS 技术、短距离无线通信技术等等，下面分别介绍物联网感知层的几类核心技术。

3.1 传感器技术

智能传感器

传感器技术、通信技术和计算机技术是现代信息技术的三大支柱，它们分别构成了自动检测控制系统的“感觉器官”“中枢神经”和“大脑”。如果说计算机相当于人的大脑，传感器则相当于人的五官和皮肤。

我国国家标准(GB 7665—1987)对传感器(Sensor/Transducer)的定义是：能够感受规定的被测量，并按照一定规律转换成可用输出信号的器件和装置。传感器一般由敏感元件、转换元件和转换电路三部分组成。传感器技术是自动检测和自动转换技术的总称。

随着物联网时代的到来，传感器已成为获取自然和生产领域信息的主要手段。生活中，人们几乎每天都会使用功能各异的传感器，例如：温度传感器、气体传感器、红外线传感器、光电传感器等。传感器应用范围广泛、种类繁多，目前较为常见的传感器的分类方法有以下几种。

1. 按被测物理量分类

被测物理量分别为温度、压力、位移、速度、加速度、湿度等非电量时,对应的传感器被称为温度传感器、压力传感器、位移传感器、速度传感器、加速度传感器、湿度传感器等。

2. 按物理工作原理分类

按物理工作原理分类

按物理工作原理分类,常用的传感器有光电式传感器、磁学式传感器、电势型传感器、电荷传感器、半导体传感器、谐振式传感器、电化学式传感器及电涡流式传感器等。各种类型传感器的功能如下:

(1)光电式传感器主要用于测量光强、光通量、浓度、位移等参数;

(2)磁学式传感器主要用于测量位移、转矩等参数;

(3)电势型传感器主要用于测量温度、热辐射、电流、光强、磁通等参数;

(4)电荷传感器主要用于对力及加速度的测量;

(5)半导体传感器主要用于对温度、湿度、压力、加速度、磁场和有害气体的测量;

(6)谐振式传感器主要用于测量压力;

(7)电化学式传感器主要用于分析气体、液体或溶于液体的固体成分,液体的酸碱度、电导库及氧化还原电位等参数的测量。

(8)电涡流式传感器利用金属在磁场中运动切割磁力线时,在金属内形成涡流的原理制成,主要用于位移及厚度等参数的测量。

3. 按构成原理分类

传感器按构成原理可分为结构型与物性型两大类,结构型传感器包括动力场的运动定律、电磁场的电定律、矢量场的大小和方向等。所有半导体传感器以及所有利用各种环境变化而引起的金属、半导体、陶瓷、合金等性能变化的传感器都属于物性型传感器。

4. 按能量转换方式分类

根据传感器的能量转换情况,分为能量控制型传感器和能量转换型传感器。能量控制型传感器在信息交换过程中需要外部电源提供能量,如电阻、电感、电容等传感器。能量转换型传感器由能量变换元件构成,无需外部电源,如各类电阻原理传感器、电容原理传感器等。

5. 智能传感器

智能传感器是以微处理器为核心,能够自动采集、存储外部信息,不仅能对采集的数据进行逻辑思维和判断,还能够通过输入与输出接口与其它智能传感器进行通信。

3.2 射频识别技术

射频识别(Radio Frequency Identification,RFID)是无线电技术和雷达技术的结合。RFID属于一种非接触式的自动识别技术,是自动识别技术的一个重要分支,也是物联网的核心支撑技术之一。

RFID利用电磁信号和空间耦合特性,实现了移动/静止物体之间信息的非接触式传递,即实现信息的自动识别。RFID技术最初被应用在二战期间的英国军队,为识别返航飞机,盟军飞机上安装了无线电收发器,地面控制塔探询器会根据返回的信号识别敌我。目前,RFID技术已广泛应用在电子收费系统、物体跟踪、智能安防等各个领域。

3.2.1 RFID系统基本组成及特点

1. RFID 系统基本组成

最基本的RFID系统由射频标签(Tag)、读写器(Reader)和天线三部分构成。

射频标签(Tag):也称电子标签,它由标签天线和标签专用芯片组成,是射频识别系统的数据载体。每个标签专用芯片拥有的识别码是唯一的,在使用前会预先写入相关数据。射频标签粘贴在待识别物体的表面,带有射频标签的物品通过读写器时,标签被读写器激活并通过无线电波将标签中携带的信息传送到读写器中。

读写器(Reader):是RFID的读写终端设备,读写器使用相应协议读取信息,并通过网络传输射频标签获取的信息,最终实现对信息的管理。

天线:是在标签和读写器间传递射频信号的设备。

2. RFID 系统的特点

(1)非接触式:RFID技术最大的优点在于非接触,它依靠电磁波,能够穿透尘、雾、塑料、纸张、木材及各种障碍物建立连接,读取距离从十厘米到几十米不等。

(2)信息存储规范:在RFID标签中存储预先写入的规范信息,以便将其自动采集到应用系统中进行处理。

(3)携带方便:RFID磁条可以任意形式附带在包装中,读写器每隔250 ms便从射频标签中读出位置和物品的数据。

(4)高效性:RFID读写速度非常快,高频RFID阅读器可同时识别、读取多个标签数据,也可识别高速移动的物体,适合在恶劣环境中工作且具备很强的保密性。

(5)唯一性:每个RFID标签都是独一无二的,通过RFID标签与物品的对应关系可追溯物品的售后踪迹。

RFID不仅应用于物流跟踪、运载工具和货架识别等要求非接触式数据采集和交换的场合,而且对于需要频繁改变数据内容的场合也极为适用。当前,由于各厂商间不兼容的标准与相对较高的标签成本制约了射频识别系统的发展。

3.2.2 RFID系统的分类

RFID系统根据工作原理、硬件组成、协议标准的不同,有多种分类方式。

1. 根据标签的工作方式分类

根据RFID标签能量来源分为主动标签(Active Tog)、被动标签(Passive Tag)和半主动标签(Semi-passive Tag)三类。根据标签的不同,RFID系统可以分为主动式射频系统、被动式射频系统和半主动式射频系统。

(1)主动式射频系统的标签内部自带电池供电,通常利用自身能量主动发送数据给读写器。

(2)被动式射频系统的标签内不带电池,采用调制散射方式发射数据,只能通过外界提供的能量才能正常工作。被动式标签适合于每天读写或多次读写场景,且具有永久的使用期。

(3)半主动标签称为电池支持式反向散射调制系统,所带的电池仅用于给标签内部数字电路供电,标签被阅读器的能量场激活后,才能通过反向调制方式将自己的数据发送出去。

2. 根据耦合原理分类

根据RFID阅读器和标签的耦合方式可分为电容耦合、电感耦合、磁耦合和后向发射耦合。

3. 根据标签的供电形式分类

RFID系统根据标签能量供给方式的不同,可分为有源系统、无源系统和半有源系统。

(1)有源系统的标签使用标签内部电池供电,能够主动发射信号,识别距离达几十米甚至上百米。但其成本较高、体积较大、寿命有限(理论上电池寿命一般为5年)。

(2)无源系统的标签内不含电池,只能通过阅读器发射的电磁波进行耦合来为自己提供能量。系统识别距离从几十厘米到数十米,比有源标签体积小、寿命长、成本低。

(3)半有源系统标签带有的电池仅仅能够为标签内部电路提供能量。

4. 根据标签的数据调制方式分类

根据标签的数据调制方式不同,系统分为主动式、被动式和半主动式系统。

(1)主动式系统(即有源系统),通常利用自身的射频能量主动发送数据给阅读器,阅读器被动地接收信息。标签是单向的,调制方式分为调幅、调频或调相。

(2)被动式系统(即无源系统),采用调制散射方式发射数据,常用于门禁或交通系统中。被动式系统采用调制散射方式,阅读器能量必须能穿越障碍物两次。被动式系统的标签进入系统工作区域后,当天线接收到特定的电磁波时,线圈会产生感应电流。经整流电路,将电路的微型开关激活后给标签供电。被动式系统标签可永久使用,支持长时间的数据传输和永久性的数据存储,常被用在标签数据需要每天读写或频繁读写多次的场景中。受被动式系统标签电能低的限制,数据传输的距离和信号强度较弱。

(3)半主动式系统(即半有源系统),也称电池支援式反向散射调制系统。半主动式系统标签本身所带的电池只为标签内部数字电路供电。标签只有被阅读器能量场"激活"时,才可通过反向散射调制方式传输自身数据。

5. 根据标签的工作频率分类

RFID系统的工作频率是指阅读器发送无线信号时所使用的频率,根据标签的工作频率可分为低频、高频、超高频和微波系统。

(1)低频工作频率在30~300 kHz,常见的低频工作频率有125 kHz、134.2 kHz。低频系统常常用于近距离的门禁系统,低频系统的防冲撞性能差,对多标签读识的速度较慢。

(2)高频工作频率在3~30 MHz,常见的高频工作频率为13.56 MHz。高频系统的数据读取速度较快,可实现多标签同时读识。

(3)超高频工作频率在300~968 MHz,常见的工作频率为869.5 MHz和915.3 MHz。超高频系统读识距离长,能实现高速读识和多标签同时读识。

(4)微波系统的工作频率为2.45~5.8 GHz。

6. 根据标签的可读写性分类

(1)根据标签的可读写性分为只读、读写和一次写入多次读出系统。

(2)根据射频标签使用的存储器类型不同,分为可读写(RW)标签、二次写入多次读出(WORM)标签和只读(RO)标签。

7. 根据标签和阅读器间的工作时序分类

根据标签和阅读器间工作时序的不同,系统分为标签先讲和读写器先讲系统。即是阅读器主动唤醒标签(Reader Talk Fist,RTF),还是标签先自报家门(Tag Talks First,TTF)方式。

(1)无源标签一般采用读写器先讲的形式。

(2)对于多标签同时读识的情况,既可采用 RTF,也可是 TTF 方式。

(3)对于 RTF 方式,阅读器先对一批标签发出隔离指令,而保留一个标签处于活动状态并与阅读器建立无冲撞的通信联系。在阅读器读识范围内,其它多个电子标签处于被隔离状态。通信结束,发送指令使该标签进入休眠状态,并指定新的标签执行无冲撞通信指令。如此往复,完成多标签无冲撞同时读识。

(4)对 TTF 方式,标签通常会随机反复地发送自己的识别 ID,不同的标签在不同时间段被阅读器准确读取,最终完成多标签同时读识。TTF 方式的通信协议简单、读写速度快,但其性能不稳定、数据读写的误码率较高。

3.3 RFID 技术的组成及工作原理

3.3.1 RFID 的系统组成

RFID 系统一般包括前端射频部分和后台计算机管理系统,射频部分通常由电子标签、阅读器及计算机网络组成,如图 3-1 所示。

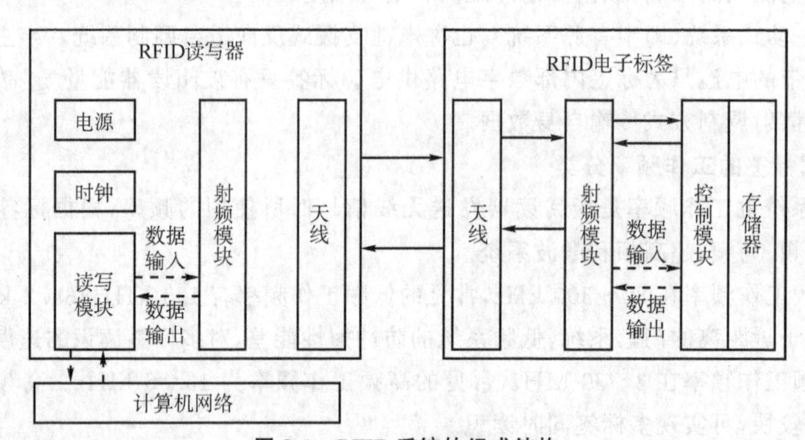

图 3-1 RFID 系统的组成结构

当阅读器与标签之间通过无线通信时,阅读器通过读或读/写功能,获取射频标签内的已经存储的数据。

1. 标签

在 RFID 系统中,标签用于存储将要识别物品的信息。电子标签一般会附着在待识别物体的表面,标签一般由天线、调制器、时钟、存储器、控制器和编码器组成。典型的电子标签结构如图 3-2 所示。

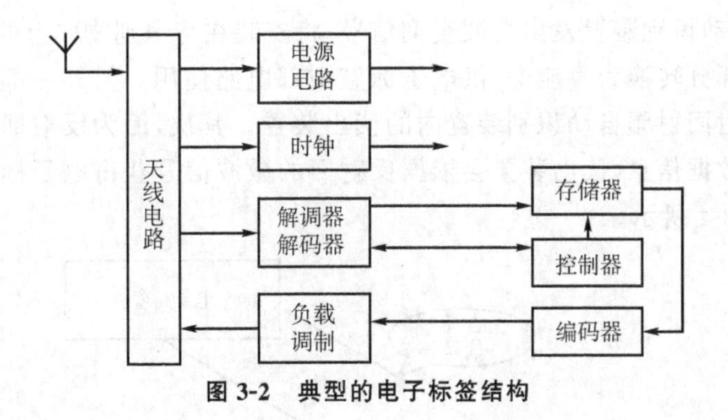

图 3-2 典型的电子标签结构

2. 阅读器

在 RFID 系统中,阅读器可以被看作信号接收机,主要完成对标签的识别和数据的读取。阅读器可以无接触地读取和识别电子标签中所存储的数据,随后将采集到的目标物品数据处理后,将数据传输到远程应用系统中。典型的阅读器组成如图 3-3 所示。

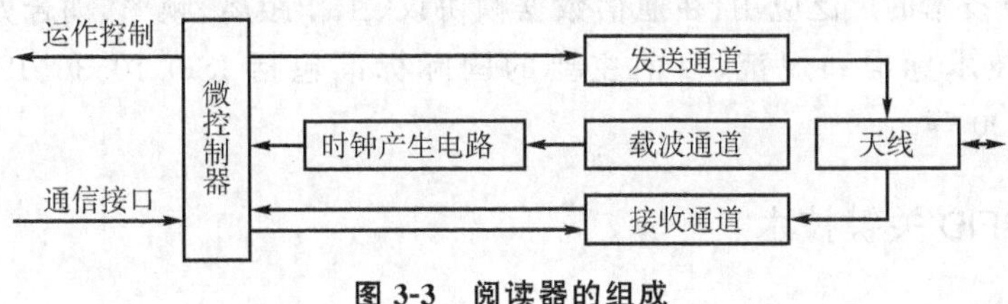

图 3-3 阅读器的组成

阅读器各部分功能如下。

(1)发送通道:对载波信号进行功率放大,并向应答器传送操作命令和写数据。

(2)接收通道:接收射频标签传送至阅读器的数据。

(3)载波产生器:通过晶体振荡器产生特定频率的载波信号。

(4)时钟产生电路:通过分频器形成工作所需的各种时钟。

(5)MCU(微控制器):完成收发控制、向应答器发送命令及写数据、完成数据读取及与应用系统通信等工作。

(6)天线:实现与射频标签的耦合交联。

3. 编程器

编程器是向标签写入数据的装置,有些编程器在使用前预先将数据写入标签,使用时直接把标签粘贴在被标识的物品上。另一些编程器则在处理数据文件时再完成数据的输入工作。

4. 天线

天线作为标签与阅读器间传输数据的发射/接收装置,天线的形状及相对位置会影响数据的发射和接收效果,在使用前需要专业人员对系统天线进行设计和安装。

3.3.2 RFID 的工作原理

射频技术基于电磁理论,读写器和电子标签间的通信是通过电磁波实现的。RFID 采用无线射频方式在阅读器和射频卡之间进行非接触式双向数据传输,实现目标识别和数据交换的目的。

首先，射频自动识别装置发出微波查询信号，将安装在待识别物体上的电子标签接收到的微波能量中一部分转换为直流电，供电子标签内部电路使用。另外一部分则通过电子标签的微带天线反射回射频自动识别装置内的读出装置。其次，因为反射回来的微波信号带有电子标签内的数据信息，读出装置会依据反射回的微波信号获得电子标签内储存的识别代码信息。如图 3-4 所示。

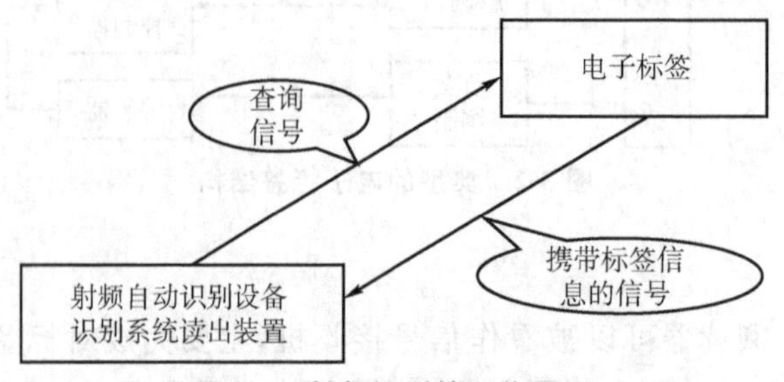

图 3-4 射频识别的工作原理

随着 RFID 技术的广泛应用，在通信数据帧协议、工作距离、频率、耦合方式等方面，已经出台了多项技术标准和规范，目前主要的国际标准包括 ISO 10536、ISO 14443、ISO 15693、ISO 18000 等。

3.3.3 RFID 关键技术

1. 天线技术

天线技术是决定 RFID 系统性能的关键，RFID 系统天线可分为低频(LP)、高频(HP)、超高频(UHP)和微波天线，不同工作频段的 RFID 系统天线的原理和设计有本质的不同。

(1)低频和高频 RFID 天线技术。低频和高频 RFID 天线都采用线圈的形式，线圈可以是圆形环也可以是矩形环。天线的尺寸仅仅比芯片的尺寸大，有些天线的基板可以粘贴在各种物体表面，天线和芯片构成的电子标签体积可以非常小。

(2)微波 RFID 天线技术。微波 RFID 技术是当前 RFID 技术最为活跃和发展最为迅速的领域。微波 RFID 采用电磁辐射的方式工作，读写器天线与电子标签天线之间距离较远，一般的距离为 1～10 米。微波 RFID 天线有对称振子天线、微带天线、阵列天线和宽带天线等形式。

在 RFID 系统中，天线按方向可分为全向或定向天线，按外形可分为线状或面状天线、环形天线，按结构可分为偶极天线、双偶极天线、微带天线和螺旋天线等。

随着通信技术的发展，通过阵列天线技术在同一信道上接收和发射多个用户信号且不发生相互干扰的智能天线也越来越普遍。

2. RFID 中间件技术

中间件技术是 RFID 大规模应用的关键技术，处于 RFID 产业链的高端领域。RFID 中间件是前端读写器模块与后端应用软件之间的重要连接环节，它是介于应用系统和系统软件之间的一类中间软件。RFID 中间件可连接不同的应用系统，通过屏蔽各种复杂的技术细节，以达到资源共享、功能共享的目的。RFID 中间件软件有如下特点。

(1)RFID 中间件采用分布式架构，利用高效可靠的消息传递机制进行数据传输，它支持多种通信协议、语言、应用程序、硬件和软件平台。

(2)RFID中间件逻辑结构包含读写器适配层、事件管理器、应用层接口三个部分。根据中间件在系统中所起的作用和采用的技术,可分为以下几类:数据访问中间件、过程调用中间件、消息中间件、面向对象中间件、网络中间件、处理中间件及屏幕转换中间件。

(3)RFID中间件可分为非独立中间件和独立通用中间件,具有独立架构、过程流、支持多种编程标准、状态监控和安全功能等特征。

(4)RFID中间件是面向消息的,信息以消息的形式从一个应用传送至另一个或多个应用,数据的传递是异步的。RFID中间件具有解疑数据、安全、错误恢复、状态监控、资源定位等功能,它可以控制RFID读写设备按照既定的方式工作,确保不同读写设备之间协调配合。为保障阅读器与分布式环境下异构应用程序的可靠通信,中间件遵循一定规则筛除大部分冗余数据,将真正有效的数据传送至应用系统。

3. RFID中间件接入技术和业务集成技术

RFID中间件是连接读写器与应用系统的纽带,它将原始的RFID数据转换为面向业务领域的结构化数据,并将数据发送到企业的应用系统。中间件同时也负责多类型读写设备的即插即用,可实现多设备间的协同。

(1)RFID读写器设备接入技术:种类繁多的RFID读写器设备,通过RFID设备接入技术实现对RFID读写设备的发现和重新配置。若有新的读写设备加入,系统一旦发现这些新设备,立即将它们加入现有的系统,并给这些新的读写设备分配任务。

(2)RFID中间件业务集成技术:RFID中间件业务集成平台是企业间基于RFID技术进行业务集成的公共基础设施,是可定制、可截剪、可配置的综合性平台,包括数据层集成、功能层集成、事件层集成、总线层集成、业务层集成和服务层集成等多种功能。

4. RFID系统的防碰撞技术

RFID系统工作时,当有两个或两个以上的电子标签同时在同一个阅读器的工作范围内向阅读器发送数据时,会发生信号干扰,这种现象被称为碰撞(collision)。RFID系统主要有两类信号干扰:一类属于阅读器碰撞,它存在于多个阅读器同时发射信号去识别同一个标签的情况;另一类属于标签碰撞,它存在于多个标签同时响应一个阅读器的情况。碰撞隐藏并减慢了标签的识别过程,这就需要标签防碰撞协议和阅读器防碰撞协议分别减少标签碰撞和阅读器碰撞的发生,以提高识别的准确率。

1)RFID系统的阅读器碰撞

射频标签是从阅读器获得能量的,标签的响应范围比阅读器射频信号的传输范围小很多。当一个标签在阅读器A的识别区而在阅读器B的干扰区内时,来自于阅读器B的干扰,使得标签不能正确地接收来自阅读器A的请求命令,或者说阅读器A不能正确接收来自标签的响应,被称为阅读器碰撞。标签T(Tag T)共同存在于阅读器A的识别区和阅读器B的干扰区内,这种情况阅读器碰撞将有可能发生,如图3-5所示。

2)RFID系统的标签碰撞

为了识别区内标签,阅读器先发出一个请求信号,要求标签发回自己的ID号。当阅读器识别区内多个标签同时响应阅读器的请求时,碰撞将会发生,使阅读器不能正常识别标签,这种情况被称为标签碰撞。

如图3-6所示,标签S和标签T在阅读器A的识别区内。如果标签S和标签T响应阅读器 A 的请求后同时发射它的 ID 号，标签碰撞将会发生，阅读器 A 将不能识别出标签 S 和标签 T 中的任何一个标签。

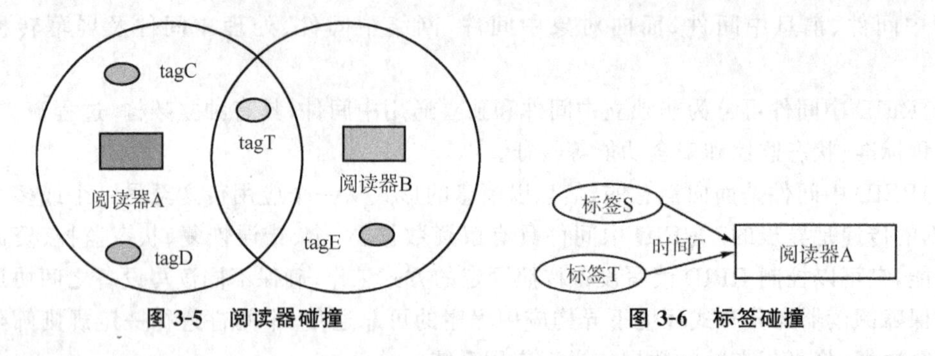

图 3-5 阅读器碰撞　　图 3-6 标签碰撞

3)FRID 系统防碰撞技术

(1)系统防碰撞技术：在 FRID 系统中，解决防碰撞方法主要有时分多址(TDMA)、频分多址(FDMA)和空分多址(SDMA)三种机制。

时分多址(TDMA)算法基本思想是把整个时间周期分成若干个时间间隔，允许一个阅读器只能在它所分配的时间间隔内发送信息，由此，阅读器碰撞将可以避免。

频分多址(FDMA)是把所有可用的频带分割为若干更窄的互不相交的子频带，阅读器可使用不同的信道同时与各标签通信，防止碰撞发生。

空分多址(SDMA)是在有线或无线系统中用以避免碰撞的常规机制。在该机制中，每个设备在发射信息前，都需要检查信道是否空闲。如果信道忙，那么设备会等到信道空闲时再发射信号。

(2)阅读器防碰撞算法：主要有 Colorware 算法、Q-Learning 算法和 Pulse 算法。

Colorware 算法通过给阅读器分配不同的时隙来避免阅读器之间碰撞的发生，属于一致分布式的 TDMA 算法。该算法需要所有阅读器之间的时间同步并能够检测到 FRID 系统中的碰撞。

Q-Learning 算法是分等级的在线学习算法，通过学习读写器碰撞模型避免读写器碰撞问题。

Pulse 算法适用于动态拓扑变换频繁的场景，该算法将信道分为控制信道和数据信道两部分。控制信道用来发送忙音信号和阅读器之间的通信信息，数据信道则为提供阅读器和标签之间的数据传输通道。

(3)标签防碰撞算法：主要有基于 ALOHA 算法、基于树和基于计数器算法：

①基于 ALOHA 算法(纯 ALOHA 算法)是最简单的时分复用标签防碰撞算法。ALOHA 算法的基本过程是在标签发送数据时，若其它标签也在发送数据，那么将发生信号重叠从而导致完全碰撞或部分碰撞。ALOHA 算法优点是各标签发射时间是完全随机的，当工作范围内标签的数量不多时，ALOHA 算法可以很好地工作。缺点是存在错误判决的问题。对同一个标签若连续多次发生碰撞，将导致阅读器出现判断错误，数据帧发送过程中冲突发生的概率较大。

②基于树的标签防碰撞算法是应用最广泛的一种算法。在该算法执行过程中，读写器多次发送命令给应答器。每次命令发送后都把应答器分成两组，多次分组最终得到唯一的

一个应答器。在分组过程中，将对应的命令参数以节点的形式存储起来，便得到一个数据的分叉树。查询树、二进制树、EPCglobal Class0、TSA 等算法都是基于树的防碰撞协议。

③基于计数器的算法与基于树的算法相似，其基本思想是把遇到碰撞的标签分裂成多个子群，直到在一个子群中有一个标签成功地被识别为止。这两类算法主要不同之处在于基于树的协议是使用静态的标签 ID 号来进行确认性的分裂，而基于计数器的协议是使用动态改变的计数器进行概率性的分裂。基于计数器的协议具有更稳定的性能，不受标签 ID 号的分布和 ID 号长度的影响。

5. 条形码技术

条形码(Bur Code，简称条码)是由宽度不同、反射率不同的条(黑色)和空(白色)，按照一定的编码规则编制，用以表达一组数字或字母符号信息的图形标识条码。条形码技术是集条码理论、光电技术、计算机技术、通信技术、条码印制技术于一体的自动识别技术。条形码技术具有速度快、准确率高、可靠、寿命长、成本低等特点，它已被广泛应用于商品流通、工业生产、图书管理、仓储管理、信息服务等领域。

1)一维条形码技术

一维条形码是指条码条与空的排列规则，常用的一维条形码码制主要有 UPC、EAN、ISBN 与 ISSN，不同的码制有各自的应用领域。

(1)UPC 码(Universal Product Code)，是最早大规模应用的一种长度固定且连续性的条码，主要在美国和加拿大使用，又被称万用条码。

(2)EAN 码(European Arile Number BarCode)，是欧洲物品条码，主要用于标识商品的名称、型号、规格、生产厂商、所属国家和地区等信息。

(3)ISBN(Internatonal Standard Book Number)，国际标准书号，主要应用于图书出版和管理，是为国际出版物的交流与统计而编制的国际统一的编号制度。

(4)ISSN，又称为 39 码。目前主要用于工业产品、商业资料及医用保健资料。

2)二维条形码技术

在一维条形码的基础上，二维条形码扩展出了另一维具有可读性的条码。它使用黑白矩形图案表示二进制数据，二维条形码的长度、宽度均可记载数据。二维条形码有一维条码没有的“定位点容错机制”，二维码存储的数据量更大，可以包含数字、字符及中文文本等混合内容。二维条形码属于高密度条码，它本身还是一个完整的数据文件。

目前国际上使用的二维条形码有两类：一类是堆积码，如 Code 49、Code 16K、PDF 417 等，另一类是矩阵码，如 Code One、Maxi Code 等。

3.4 定位技术

物联网必须通过对“物”精准的定位、跟踪和操控，以实现任何时间、任何地点、任何物体之间的连接。如何利用定位技术更准确、更全面地获取“物”的位置信息是物联网应用亟待解决的重要问题之一。

目前，定位技术常用于为用户提供导航，协助驾驶人员快速、准确地确定目的地的位置。定位技术通过基于位置的服务，获取移动用户的位置信息，最终通过后台信息服务平台处理后,为用户提供包括交通引导、位置查询、车辆跟踪、紧急呼叫等众多个性化的服务。

3.4.1 卫星定位技术

空间定位技术在物联网应用中起着十分重要的作用,通过特定的位置标识与测距技术确定物体的空间经纬度坐标,最常用的空间定位方法是基于卫星的定位。卫星定位导航系统是利用卫星测量物体位置的系统,世界上只有少数的几个国家能够自主研制卫星定位导航系统。当下主要的系统有:①美国的全球定位系统(GPS),它是能够覆盖全球的卫星定位导航系统;②俄罗斯的格洛纳斯系统(GLONASS),能够覆盖俄罗斯境内和部分国家;③中国的北斗导航系统(COMPASS),不仅能覆盖我国境内,还能够覆盖全球。

1. GPS 定位系统

GPS 定位系统(Global Positioning System)是一个由覆盖全球的 24 颗卫星组成的卫星系统。GPS 定位的基本原理是根据高速运动的卫星瞬间位置作为已知的空间基准点数据,通过测量站接收设备测定至卫星的距离或多普勒频移等观测量确定待测点的位置。该系统可以保证地球上任意一点、在任意时刻同时观测到 4 颗卫星,用来保证卫星可以采集到该观测点的经纬度和高度,以实现导航、定位、授时等功能。GPS 定位利用时差来消除时间不同步带来的计算误差,获取使用者精确的位置和速度等信息。

2. 北斗卫星导航系统

北斗卫星导航系统(BeiDou Navigation Satellite System,BDS)是我国自主研发、独立运行的全球卫星导航系统,是全球四大卫星导航系统之一。

北斗卫星导航系统

2020 年 6 月北斗三号已建成全球导航系统,具有高精度、高可靠、多功能等特点。另外,相比其它卫星导航系统还具备诸多特色,例如,空间段采用三种轨道卫星组成的混合星座,且高轨卫星更多,所以抗遮挡能力更强。尤其在低纬度地区,这一优势尤其明显。北斗三号可提供多频导航信号,并通过多频信号组合使用的方式提高服务精度。北斗三号创新融合了导航与通信能力,具有实时导航、快速定位、精确授时、位置报告和短报文通信服务五大功能。

作为全球唯一由三种轨道卫星构成的导航系统,北斗三号卫星导航系统还可按照国际标准增加全球搜救、全球位置报告和星基增强等拓展服务。另外,在北斗二号系统向北斗三号卫星导航系统过渡中,能够确保老用户“无感知”的顺利过渡。

到 2035 年前,北斗系统将建成为更加“泛在、融合、智能”的综合时空体系,即以北斗系统为核心,建成天地一体、无缝覆盖、安全可信、高效便捷的国家综合定位、导航和授时体系,显著提升国家时空信息服务能力,为全球用户提供更优质服务。

3.4.2 蜂窝定位技术

随着移动通信技术的迅速发展,手机的功能从单一的语音通话向移动定位等多元化功能发展。蜂窝定位通常利用移动运营商的网络,采用基于参考点的基站定位技术,通过手机与多个固定位置的收发信机间传播信号的特征参数,计算出目标手机的位置。最后,结合地理信息系统(GIS)为用户提供位置查询等服务。定位方法主要有以下几种:

1. COO定位

蜂窝小区COO(Cell of Origin)定位是一种单基站定位,它根据手机当前连接的蜂窝基站的位置进行手机定位,即利用手机所处的小区ID号来确定用户的位置。手机在某小区注册后,系统后台数据库会将该手机与该区ID号对应。依据小区基站的覆盖范围,确定手机的大体位置。可见,它的定位精度与小区基站分布的密度关系密切。

2. TOA定位/TDOA定位

TOA定位和TDOA定位都属于三基站定位方法。TOA定位方法以电波的传播时间为基础,利用手机与三个基站间的电波传播时延,计算出手机的位置信息。TDOA定位方法则是利用手机收到不同基站的信号时差来计算手机的位置信息。

3. AOA定位

到达角度AOA(Angle of Arrival)定位是一种两基站定位方法,它是基于信号的入射角度进行定位。如果手机和基站处于可视范围内,则利用手机分别与两个基站的夹角α_1和α_2,两条射线的交点就是手机的位置,如图3-7所示。

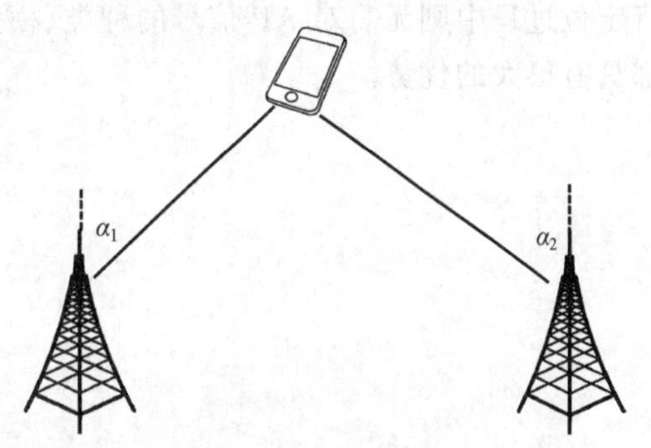

图3-7 AOA定位

4. A-GPS定位

A-GPS(Assisted GPS)定位是移动网络与GPS定位技术的结合。该技术需要在手机内增加GPS接收模块,并改造手机天线,同时需要在移动网络上增加位置服务器、差分GPS基准站等设备。A-GPS具有很高的定位精度,误差可到10米左右,目前正得到越来越广泛的使用。

除了以上常用的蜂窝定位方法外,还有基于场强的定位、七号信令定位等无线定位方法。蜂窝定位技术以地面基站为参照物,能方便地实现室内定位。但它过分依赖地面基站的分布和密度,在定位精确度、稳定性方面无法与GPS定位技术相比。在实际应用中,将两者结合实现混合定位,不仅可以有效扩大定位覆盖范围,还能提高定位的精度,为定位应用提供更可靠的技术支持。

3.4.3 Wi-Fi定位技术

伴随着物联网技术的深入应用,室内移动物体位置管理的研究渐渐成为人们关注的热点。由于密集建筑物对定位信号的遮挡,使GPS定位技术在室内定位中精度低、能耗高。Wi-Fi定位技术是采用Wi-Fi接入点来推断用户位置的一种定位方式。Wi-Fi定位技术无须安装定位设备,通过Wi-Fi网络即可直接完成定位。Wi-Fi定位技术具有低成本、高精度和应用范围广的特点。Wi-Fi定位技术不需要附加额外的硬件设备,是未来无线定位领域的必然趋势。

Wi-Fi定位原理: Wi-Fi无线接入点(Access Point,AP)向周围发射的信号中包含此Wi-Fi的全球唯一ID号。Wi-Fi的工作流程是接入点首先采集802.11无线信号,然后搜索并采集需定位区域内每个AP的位置,最后将采集到AP的具体位置数据存入数据库,并对每个无线路由器进行唯一标识。在定位阶段,通过无线路由器或移动终端发出的802.11无线信号确定带有 Wi-Fi 功能的 PC、笔记本电脑、平板电脑、智能手机或 RFID 标签设备的精确位置。

由于 Wi-Fi 定位是通过收集监测区域 AP 信号实现的,因此其定位的精准程度与定位设备收集到的 AP 信号的强度和数量有很密切的关系。若电子设备收集到的 AP 信号数量多,信号强度大,则定位精度也越高。

三边定位和位置指纹识别是 Wi-Fi 定位技术最主要的定位计算法。三边定位计算法利用三个参考点与定位目标的距离来确定定位目标的具体位置。位置指纹识别计算法通过对定位目标设备收集到的 AP 信号强度进行分析,选择数据库中与现有目标设备 AP 信号特征相似度最高的信号位置作为目标设备的最终定位位置。位置指纹识别计算法在对目标进行定位过程中则无需对 AP 信号的种类、模型和位置进行分析,在定位效率、定位精度方面都具有很大的优势。

第4章 物联网通信技术

物联网通信技术主要关注网络传输层的各种无线网络技术、移动通信网络技术和网络协议，网络传输层的主要作用是把感知识别层的数据接入到互联网，供应用层使用。

无线网络是物联网的重要组成部分，它能够提供随时随地的网络接入服务。无线网络技术包括远距离无线通信技术和近距离无线通信技术。

4.1 近距离无线通信技术

近距离无线通信技术的目的是将采集到的各种感知数据，经网关传输至上层网络，它是实现无线局域网、无线个人局域网节点、设备组网的通用技术。功耗低、成本低、速率低是其鲜明特点。ZigBee、蓝牙、UWB 等技术是目前物联网近距离通信的主要代表性技术。

4.1.1 ZigBee 技术

ZigBee，也称紫蜂，命名源于蜜蜂按“Z”字形飞行以通知伙伴食物的位置、距离和方向等信息。科学家们用“ZigBee”来命名这种适用于体积小、能量消耗低且能高效传输信息的低速无线网络通信技术。ZigBee 标准是基于 IEEE 802.15.4 发展而来的，是一种低数据速率、短距离的无线网络通信协议标准。ZigBee 的无线设备工作频段为 868 MHz、915 MHz 和 2.4 GHz 频段，网络最大数据传输速率为 250 kbit/s。

4.1.1.1 ZigBee 协议体系

ZigBee 协议体系包括了 IEEE 802.15.4 标准对 ZigBee 的物理层和 MAC 层协议的定义。ZigBee 联盟对 IEEE 802.15.4 标准进行了扩展，对 ZigBee 的网络层和安全层及应用框架都进行了规范。ZigBee 协议体系结构如图 4-1 所示。

1. 物理层

ZigBee 物理层的功能是对物理无线信道和 MAC 子层之间的接口进行定义，物理层传输采用直接序列扩频、调频、调相等多种技术，负责电磁波收发器的管理、频道选择、能量和信号侦听与利用。

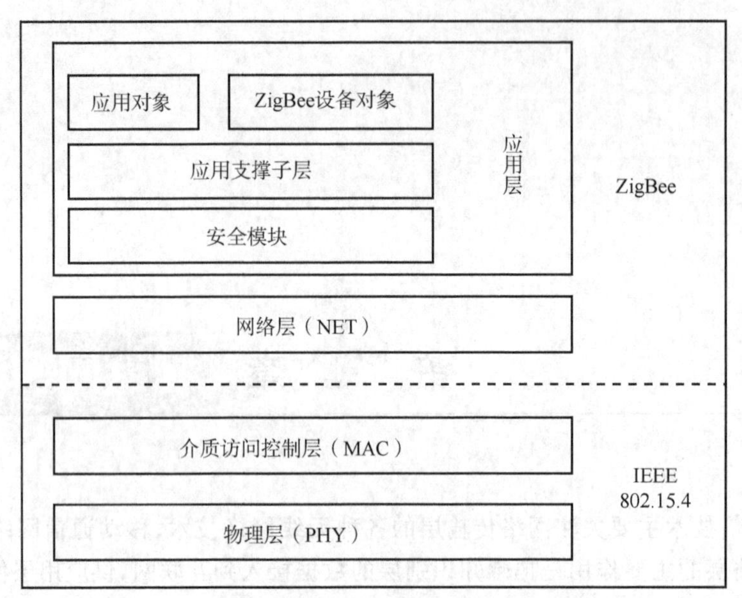

图 4-1 ZigBee 协议体系结构

IEEE 802.15.4 协议定义了 868 MHz/915 MHz 和 2.4 GHz 两个物理层，使用 3 种数据传输频率，数据传输距离均在 0～70 米。欧洲主要采用 868.0 M～868.6 MHz 进行数据传输，采用单信道及 BPSK 调制方式，数据传输速率为 20 kbit/s。北美采用 902 M～928 MHz 进行数据传输，采用 10 个信道和 BPSK 调制方式，数据传输速率为 40 kbit/s。2.4～2.4835 GHz 是在世界范围通用的数据传输频率，采用 16 个信道及 O-QPSK 调制方式，数据传输速率为 250 kbit/s。

2. 介质访问控制层

介质访问控制层定义了相应时间节点对物理层信道资源的使用、分配和释放。IEEE 802.15.4 标准共定义了 49 个基本参数和两种器件。基本参数包括 14 个物理层基本参数和 35 个介质接入控制层基本参数。IEEE 802.15.4 标准定义的两种器件分别是全功能器件和简化功能器件。全功能器件必须支持全部的 49 个基本参数。全功能器件可以与网络中的任何一种设备进行通信，也可以作为协调者控制所有关联的简化功能器件的同步，并在同步的基础上可以进行数据收发和其它网络活动。简化功能器件最小配置时只要求支持 38 个基本参数即可，但只能和与其关联的全功能器件通信。

3. 网络层

Zigbee 协议体系的核心部分在网络层，它处于 MAC 层与应用层之间，主要负责网络的新建、网络的加入/退出和报文的路由传输等功能，并为应用层提供合适的服务接口。

1）网络层的服务功能

网络层定义了数据服务实体（NLDE）和管理服务实体（NLME），用于实现与应用层的通信。数据服务实体通过服务访问点（NLDE-SAP）提供两项服务：

（1）在应用支持子层 PDU 基础上通过添加适当的协议头，以生成网络协议数据单元（NPDU）。

（2）把网络数据协议单元发送到链路目的地址设备或下一跳链路。管理服务实体通过管理服务实体访问点(NLME-SAP)提供配置新设备、创建新网络、路由发现、接收控制等服务。

2)网络层设备

ZigBee 无线设备根据设备的通信能力分为全功能设备(FFD)和精简功能设备(RFD)。FFD 在网络中既可起协调器和网络路由器的作用,也可充当终端节点。FFD 与 FFD、FFD 与 RFD 间均可以互相通信。RFD 在网络中仅仅用作通信终端,负责将采集的数据传输到相应的网络协调器,它只能与 FFD 通信而不能与其它 RFD 通信。RFD 的传输数据量较少,占用的存储容量和通信资源较少,成本较低。

在 ZigBee 网络中,通常创建一个树形网络结构,将来自不同 ZigBee 网络的信息传输到中央控制点。借助个人局域网的 PAN 协调器,用户可通过中央控制点对系统实施监测与控制。一个 ZigBee 网络至少有一个 FFD 充当整个网络的 PAN 协调器。PAN 协调器的功能十分强大,它负责协调整个网络及与中央控制点的通信,是整个网络的控制者。PAN 协调器除了直接参与应用外,还负责建立新的网络,发送网络信标,管理网络中的节点、链路状态信息,进行分组转发及存储网络信息等。普通 FFD 也可充当协调点,但要受 PAN 协调器的控制。在 ZigBee 网络中,每个节点协调器最多可以连接 255 个节点,一个 ZigBee 网络最多可容纳 65535 个节点。

3)网络层拓扑

ZigBee 网络层有星状网、网状网和混合网三种拓扑结构,如图 4-2 所示。

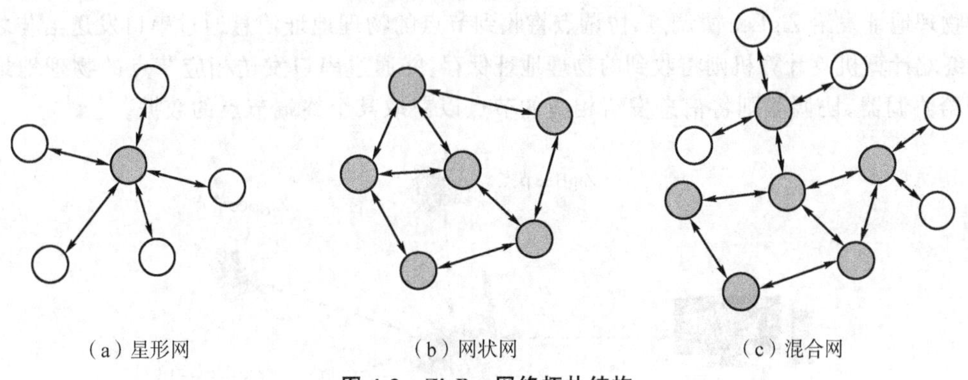

图 4-2 ZigBee 网络拓扑结构

图 4-2(a)是由一个 PAN 协调点和一个或多个终端节点组成的星状网。PAN 协调点负责发起建立和管理整个网络,因此该 PAN 协调点必须是 FFD。在网络拓扑形成过程中,由上层协议确定网络中的 PAN 协调点,其它所有设备只能与中心设备 PAN 协调点通信。其它节点一般为 RFD,分布在 PAN 协调点的覆盖范围之内,直接与 PAN 协调点通信。ZigBee 网络中的任何一个 FFD 都有可能成为星状网络的中心。

图 4-2(b)是由若干个 FFD 连接在一起形成的网状网,也称对等网或 Mesh 网。网络中的每个节点都可以与它通信范围内的其它节点直接通信,无需其它设备的转发。网状网在拓扑形成过程中需要一个 FFD 节点发起建立网络消息,发起消息的节点被称为 PAN 协调点。Mesh 网支持 Ad Hoc 网络,数据可以通过多跳的方式在网络中传输。Mesh 网具有冗

余路径，可为数据包的传输提供多条路径。当网络中的某条路径出现故障时，数据包可以选择另外的路径传输数据，因此 Mesh 网具有自适应能力，是一种高可靠性的网络。

图 4-2(c)是由 Mesh 网和星状网混合而成的网络。Mesh 网由 FFD 组成，是混合网的主器件，各子网则以星型网形式连接。混合网络中的终端节点将采集到的数据先传输给同一子网中的 PAN 协调点，再由 PAN 协调点通过网关节点传输到上一层网络的 PAN 协调点，通过多级传输最后到达网络中心节点。

4. 应用层

应用层负责向终端用户提供接口。ZigBee 应用层的服务框架由 ZigBee 协议对象、应用对象和应用支持子层三个组件构成。ZigBee 协议对象主要负责定义每个设备的功能和角色，每个应用对象对应了一个不同的应用层服务。应用支持子层定义了网络层和应用层之间的接口，通过接口把底层的服务和应用层连接起来，每个接口节点可以对应很多应用对象和 ZigBee 设备对象。

ZigBee 的节点存储空间有限，很难存储足够多的信息，为此应用层利用绑定表的功能解决了节点或设备功能不足的问题。除此之外，应用层还提供了保护连接的建立和密钥传输等功能。

4.1.1.2 ZigBee 网络系统

1. ZigBee 网络系统的构建

图 4-3 所示的是一个星形 ZigBee 网络。在该网络中，由 ZigBee 协调点发起并创建 ZigBee 网络，ZigBee 的终端节点查找并加入到已存在的 ZigBee 网络中。那些已入网的终端节点将自己的物理地址发给 ZigBee 协调点，协调点将收到节点的物理地址信息通过串口发送给与之相连的终端计算机。计算机则将收到的物理地址保存，并通过串口发送相应节点的物理地址和指令给协调器，协调器则将信息发给相应的节点以获取某个终端节点的数据。

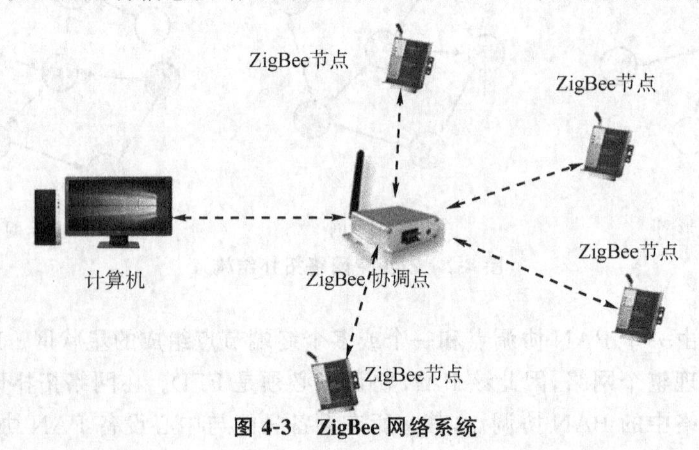

图 4-3 ZigBee 网络系统

2. ZigBee 网络的特点

Zigbee 网络的特点主要体现在以下几个方面：

1)功耗低

ZigBee 终端设备可以自动调节发射功率，属于低功耗设备。设备采用休眠机制，发射输出功率仅为 0～3.6 dBm。ZigBee 终端设备仅靠两节普通的 5 号电池就可以维持长达 6 个月至 2 年的时间。

2)成本低

ZigBee协议简单、所需的存储空间小、对通信控制器的要求较低。由于ZigBee协议是免专利费的,降低了设备的使用成本。

3)速率低

ZigBee的工作速率为20～250 kbit/s,在2.4 GHz工作频段的工作速率为250 kbit/s;在915 MHz作频段提供的工作速率为40 kbit/s;在868 MHz工作频段的工作速率则为20 kbit/s,可以满足低速率传输数据的应用需求。

4)时延短

ZigBee技术适用于对时延要求苛刻的无线控制应用场景,典型的ZigBee设备时延为30 ms。在休眠时,设备激活的时延是15 ms。处于活动状态的设备,其信道接入的时延为15 ms。

5)距离近

ZigBee节点的传输距离为10～75米,在不增加RF发射功率的情况下,适用于普通家庭和办公场所的应用。

6)可靠性高

ZigBee采用的碰撞避免机制,预留了固定带宽业务的专用时隙,有效避开了发送数据的竞争和冲突。在MAC层采用完全确认的数据传输机制,保证了节点之间传输信息的高可靠性。

7)容量大

星形结构的Zigbee网络最多可以容纳255个设备,其中1个是主设备,从设备数量最多为554个。若通过网络协调器,整个网络最多可支持超过64 000个节点。

8)安全性高

ZigBee提供了数据完整性检验与鉴权机制。为加强数据的安全性,ZigBee使用AES-128的加密算法,使不同的应用可以很灵活地制定各自的安全特性。

9)免执照频段

ZigBee的工作频段均为免执照频段,全球通用的频段是2.4 GHz、美国使用915 MHz频段,而欧洲为868 MHz频段。

4.1.2 蓝牙技术

蓝牙(Bluetooth)是一种短程宽带无线电技术,工作在全球通用的2.4 GHz ISM(工业|科学|医学)频段,是实现语音和数据无线传输的全球开放性标准。蓝牙的通信范围在10米左右,数据速率可达1 Mbit/s,是广泛应用的短距离无线传输技术之一。可在小范围内建立多种通信系统之间的信息传输,已成为接入物联网的主要技术。目前,蓝牙主要采用跳频扩谱(FHSS)、时分多址(TDMA)和码分多址(CDMA)等无线通信技术实现信息传输。

蓝牙技术是由5家大公司——爱立信、诺基亚、东芝、IBM和英特尔于1998年5月联合发布的一种无线通信技术。2010年7月7日,蓝牙技术联盟发布正式采用以低能耗技术为优势代表的蓝牙核心规格V4.0。蓝牙4.0包括三个子规范,即传统蓝牙技术、高速蓝牙技术和新的蓝牙低功耗技术。蓝牙4.0在电池续航时间、节能和支持的设备种类方面进行了改进。蓝牙4.0的有效传输距离最高可达到100米。

蓝牙技术可在移动电话、PDA、无线耳机、便携式计算机及相关外设等众多设备间进行无线通信，不仅有效简化了移动通信终端之间的通信，而且简化了设备与互联网之间的通信，同时克服了数据同步的难题，使数据传输更加高速和高效。

1. 蓝牙协议体系结构

蓝牙技术标准为 IEEE 802.15，通信协议采用分层体系结构。根据通信协议，各种蓝牙设备可以通过人工或自动查询发现其它蓝牙设备，从而构成皮可网（Piconet）或扩大网。蓝牙协议栈的体系结构可以分为底层协议、中间协议和高端应用协议三部分，如图 4-4 所示。

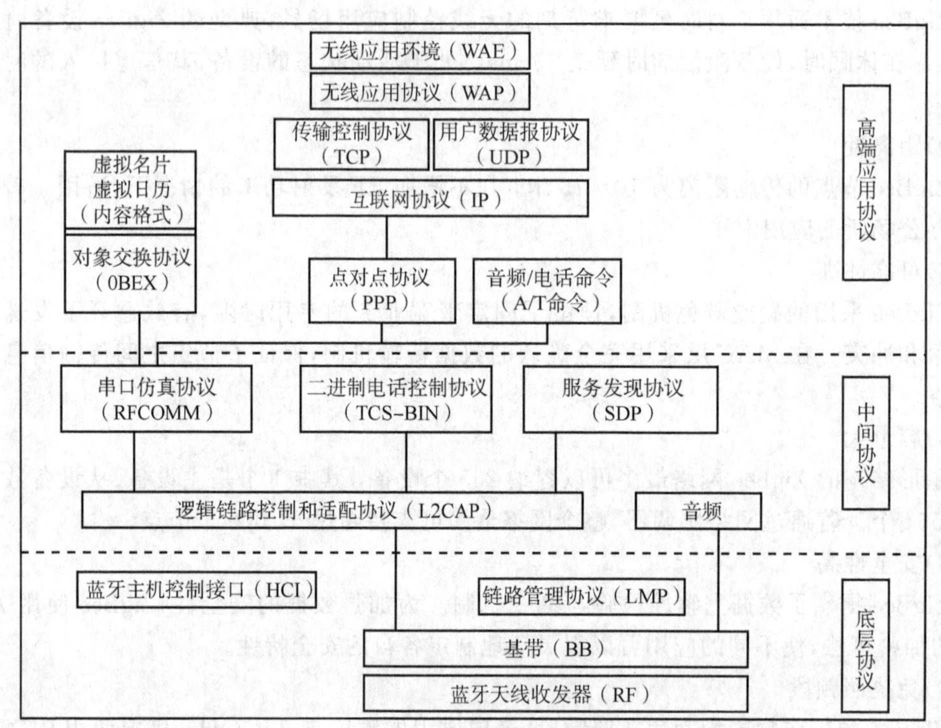

图 4-4　蓝牙协议体系结构

1）底层模块协议

蓝牙底层模块主要由蓝牙天线收发器射频（Radio Frequency，RF）、基带（Base Band，BB）、链路管理层（Link Manager Protocol，LMP）和蓝牙主机控制器接口（Host Controller Interface，HCI）组成。底层模块是蓝牙技术的核心模块，所有嵌入蓝牙技术的设备都必须包括底层模块。底层模块协议包括无线层协议、基带协议和链路管理层协议，这些协议由相应的蓝牙模块实现。

2）中间协议层

中间协议层主要包括服务发现协议（Service Discovery Protocol，SDP）、逻辑链路控制和适应协议（Logical Link Control and Adaptation Protocol，L2CAP）、串口仿真协议（Radio Frequency Communications Protocol，RFCOMM）和二进制电话控制协议 TCS-BIN（Telephony Control Protocol，TCS）。中间协议层不仅为高层应用协议在蓝牙逻辑链路上工作提供服务，还为应用层提供各种不同的标准接口。服务发现协议层的作用是为上层应用程序提供一种机制以查询网络中可用的服务及其特性，并在查询后建立两个或多个蓝牙设备间的连接，是所有应用模型的基础。逻辑链路控制和适应协议是基带的上层协议，它采用多路技术、分割和重组技术、组提取技术，主要提供协议复用、分段和重组、认证服务质量、组管理等功能，是其它上层协议实现的重要基础。

3)高层应用协议

高层应用协议包括互联网协议(Internet Protocol，IP)、传输控制协议(Transmission Control Protocol，TCP)、用户数据包协议(User Datagram Protocol，UDP)、点对点协议(Point to Point Protocol，PPP)、无线应用协议(Wireless Applation Protocol，WAP)、无线应用环境(Wireless Application Environment，WAE)、对象交换协议(Object Exchange Protocol，OBEX)等。

互联网协议(IP)为互联网主机提供无连接的通信服务，是计算机网络相互连接并进行通信的关键协议，它规范了计算机在互联网上通信时应遵守的规则。

传输控制协议(TCP)是由IETF的RFC793定义的传输层协议，是一种面向连接的、可靠的、基于字节流的传输层通信协议。TCP旨在适应支持多网络应用的分层协议层次结构，为点到点通信提供一条全双工逻辑信道。只支持一对一通信，不提供广播和多播服务。TCP协议具有流量控制和拥塞控制功能，可提供可靠的数据传输服务。

用户数据报协议(UDP)是一个简单的面向无连接的、不可靠的数据报传输层协议，它支持一对一、一对多、多对一、多对多通信。UDP协议缺乏拥塞避免和控制机制，它通过基于网络的机制来减小因失控和高速UDP流量负荷而导致的拥塞崩溃效应。

点对点协议(PPP)定义了串行点到点链路应如何传输数据，主要功能是通过拨号或专线方式在两个网络节点间建立连接并发送数据。PPP协议由链路控制协议、网络控制协议和认证协议组成。

无线应用协议(WAP)是使移动无线设备能够随时随地使用互联网服务的开放性规范。WAP协议的目的是在数字蜂窝电话和其它小型无线设备上实现因特网业务，它支持移动终端设备访问网站、收发电子邮件、查询信息和使用其它因特网资源。

无线应用环境(WAE)属于无线应用协议(WAP)，协议栈定义了标准的WAP内容格式。规定了WAP移动终端使用无线置标语言(WML)显示各类文字、图像和数据。目的是建立一个互操作环境，使网络运营商或服务提供商能够在变化多样的无线平台上提供应用程序和服务。

对象交换协议(OBEX)采用客户端/服务器模式提供和超文本传输协议HTTP相同的基本功能，通过简单的使用“PUT”和“GET”命令实现不同设备、不同平台间高效的信息交换。

2. 蓝牙工作原理

蓝牙技术的基本原理是蓝牙设备通过专用的蓝牙芯片在短距离内发送无线信号去寻找另外的蓝牙设备，一旦找到，设备间便可以通信和交换数据。蓝牙的核心系统由射频收发器、基带和协议堆栈构成，系统可以提供设备连接服务，并支持设备间的数据交换。

蓝牙技术的实质是为固定设备或移动设备间的通信环境建立通用的空中接口，实现各种设备以无线方式，进行近距离通信和数据的共享。

蓝牙采用分散式网络结构以及快跳频和短包技术，工作在全球通用的2.4 GHz，支持点对点及点对多点通信，采用时分双工传输方式实现全双工传输。

蓝牙使用 TDM 方式和扩频跳频 FHSS 技术组成不用基站的皮可网(Piconet),这种无线网络的覆盖面积非常小,每个皮可网只有一个主设备(Master)和最多 7 个工作的从设备(Slave)组成。皮可网内设备的主从关系是在蓝牙链路的建立过程中确定的,链路建立的发起者被定义为主设备。

皮可网中除了主设备和从设备外,还有一类不工作的设备称之为搁置设备,如图 4-5 中标有 P 的小圆圈表示的就是搁置设备,一个皮可网最多可以有 255 个搁置设备。

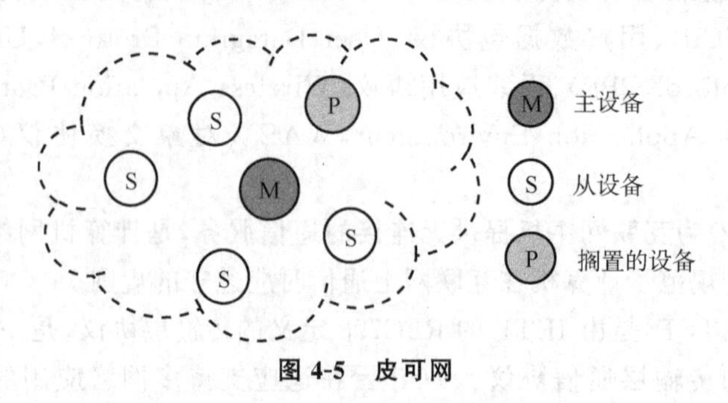

图 4-5 皮可网

在皮可网内,跳频时钟的同步由主设备决定,从设备在主设备向其发送查询信息后才能向主设备发送数据。从设备之间不能直接通信,只能跟主设备通信。

散射网是由多个独立的非同步的皮可网,通过共享主设备或从设备而组成的网络。通过共享主设备或从设备,可以把多个皮可网链接起来,形成一个范围更大的散射网,图 4-6 就是由两个皮可网通过共享从设备而形成的散射网。散射网依据调频顺序识别每个皮可网,同一个皮可网中的所有用户都与这个调频顺序同步。

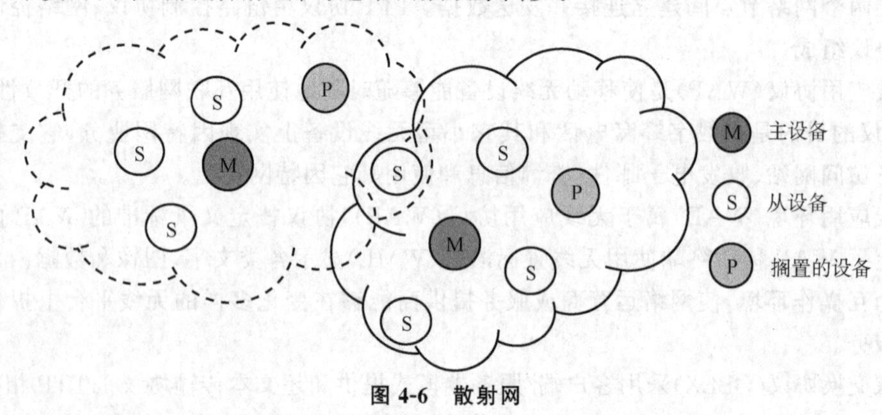

图 4-6 散射网

3. 蓝牙主要技术特点

(1)工作频段。蓝牙工作在 2.4~2.485 GHz 频段,该频段为免执照频段。多数国家使用 79 个频点,载频间隔 1 MHz,采用 TDD 时分双工方式。

(2)传输速率。基于蓝牙 4.0 技术,数据传输速率可达 1 Mbit/s。

(3)调试方式。蓝牙使用 0.5BT 高斯移频键控(GFSK)的数字频率调制技术实现数据的传输,调制指数范围为 0.28~0.35。

(4)采用跳频技术。蓝牙通过快跳频和短分组技术减少同频干扰,保证传输的可靠性。

(5)语音调制方式。蓝牙采用连续可变频率增量调制(CVSD)技术实现语音通信,该调制方式抗衰落性强,即使误码率达到4%,通话质量仍然是可接受的。

(6)支持电路交换和分组交换业务。蓝牙支持实时的同步定向联接(SCO链路)方式,主要用于传送语音等实时性强的信息。蓝牙使用非实时的异步不定向联接(ACL链路)方式,传输实时性要求不高的数据包。对于语音数据和实时性要求不高的数据包,蓝牙既可单独传输也支持同时传输。

(7)支持点对点及点对多点通信。蓝牙设备采用皮可网和散射网两种组网方式。一个皮可网中最多可有8台设备,只有一台为主设备,其它均为从设备,不同的主从设备可采用不同的链接方式。散射网由几个相互独立的皮可网以特定方式链接而成,通过蓝牙技术构建的网络内所有设备都是对等的。

(8)近距离通信。蓝牙设备有三个功率等级,功率越大,有效工作距离越长。100 mW(20 dBm)的有效工作距离为100米,2.5 mW(4 dBm)的有效工作距离为10米,1 mW(0 dBm)的有效工作距离仅有1米。

4.1.3 超宽带技术

超宽带UWB(Ultra Wide Band)是一种无载波扩谱通信技术,也称脉冲无线电(Impulse Radio,IR)技术。UWB使用脉冲信号进行数据传输,产生和消失时间仅为数百微秒至数纳秒以下。

1965年,美国确立了UWB技术基础,主要应用于美国的军事领域。2002年,美国联邦通信委员会(FCC)对UWB的定义是:相对带宽大于20%或−10dB带宽大于500 MHz的无线电信号,正式将3.1~10.6 GHz频段作为室内通信用途而开放,标志着UWB开始在民用无线通信领域开始使用。

1. UWB基本原理

UWB基本的工作原理是使用纳秒至微微秒级的非正弦波窄脉冲传输数据,其发送和接收脉冲间隔为严格受控的高斯单周期超短时脉冲。一个信息比特可映射为数百个短时脉冲,而超短时单周期脉冲决定了信号的带宽。脉冲采用脉位调制(Pulse Pos in Modu at on,PPM)或二进制移相键控(Binary Phase Shift Keying,BPSK)调制。UWB系统采用相关接收技术,关键部件称为相关器(Corel Or)。接收机直接用一级前端交叉相关器把脉冲序列转换成基带信号,省去了传统通信设备中的中频级,极大地降低了设备的复杂性。UWB开发了一个具有大容量的无线信道,这使UWB具有GHz级容量和最高的空间容量。

2. UWB系统的关键技术

UWB无线通信系统的关键技术包括脉冲信号的产生、信号的调制和信号的接收等。

1)脉冲信号的产生

脉冲信号的产生是使用UWB技术的前提条件,UWB技术中如何产生脉冲宽度为纳秒(ns)级的信号非常重要。目前产生脉冲源的方法有两种:①光电方法,利用光导开关导通瞬间的陡峭上升沿获得脉冲信号;②电子方法,对半导体PN结反向加电,使其达到雪崩状态,并在导通的瞬间取陡峭的上升沿作为脉冲信号。UWB的激励信号有两个突出特点:①激励信号的波形为具有陡峭前沿的单个短脉冲;②激励信号从直流到微波波段是单个无载波窄脉冲信号。

2)信号的调制

信号的调制方式不仅会对信号的频谱结构和接收机的复杂程度产生重要影响,还决定了信号系统的有效性和可靠性,同时也会影响信号的频谱结构和接收机的复杂程度。适用于UWB的脉冲调制技术主要有脉位调制(PPM)、脉幅调制(PAM)和波形调制(PWSK)方式。

(1)脉位调制(PPM)也称脉冲时间调制,是一种载波脉冲的出现时间随调制信号而变化的调制方式。在脉位调制方式中,一个脉冲重复周期内可能出现的位置为两个或多个脉冲,脉冲位置与符号状态一一对应。

UWB的脉位调制按照采用的离散数据符号状态数可以分为二进制PPM(2PPM)和多进制PPM(MPPM)两类。根据相邻脉位间的距离与脉冲宽度间的关系,又可分为重叠的PPM和正交PPM(OPPM)两类。

(2)脉幅调制(PAM)又称为脉冲调幅,是载波脉冲的幅度随调制信号而变化的调制方式。UWB系统中常用的PAM有开关键控(OOK)和二进制相移键控(BPSK)两种方法。开关键控利用非相干检测降低接收机复杂度,二进制相移键控则利用相干检测更好地保证传输的可靠性。

(3)波形调制(PWSK)是结合Hermite脉冲等多正交波形而设计的调制方式。波形调制方式通过M个相互正交的等能量脉冲波形携带信息,每个脉冲波形与一个M进制(多进制)数据符号相对应。在接收端,利用M个并行的相关器接收信号,并利用最大似然检测完成数据恢复。这种调制方式需要较多的成形滤波器和相关器,实现复杂程度较高,在实际中应用较少。由于各种脉冲能量相等,在不增加辐射功率的情况下,与多进制脉位调制(MPPM)相比,这种调制方式的功率效率和可靠性均更高。

3)信号的接收

UWB信号接收有相关检测接收技术和能量检测接收技术。目前主要采用相关检测接收方式,该接收技术的关键部件是相关器(乘法器和积分器)。相关器用准备好的模板波形乘以接收到的射频信号,再积分就得到一个直流输出电压。相关接收机主要由接收天线、低噪声宽带放大器、滤波器、相关器、数字基带信号处理器、可编程延时线和标准时钟组成。接收器的工作过程是:超宽带天线首先完成信号的接收,继而低噪声宽带放大器对信号进行放大,最后将其传送到相关器的一个输入端。同时可编程延时线产生的脉冲序列经相关器的另一个端口输入,信号处理器对输入的信号相乘、积分和取样、解调等处理,最终生成图像所需要的波形数据。

3. UWB技术的应用

由于UWB具有强大的数据传输速率优势,在短距离范围内提供高速无线数据传输是UWB的主要应用方向。UWB的用途主要分为军用和民用两个方面。

1)军事方面

军事通信的要求呈现出大容量、低截获(LPI/D)、高速率的特征,UWB可以满足这些需求。UWB技术在军用方面主要应用于UWB雷达、警戒雷达、UWB LPI/D无线内通系统(预警机、舰船等)、战术手持和网络的PLI/D电台、探测地雷、检测地下隐藏的军事目标或以叶簇伪装的物体等。

2)民用方面

UWB在无线个域网、高速数据传输等方面市场广阔,民用方面主要集中在地质勘探、汽车防冲撞传感器、可穿透障碍物的传感器、家电设备及便携设备之间的无线数据通信领域。

除此之外,UWB 技术可以很好地应用于家庭数字娱乐中心,人们可利用 UWB 技术将计算机、DVD、DVR、iPAD、数码相机、数码摄像机、HDTV、数字机顶盒、智能家电等家用电器和 Internet 连接在一起,可随时随地的使用这些家电产品。

4.1.4 Wi-Fi 技术

Wi-Fi 技术是一种短距离无线传输技术,它使用 802.11 系列协议的局域网。Wi-Fi 由 Wi-Fi 联盟(Wi-Fi Alliance)持有,是一个无线网络通信技术的品牌,目的是改善基于 IEEE 802.11 标准的无线网络产品间的互通性。人们通过 Wi-Fi 可将个人计算机、手持设备(如 PDA/手机)等终端设备以无线方式互相连接。

Wi-Fi 技术

IEEE 802.11 定义了一系列无线局域网标准,包括 IEEE 802.11a、IEEE 802.11b 和 IEEE 802.11g 等。2009 年 9 月,IEEE 802.11n 成为无线局域网的正式标准,为宽带多媒体应用提供了更多的信息容量,是第一个能够同时承载高清音视频和数据流的无线多媒体分发技术,并且能够提供并发双频操作,支持多个并发用户和设备。

1. Wi-Fi 工作原理

Wi-Fi 通过无线介质进行信号的传输,一个 Wi-Fi 网络一般由站点、基本服务单元分配系统、接入点、扩展服务单元和门户等构成。

Wi-Fi 架设费用和复杂程度远远低于传统的有线网络。一般架设无线 Wi-Fi 网络的基本设备就是一块无线网卡和一台无线接入点(Access Point,AP),这样就可以无线的模式配合既有的有线架构来访问网络资源。接入点 AP 通过信号台将服务集标识(Servie Set Identfier, SSID)封装成信标帧,每 100 ms 广播一次。信标帧的传输速率是 1 Mbit/s。Wi-Fi 规定的最低传输速率是 1 Mbit/s,这样在 AP 范围之内的所有的 Wi-Fi 客户端都能接收到 AP 广播的信标帧,从而决定是否与某个 SSID 的 AP 建立连接。若一个客户端同时接收到了几个 AP 发过来的信标帧,客户端可以选择设定与哪个 SSID 的 AP 建立连接。图 4-7 为一个 Wi-Fi 网络的示意图。

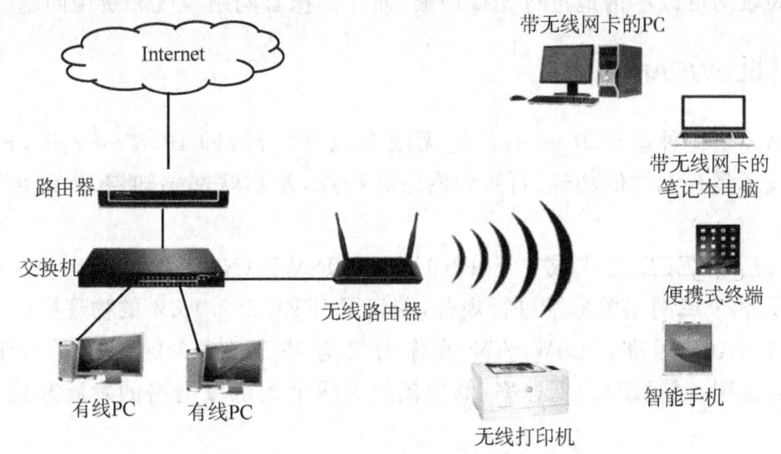

图 4-7 Wi-Fi 网络示意图

2. Wi-Fi 技术的特点

Wi-Fi 网络建成后，用户可以在有无线信号覆盖区域内随时随地接入宽带网络。Wi-Fi 的主要特点如下。

1)更宽的带宽

Wi-Fi 802.11n 标准具备更宽的带宽，数据传输速率更高，传输距离也更长。Wi-Fi 802.11n 的速率比以太网快 3 倍、比 802.11g 快 7 倍。所有 802.11n 无线收发装置都支持两个空间数据流，数据速率分别达到 450 Mbit/s 和 600 Mbit/s。

2)更强的射频信号

802.11n 的技术特性：①采用低密度奇偶校验码，提高纠错能力；②使用来自 Wi-Fi 客户端的反馈，让一个访问点集中处理客户端的射频信号；③采用空间时分组编码(STBC)，利用多重天线提高信号的可靠性。

3)更低的功耗

802.11n 在功耗和管理方面进行了重大创新，802.11n 扩展了 MAC 层中的能源管理能力，增加了"空间复用节能"和"多轮询节能"两个新的特性。空间复用节能有静态和动态两种模式，客户端只保留一个无线射频电路。多轮询节能是通过分配的广播、组播和单播传输，客户端可确定什么时候保持清醒、其它时间则进入节能睡眠模式。802.11n 的节能管理能力既能延长 Wi-Fi 智能手机的电池寿命，还能嵌入到其它设备，实现在不同领域的应用。

4)改进的安全性

IEEE 802.11w 标准对 Wi-Fi 的安全性进行了改进，可以对无线管理帧进行保护，这使无线链路可以更安全地工作。

5)与非 Wi-Fi 网络的协作

将来，Wi-Fi 设备能够搜索到其它运营商的无线网络服务，并安全地接入。

3. Wi-Fi 技术的应用

由于 Wi-Fi 的频段无须任何电信运营执照，WLAN 无线设备提供了一个世界范围内可以使用的、费用低廉且带宽极高的无线接口。用户可以在 Wi-Fi 覆盖区域内快速浏览网页，宾馆、商场、豪华住宅区、机场、咖啡馆、饭店及娱乐场等区域都有 Wi-Fi 接口，用户通过无线路由器设置局域网可以尽情地进行无线冲浪，而无需担心网络速度和费用问题。

4.1.5 6LoWPAN 技术

6LoWPAN 是一种基于 IPv6 的低速无线个域网标准，即 IPv6 over IEEE 802.15.4。6LoWPAN 技术具有无线低功耗、自组织网络的特点，是物联网感知层、无线传感器网络中的重要技术。

2004 年 11 月，IEEE 正式成立了 IPv6 over LR-WPAN(简称 6LoWPAN)工作组，对 IPv6 的低速无线个域网相关标准进行规范，制定了 IEEE 802.15.4 的物理层(PHY)和媒体访问控制层(MAC)标准，6LoWPAN 被称为具有基于 IPV6 的协议的 WPAN 网络，6LoWPAN 的出现，对短距离、低速率、低功耗的无线个人区域网络的发展起到了实质性的推动作用。

6LoWPAN 具有价格低廉、适用性强、容易接入、实用性强的特点，作为短距离、低速率、低功耗的无线局域网领域的新兴技术之一，它必将给人们的工作、生活带来极大的便利，具有广阔的市场前景。在智能家居中,基于6LoWPAN的节点可以被嵌入到家具和家电中,通过无线网络与因特网技术实现家具、家电间的互联互通,为智能家居领域的具体应用提供短距离通信技术支撑。6LoWPAN技术适用于要求设备价格低、体积小、省电、可密集分布,但不要求设备具有很高传输速率的应用场景,因此6LoWPAN技术也可以广泛用于建筑物状态监控、空间探索等领域。

4.2 无线传感器网络

无线传感器网络(Wireless Sensor Network,WSN)是依托传感器技术、微机电系统、现代网络和无线通信技术的发展而产生的一种新兴网络。它由大量的低功耗微型传感器通过近距离无线通信自组织形成,这些节点被密集地部署在被监测区域内部或附近,使传感器节点之间协作完成网络覆盖区域内对象的信息感知、信息采集、信息处理和信息发布。

4.2.1 传感器网络体系结构

传感器网络体系结构(图4-8)由通信协议、WSN管理、应用支撑技术三部分组成。

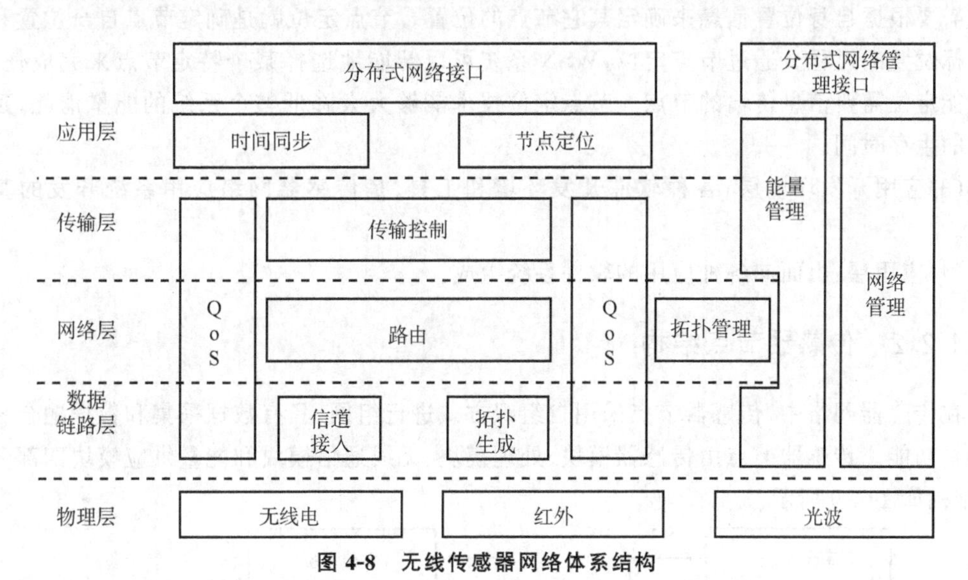

图4-8 无线传感器网络体系结构

1. 通信协议

通信协议包括物理层协议、数据链路层协议和网络层协议。物理层协议主要负责数据的调制、发送与接收,是无线传感器网络的重点研究内容之一,它决定了无线传感器网络的节点成本、能耗和体积等关键指标。数据链路层协议保证了无线传感器网络内点到点和点到多点的连接,实现了数据成帧、帧检测、媒体访问和差错控制功能,数据链路层的好坏直接影响网络的性能优劣。网络层协议主要用于确定网络中的路由和数据的路由转发,实现传感器与传感器、传感器与汇聚节点、汇聚节点与管理节点之间的通信,可实现多传感器间的协作,并完成大型的感知任务。网络层路由协议主要负责路由选择和路由维护两个方面的工作。

2. WSN 管理

WSN 管理由能量管理、拓扑管理、网络管理和安全管理组成。

(1)能量管理负责控制节点对能量的使用。在 WSN 中,为了延长网络存活时间,在计算机、存储单元及通信单元部分主要采用的能量管理策略有休眠机制和数据融合等技术。

(2)拓扑管理负责保持网络连通和数据的有效传输。由于在监控区域内部署了大量冗余密集的传感器节点,为节约能量、延长 WSN 的生存时间,在保持网络连通和数据有效传输的前提下,常常将部分节点按照某种规则设置进入休眠状态。

(3)网络管理负责网络的诊断和维护,并提供网络管理服务接口。网络管理通常包括数据收集、数据处理、数据分析、故障处理、设计新型的全分布式管理机制等功能。

(4)安全管理主要体现在通信安全和信息安全两个方面。通信安全主要考虑节点的安全、被动抵御入侵、主动反击入侵三个方面。信息安全主要考虑数据的机密性、数据鉴别、数据的完整性和实效性等方面的问题。

3. WSN 支持技术

(1)时间同步:在 WSN 中,需要全局同步的时钟支持大量的传感器之间的相互配合、协同工作,以完成复杂的检测和感知任务。保持各节点时间的一致性,能方便处理与时间有关的操作。

(2)节点定位:WSN 的定位机制是无线传感器网络的主要技术之一。在 WSN 网络中,节点需要根据自身位置信息来确定其它节点的位置。节点定位就是确定节点自身位置和外部目标位置的过程。通过节点定位,WSN 系统可以智能地选择某个特定节点来完成任务,节点能定位需要信息传输的节点。节点定位技术能够大大降低整个系统的能量消耗,延长系统的生存时间。

(3)应用开发环境层:各种软件开发环境和工具,是传感器网络应用系统开发的基础环境。

(4)应用层:由面向各种应用的软件系统组成。

4.2.2 传感器节点结构

在传感器网络中,传感器节点采用自组织方式进行组网,具有数据采集和数据融合转发的双重功能。传感器节点由传感器模块、处理模块、无线通信模块和能量供应模块四部分组成,结构如图 4-9 所示。

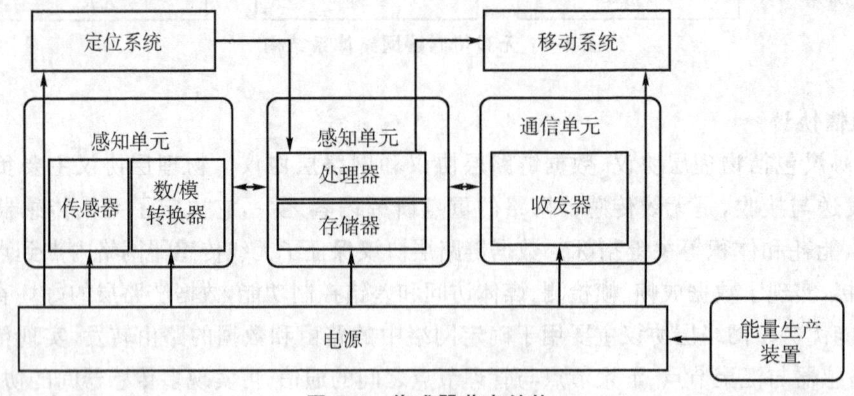

图 4-9 传感器节点结构

传感器节点的各个模块分工协作,实现信息的采集、存储和传输。传感器模块主要承担对监测区域内监测对象的感知、信息的采集并按一定的规则进行数据转换工作。控制传感器节点的操作则由处理器模块来负责。存储器主要实现对采集到的数据和接收到的数据存储和处理。无线通信模块使传感器节点具备了信息传输能力,所有节点采集或接收到的数据都需要通过无线通信模块汇聚到网络层,主要实现传感器节点之间的无线通信,完成控制信息的交换和数据的接收与发送功能。能量供应模块是物联网生命周期的关键部件,一般通过微型电池提供传感器节点运行提供所需的能量。

传感器节点一般是微型嵌入式系统,在实现各种网络协议和应用系统时,受以下条件约束。

1. 电源能量有限

传感器节点一般由微型电池为其供电,微型电池的能量十分有限。在实际运行中传感器节点的绝大部分能量消耗在无线通信模块上,在发送状态时无线通信模块对能量的消耗最大,而在睡眠状态时则对能量的消耗最少。经过测试发现,无线通信模块在空闲状态和接收状态消耗的能量比较相近,两者所消耗的能量比发送状态消耗的能量稍微小一些。虽然,处理器和传感器模块的功耗较低,但由于各节点使用供电能力十分有限的微型电池作为其能量来源,因此如何最大化、高效地使用有限的电能,尽可能地延长网络生命周期是传感器网络面临的首要挑战。

随着低功耗电路和嵌入式系统设计技术的提高,新型的处理器支持动态频率调节和模块化供电功能。动态能量管理模块和动态电压调节模块,都可以更有效地利用节点的各种资源。

在WSN中,当节点没有要处理的事件时,一些节点模块会处于空闲状态。对于处于空闲状态的模块,动态能量管理会关掉这些组件或调整到休眠状态。当节点的计算负载较低时,动态电压调节模块通过降低处理器的工作电压和频率来降低处理能力,进而降低微处理器的能量消耗。

2. 通信能力有限

无线通信的能量消耗与通信距离的关系为:$E=k*dn$。其中,参数 n 满足关系 $2\leqslant n\leqslant 4$。影响 n 取值的因素很多,例如,障碍物的多少、干扰程度的大小、天线的质量等。一般情况下,传感器节点的无线通信半径 d 在100米以内比较合适。

3. 计算和存储能力有限

传感器节点是一种微型嵌入式设备,是资源受限的网络,因此其携带的处理器能力比较弱,存储器容量也比较小。

4.2.3 传感器网络的特征

与其它无线网络不同,高效利用有限的能量是无线传感器网络的首要目标。传感器网络由数量巨大的节点组成,集监测、控制及无线通信于一体。由于网络中的节点会因环境干扰和能量耗尽而发生故障,因此无线传感器网络拓扑也会经常发生变化。无线传感器网络的主要特征包括:

1. 网络规模大

网络规模"大"基于以下两方面:①传感器节点部署数量巨大,通常一个监测区域内部署了成千上万的传感器节点。在原始森林,利用传感器网络进行森林防火和环境监测,由于覆盖范围和监测准确度的要求,需要部署大量的传感器节点。②传感器节点部署密集,通常情况下,为了提高网络的容错性能,传感器网络单位面积内节点会很密集,存在大量冗余的节点。

传感器网络的大规模性有下述优势:

(1)大量节点能够增大覆盖的监测区域,减少洞穴或盲区,通过不同空间视角获得的信息具有更大的信噪比。

(2)通过分布式处理大量的采集信息,能够弥补因节点故障而引起的信息缺失问题。提高总体监测的精确度,降低对单个节点传感器的精度要求。

(3)大量冗余节点增强了系统的容错性能。

2. 自组织、动态性网络

传感器网络节点随机分布在监测区域,节点位置不能预先精确设定,邻居关系也不能预知。传感器节点可能因为能量耗尽或环境原因在使用过程中失效,因此网络的拓扑结构会产生动态地变化。这就要求传感器节点具有自组织的能力,能够自动进行配置和管理,通过自组织的方式进行通信,以适应这种网络拓扑结构的动态变化。

3. 以数据为中心的网络

互联网是以地址为核心的,通过网络中唯一的IP地址来标识不同的网络设备。资源定位和数据传输依赖于终端、路由器、服务器等网络设备的IP地址。但传感器网络的核心是感知数据而不是网络硬件,我们关注的是传感器产生的数据,而非传感器本身,传感器网络应视为一种以数据为中心的网络。

4. 可靠的网络

传感器网络中的节点经常随机部署在各种恶劣环境或无人值守的区域中,常遭到人为破坏和自然损坏。除此之外,WSN中的节点数量往往十分巨大,这给网络的维护带来了巨大的困难。因此,对WSN提出了很高的要求,既要求WSN的传感器节点非常坚固、不易损坏、能够适应各种恶劣环境,又要求其具有一定的通信保密性和安全性,以防止监测数据被盗取或获取了伪造监测数据。传感器网络软件具有一定的鲁棒性和容错性,是保证传感器网络高可靠性的基础。

5. 与应用相关的网络

传感器网络需要监测不同行业、不同场景下的各类数据。不同的网络模型、软件系统和硬件平台也会产生不同形式的数据。目前,还没有统一的通信协议可以适应所有的传感器网络。为提供优质的应用服务必须根据不同的应用场景设计出符合该应用特征的网络结构和数据格式,这也是传感器网络不同于传统网络的一个特征。

4.2.4 传感器网络的应用

传感器网络被广泛应用于军事、环境监测、气象预报、空间探索、城市交通、健康护理、智能家居、智能安防、复杂机械监控、农林渔牧监测、大型车间和仓库管理、机场等领域。

1. 军事应用

传感器网络已经成为军事领域不可或缺的部分,受到军事发达国家的普遍重视。从侦察敌情、监控兵力、装备、弹药调配监视,到判断生物化学攻击、友军兵力、射击点和弹道定位等方面,各国均投入了大量的人力和财力进行研究。

2. 环境监测和预报

传感器网络在监测领域应用广泛，可用于监视农作物灌溉、营养施肥、土壤空气、畜牧和家禽的温湿度和清洁卫生等环境状况及大面积的地表监测等。例如，利用传感器网络对海燕栖息地的生态环境进行监测；利用传感器网络实现对网络、压力、温度、传导率、水流、浊度的监测等；通过无线传感器网络收集震动和次声波信息并加以分析，进行火山爆发的监测等。

3. 灾难救援

在发生地震、水灾或者其它灾难后，固定的通信网络（如有线通信网络）的光缆/电缆和网络设备因灾难可能被全部摧毁或者无法正常工作，而无线传感器网络由于不依赖任何周边的网络设施，能快速布设，去除网络节点链路冗余等优势，所以将是抢险救灾场合的最佳通信设施。

4. 智能家居

在家电和家具中嵌入传感器节点，通过无线网络与 Internet 连接在一起，为人们提供更加舒适方便和更具个性化的智能家居环境。例如，家庭智能影院、智能家电联控等应用。

5. 医疗护理

传感器网络在智能医疗领域将有很好的发展前景，能够为智慧医疗和健康护理等方面提供丰富的应用场景。例如，监测人体的各种生理数据、跟踪和监控医院内医生的行为、患者的各类指标以及医院的药品管理等。

4.3 无线移动通信网络

无线移动通信网络

处于移动状态的对象之间进行的通信称为移动通信，移动通信的双方至少有一方在移动中进行信息传输和交换，其中包括移动台与固定台之间的通信、移动台与移动台之间的通信、移动台通过基站与有线用户之间的通信等。

移动通信能克服通信终端位置对用户的限制，快速和及时地传递信息。移动通信虽然只有一百多年的发展历史，而移动通信的发展已经历了五代：第一代移动通信系统（1G）模拟语音时代，第二代移动通信系统（2G）数字语音时代，第三代移动通信系统（3G）数字语音和数据，解决大数据传输速率过低问题；第四代移动通信系统（4G）能够传输高质量视频图像以及图像传输，能够实现 100 Mbit/s 以上的下载速度，目前已在全球运营商中广泛部署；第五代移动通信系统（5G），国际电联将刚刚到来的 5G 应用场景划分为移动互联网和物联网两大类。低时延、低功耗、高可靠的 5G 通信技术，是 4G 多种有线、无线接入技术的演进式集成解决方案。5G 的诞生，将进一步改变我们的生活。

我国的移动通信产业发展迅速，截止到 2019 年 11 月底，我国移动电话用户总数达 16 亿。其中，4G 用户规模为 12.76 亿户，基站总数超过 648 万，无线移动通信可以让人们摆脱电缆的束缚，更加灵活方便地沟通，无线移动通信网络将在物联网时代发挥更大的作用。移动通信，特别是 5G，将成为“全面、随时、随地”的物联网传输信息的有效平台。5G 以其高速、实时、高覆盖率、多元化的特点，对多媒体数据信息的高效处理，为物物相连，实现与互联网的整合创造了必要条件。

4G 改变生活,5G 改变社会。未来,5G 将渗透到社会的各个领域,以用户为中心构建全方位的信息生态系统。自动驾驶、智能制造、远程医疗是大家期盼的场景,超高清视频直播、VR/AR(Virtualreality/Augmented Reality,虚拟现实/增强现实)、全息成像等也将能渗透到人们的工作和生活中。5G 将实现随时随地的人与人、人与世界的连接,形成万物互联的有机整体,极大地改善我们的生活质量,提高社会的运作效率。

与 4G 相比,5G 具有更高的性能,用户体验速率、时延和连接数密度是最主要的三个性能指标。5G 能够支持 100 Mbit/s～1 Gbit/s 的用户体验速率,可以实现端到端毫秒级的时延,能够支持每平方千米数 10 Tbit/s 的流量密度。未来 5G 将解决多样化应用场景下差异化性能指标带来的挑战。不同应用场景面临的性能挑战有所不同,用户体验速率、流量密度、时延、能效和连接数都可能成为不同场景的挑战性指标。

4.4 无线城域网

对于城市区域的一些大楼、分散社区来说,架设电缆与铺设光纤的费用往往要大于架设无线通信设备的费用。这时可以在城市范围的楼宇之间利用无线通信手段解决局域网、固定或移动的个人计算机接入互联网的问题,即通过无线城域网来解决楼宇之间的数据通信问题。无线 IEEE 802 委员会成立了 IEEE 802.16 工作组,专门对宽带无线城域网标准进行研究,以解决无线城域网的数据通信问题。802.16 标准的全称是"固定带宽无线访问系统空间接口"(Air Interface for Fixed Broadband Wireless Access System),也称为无线城域网(Wireless MAN,WMAN)或无线本地环路标准。

与 IEEE 802.16 标准工作组对应的论坛组织为 WiMAX(Worldwide Interoperability for Microware Access),是全球微波互联接入的缩写。WiMAX 技术旨在为无线广域网用户提供高速的无线数据传输服务,其带宽可达 70 Mbit/s,视线覆盖范可达 112 千米,非视线覆盖范围可以达到 40 千米。在 WiMAX 架构中,大量的无线网络用户和与上层网络相连的 WiMAX 基站建立关联以便获取上层网络的服务。图 4-10 为无线城域网服务示意图。从图中可见 WiMAX 的基站多为高耸的传输塔,它们采用非视线传输至 WiMAX 的无线网络用户。Wi-Fi 的接入设备主要是笔记本、PAD 或上网本,WiMAX 更多的用户是建筑物中的 Wi-Fi 接入点,汽车、火车等高速移动交通工具上的无线终端设备。基站和用户之间的连接、基站和上层网络之间的连接是 WiMAX 网络架构中数据传输连接的两个重要组成部分。

(1)基站和用户之间的连接,基站用视线或非视线点对多点连接为用户提供服务,这段连接被称为"最后一公里"。由于建筑物的阻挡,基站与用户之间多使用非视线通信。大部分 802.16 协议采用时分双工或频分双工工作方式,支持全双工传输并提供服务质量。基站可以根据用户的需要分配由用户到基站的上行传输信道带宽和由基站到用户的下行传输信道带宽,上行和下行的传输带宽可根据用户的需求独立分配。

(2)基站和上层网络之间的连接,基站通过光纤、电缆、微波等高速的点对点方式与上层网络建立相连,这段连接被称为回程。WiMAX 使用了两个频段,一个是 10～66 GHz 毫米波频段,该频段可分配的频宽较大,具有较大的数据承载能力,适用于高速的数据传输,更适

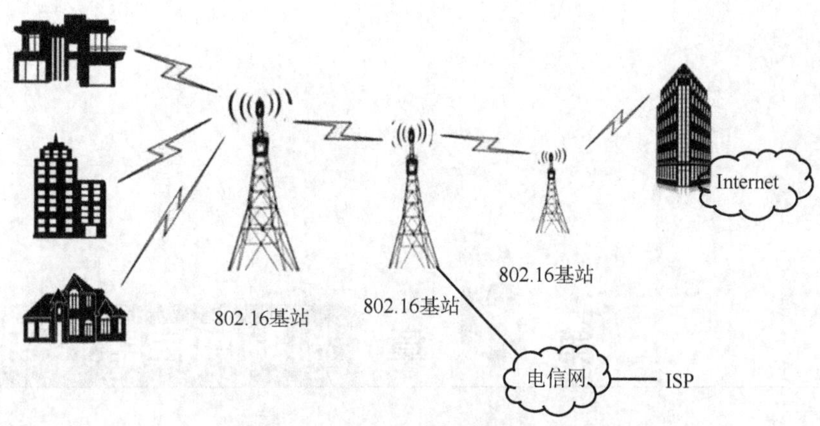

图 4-10　802.16 无线城域网服务示意图

用于视线传输，一般作为回程连接的载波。另外一个频段是 2～11 GHz 厘米波频段，该频段的波长较长，受障碍物的干扰较小，比较适用于非视线传输的载波，多用于基站和用户之间点到多点的数据传输。

WiMAX 介质访问控制具有全双工信道传输、点到多点传输的可扩展性以及支持 QoS 等特征。全双工信道传输利用 WiMAX 频段较宽的特点可以提供更高效的宽带服务。WiMAX 可为用户提供校园网、企业网服务，也能够为固定和移动用户提供宽带无线连接服务。WiMAX 覆盖范围可以达到数十千米，每个基站可提供数十甚至上百兆比特/秒的带宽，可为成百上千的企业或家庭提供互联网接入业务。WiMAX 可使用非视线传输，支持众多用户和基站之间“最后一公里”的连接。

第5章 物联网信息处理技术

以用户体验为核心的创新是物联网发展的源动力，而应用之上的创新是物联网发展的核心。物联网应用的关键是数据，物联网数据感知层将会不断地产生各类数据，但如何对这些海量数据进行有效处理、整合与利用，是物联网应用面临的巨大挑战。物联网的应用支撑层为解决物联网中海量数据如何存储、如何整合、如何检索等问题，提供了有效的支撑。而数据处理技术正是物联网应用支撑层数据处理的核心技术之一。

5.1 物联网数据的特征

物联网中产生的大量数据是物联网各类应用的源泉，物联网数据也呈现了大数据的"5V"特征。

5.1.1 数据的海量性(Volume)

物联网数据在采集、存储和计算各阶段的数据体量都非常大。在感知层，数量庞大的感知设备以前所未有的规模感知各种类型的数据。物联网数据已从GB、TB、PB级别跃升到EB(100万TB)甚至ZB(10亿TB)，数据的数量和产生速率都远远超过互联网。

5.1.2 数据的异构性和多样性(Variety)

物联网数据来源种类繁多，在不同领域、不同行业、不同的应用场景中，所产生的数据类型、数据格式都可能不同。例如，手机、平板电脑、PC、移动互联网、车联网以及分布在全球的种类繁多的传感器，都可能是数据来源或承载方式，数据的异构性和多样性是物联网数据的典型特征。

5.1.3 数据的实时性和动态性(Velocity)

实时数据是一种带有时态性的数据，与静止数据最大的区别在于实时数据带有严格的时间限制。物联网与真实物理世界直接关联，数据具有实时性强、采集频率高、数据增长速度快等特点。例如,工业设备、汽车、电表上安装的时效传感器,会随时测量和传递着有关设备或环境的位置、运动、振动、温度、湿度乃至空气中化学物质的变化,这些海量的数据信息都是实时产生,并根据位置或环境变化而动态变化的。

5.1.4　数据的关联性及语义性(Value)

物联网广泛应用带来的海量信息,如何才能通过强大的机器算法挖掘物联网数据在时间和空间上存在潜在关联和语义联系?发掘数据价值,是大数据时代亟需要解决的问题,是物联网实现智能化的一个重要前提。

5.1.5　数据的准确性和真实性(Veracity)

物联网采集的数据来于真实世界或庞大的网络,通过对采集数据的提取和分析,能够解释和预测现实事件的真实过程。由于互联网的开放性,在数据采集过程中容易将各种大量意外的数据引入系统,数据中可能包含各种各样的误差与错误。因此,去除冗余和干扰信息,保证物联网数据的准确性和真实性非常关键。

5.2　物联网数据存储

物联网技术的发展与广泛应用,致使物联网数据呈爆炸式增长。数据的海量性、多样性、异构性和地理上的分散性,对物联网数据的存储与处理提出了巨大的挑战。云计算和大数据技术的发展为物联网海量数据进行专业化处理提供了技术支持。当前,物联网中存储数据的数据库主要分为关系型数据库和非关系型数据库两种类型,数据存储方式主要有集中式存储和分布式存储两种。

5.2.1　数据库

数据库

数据库是一种以记录的形式实现数据存储的技术,数据库技术是信息基础设施的核心技术和重要基础。随着计算机系统硬件技术的进步和互联网技术的发展,数据库系统所管理的数据种类越来越多,存储技术也越来越复杂。数据的海量性和异构性同为数据库技术带来新的需求、新的挑战和新的发展机遇。

完整的数据库系统包括数据库、数据库管理系统以及用户三个部分。数据如何存放在数据库中,主要涉及数据模型与数据模式两个概念。数据模型是现实世界数据特征的抽象,是用来描述数据的一组概念的集合。通常由数据结构、数据操作和完整性约束三部分组成。

在数据库领域最常用的数据模型有四种,分别是层次模型(Hierarchical Model)、网状模型(Network Model)、关系模型(Relational Mode)和对象模型(Object Oriented Model),其中层次模型和网状模型为非关系模型。现在常用的数据库模型主要指关系型数据库和非关系型数据库。

1. 关系型数据库

关系型数据库是目前应用最广泛的数据库系统,主要适用于存储结构化的数据。关系型数据库模型有三个组成要素，分别是关系数据结构、关系数据操作和关系完整性约束。关系模型定义了三类完整性约束：实体完整性、参照完整性和用户定义的完整性。关系型数据库必须满足实体完整性和参照完整性两个完整性约束条件。关系模型是关系数据库的数学理论基础，关系代数是关系数据操纵语言的一种传统表达方式，是一种抽象的查询语言，它用对关系的运算来表达查询。常用的关系型数据库产品有 Oracle、MySQL、Sybase、SQL Server、Access 等等数据库。

2. 关系型数据库语言(SQL)

结构化查询语言 SQL(Structured Query Language)是一种用于数据库查询和程序设计的非过程化编程语言。它是存储数据以及查询、删除、更新和管理关系数据库系统的主要工具，也是数据库脚本文件的扩展名。SQL 语句可以嵌套使用，它具有十分强大且灵活的功能，也是具有完全不同底层结构的数据库系统，可以使用相同的结构化查询语言作为数据输入与管理的接口。由于功能丰富、表达简单和易于掌握等特点，SQL 逐步发展成为关系型数据库系统的标准语言。

3. 非关系型数据库

传统的关系型数据库在处理规模不断增大的海量数据时，对于处理超大规模和高并发的微博、微信、SNS 等不同类型的数据时已经显得力不从心，暴露了很多难以克服的困难和非常棘手的问题。例如，传统的关系型数据库 I/O 瓶颈、性能瓶颈都难以有效突破，于是出现了大批针对特定场景，以高性能且使用便利为目的的特异化数据库产品。NOSQL(非关系型)类的数据库就是在这样的情景下诞生并得到了迅速的发展。非关系型数据库也被称为 NOSQL 数据库，它的本意是“Not Only SQL”，指的是非关系型数据库，而不是“No SQL”的意思。NOSQL 的产生并不是要彻底否定非关系型数据库，而是随着数据类型和数据数量的不断增长和变化，作为传统关系型数据库的一个有效补充。它能够实现对海量数据、半结构化和非结构化数据的高效处理。非关系型数据库包括键值(Key-Value)存储数据库、列存储(Column-Oriedted)数据库、面向文档(Document-Oriented)数据库和图形(Graph)数据库。非关系型数据库适用于高性能、高并发和对非结构化数据的应用场景，常用的非关系型数据库产品有 Memcached、Redis、MongoDB、HBase、Cassandra 等。

5.2.2 大数据处理技术 Hadoop

物联网首先通过传感器采集到海量数据，其次通过云计算和大数据技术对海量数据进行智能处理和分析。云计算和大数据技术是实现物联网应用的核心技术，人们运用云计算的模式，能够进行物联网中不同业务进行实时动态的智能分析和管理决策。在云计算技术和大数据技术的支持下，物联网能够进一步提升数据处理能力，为物联网的广泛应用提供了可能性。

1. Hadoop 简介

Hadoop 是 Apache 软件基金会的一个项目，该项目的目标是为可靠的、可扩展的分布式计算开发一套开源软件。换而言之，Hadoop 是一个开源大数据处理框架，它实现了对海量数据的分布式计算，并以一种可靠、高效、可伸缩的方式对数据进行处理。目前大部分公司的大数据平台都是基于 Hadoop 开发的。

2. Hadoop 的优点

Hadoop 是一个分布式计算平台,用户可以在 Hadoop 上轻松地开发和运行处理海量数据应用程序,Hadoop 的主要优势如下:

(1)高可靠性。Hadoop 可维护多个工作数据副本,在计算元素或存储失败时,能够确保针对失败的节点重新分布处理。

(2)高效性。Hadoop 以并行方式进行工作,通过并行处理方式加快数据的处理速度。另外,Hadoop 实现了节点之间动态地移动数据,并可保证各个节点间的动态平衡。

(3)高扩展性。Hadoop 可以在已有的集簇之上方便地添加计算节点,能够实现数以千计的节点扩展。Hadoop 可在计算机簇之间分配数据并完成计算任务,能够处理 PB 级的数据。

(4)高容错性。Hadoop 具有将失败的任务自动重新分配的机制,它会自动保存数据的多个副本,在某一任务失败时,能自动地重新分配任务。

(5)低成本。与一体机、商用数据仓库等数据集市相比,Hadoop 是开源的架构,节约了硬件和软件的授权成本。

3. Hadoop 的核心架构

Hadoop 由许多元素构成,最底部是 Hadoop 的分布式文件系统(Distributed File System,HDFS),它存储了 Hadoop 集群中所有存储节点上的文件。HDFS 的上一层是 YARN 分布式计算框架,再上一层则是 MapReduce 计算框架,如图 5-1 所示。

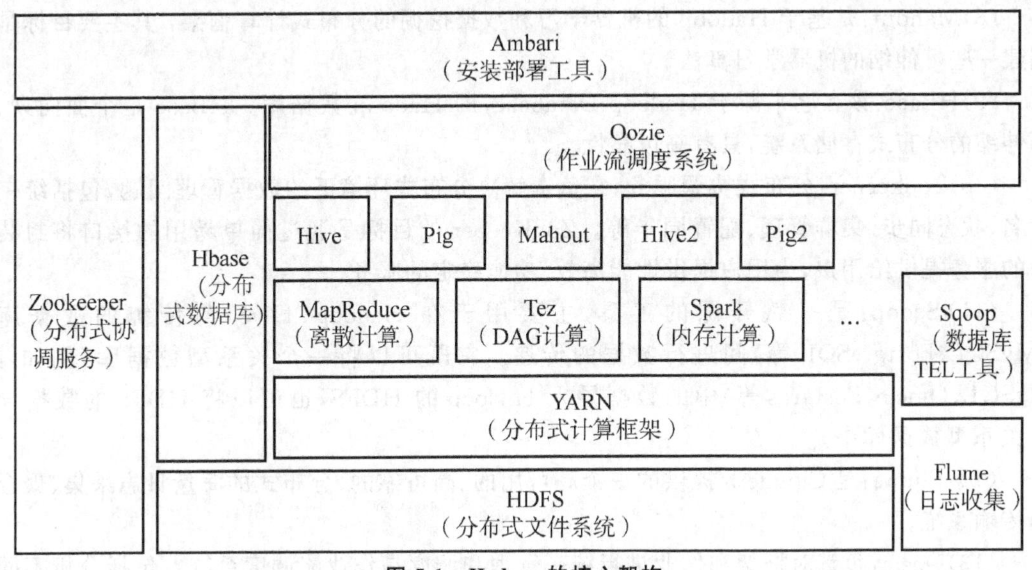

图 5-1 Hadoop 的核心架构

(1)HDFS:分布式文件系统(HDFS)是支持海量结构化数据存储的分布式数据库,它可提供高可靠性、高扩展性和高吞吐率的数据存储服务。

(2)YARN:分布式计算框架(Yet Another Resource Negotiator,YARN)负责集群资源的统一管理和调度,是 Hadoop 2.0 的新增系统。

(3)MapReduce:是一种分布式计算框架,它的特点是扩展性和容错性好,易于编程,适合离线数据处理,但不擅长流式处理、内存计算和交互式计算。

(4)Tez:一个 DAG 计算框架,该框架核心思想是将 Map 和 Reduce 两个操作进一步拆分,分解后的元操作可以任意灵活组合,产生新的操作。

(5)Spark:不仅继承了 Hadoop MapReduce 的优点,还可以将 Job 中间输出结果保存在内存中,大大提高了读取效率。因此 Spark 能更好地适用于数据挖掘与机器学习等需要迭代的算法。

(6)Hive:是基于内存的数据仓库,它提供了数据汇总和查询功能。Hive 使用类 SQL 的 HiveQL 数据语言,Hive 的数据都存储在与 Hadoop 兼容的文件系统中(如:亚马逊 S3、HDFS 等)。Hive 的设计特点如下:

①支持索引,能够提高数据的查询效率;

②支持不同的存储类型,如:纯文本文件、音频文件、HBase 中的文件;

③将元数据保存在关系数据库中,大大缩减了执行语义检查的时间;

④可以直接使用存储在 Hadoop 文件系统中的数据;

⑤内置大量的数据挖掘工具,并支持用户通过扩展 UDF 函数实现内置函数无法完成的操作;

⑥采用类 SQL 的查询方式,能够将 SQL 查询转换成 MapReduce 的 Job 在 Hadoop 集群上执行。

(7)Pig:是构建在 Hadoop 之上的数据仓库,可以简化 MapReduce 任务的开发,它是高级的数据流语言和并行计算执行框架,并采用了一种更具表达能力的脚本语言 Pig。

(8)Mahout:是基于 Hadoop 的机器学习和数据挖掘的分布式计算框架,其主要目标是创建一些可伸缩的机器学习算法。

(9)HBase:该名字来源于 Hadoop Database,即 Hadoop 数据库。HBase 是个面向列、可伸缩的分布式存储系统,具有高可靠性。

(10)Zookeeper:分布式协调服务,它负责解决分布式环境下的数据管理问题,包括统一命名、状态同步、集群管理、配置同步等。ZooKeeper 的目标是通过简单易用的接口将封装后的服务提供给用户,为用户提供性能高效、功能稳定的服务。

(11)Sqoop:是一款开源的工具,主要用于在 Hadoop(Hive)与传统的数据库(MySQL、PostgreSQL 等)间进行数据的传递。它既可以将一个关系型数据库(例如:MySQL、Oracle、Postgres 等)中的数据导入 Hadoop 的 HDFS,也可以将 HDFS 的数据导入关系型数据库中。

(12)Flume:是 Cloudera 提供的一个高可用的、高可靠的、分布式的海量日志采集、聚合和传输系统。

(13)Oozie:负责对框架和作业进行统一管理和调度是作业流调度系统。包括分析不同作业之间存在的依赖关系(DAG)、定时执行作业、对作业执行状态进行监控与报警(如发邮件、短信等)。

(14)Ambari:是一种基于 Web 的工具,支持 Apache Hadoop 集群的供应、管理和监控。Ambari 是为了让 Hadoop 以及相关的大数据软件更易使用的一个工具。

HDFS 和 MapReduce 是 Hadoop 框架最核心的设计,HDFS 为海量数据提供了存储方式,而 MapReduce 为海量数据提供了计算框架。

4. Hadoop的分布式文件系统(HDFS)

HDFS是Hadoop框架中的文件系统，为Hadoop中的其它应用提供了可靠的数据存储和高效的数据访问。

(1)HDFS的特性

HDFS为整个Hadoop平台提供数据的存储、管理和错误处理功能，是一个基础层。HDFS源于Apache的Nutch项目，HDFS最初用来作为Nutch的基础设施，后来成为Hadoop的子项目。HDFS是一个高容错的文件系统，支持高吞吐量的应用程序数据访问，因而适合大数据集的应用。HDFS的设计使得它可以部署在由大规模廉价设备组成的集群上，这里的廉价设备指通用的普通计算机，它区别于价格昂贵的专用服务器。

(2)HDFS文件系统架构

分布式文件系统(Hadoop Distributed FileSystem，HDFS)是一种高度容错的分布式文件系统模型，由Java语言开发实现。HDFS可以部署在任何支持Java运行环境的普通机器或虚拟机上，且能够提供高吞吐量的数据访问。HDFS采用主从式(Master/Slave)架构，由一个名称节点(Name Node)和一些数据节点(Data Node)组成。

HDFS公开文件系统的命名空间，以文件形式存储数据。HDFS将存储文件分为一个或多个数据单元块，然后复制这些数据块到一组数据节点上。名称节点执行文件系统的命名空间操作，负责管理数据块到具体数据节点的映射。

HDFS支持层次型文件组织结构，用户可以创建目录，并在该目录下保存文件。名称节点负责维护文件系统的命名空间，任何对HDFS命名空间或属性的修改都将被名称节点记录。HDFS通过应用程序可以设置存储文件的副本数量，称为文件副本系数，由名称节点管理。HDFS命名空间的层次结构与现有大多数文件系统类似，用户能够对文件进行创建、删除、移动或重命名。但是HDFS不支持用户磁盘配额和访问权限控制，也不支持硬连接和软连接。

(3)HDFS的数据组织与操作

与单磁盘的文件系统一样，HDFS中文件被分割成单元块大小为64 MB的区块，而磁盘文件系统的单元块大小为512 B。如果HDFS中的文件小于单元块大小，该文件不会占满该单元块的存储空间。HDFS大单元块(64 MB以上)的设计目的是尽量减小寻找数据块的开销，如果单元块足够大，数据块的传输时间会明显大于寻找数据块的时间。HDFS中文件传输时间基本由组成它的每个组成单元块的磁盘传输速率决定。假设寻块时间为10 ms，数据传输速率为100 MB/s，那么当单元块为100MB时，寻块时间则为传输时间的1%。

(4)HDFS的数据副本策略

HDFS在多机存储文件时，文件被分割为很多大小相同的数据块，文件的每个数据块都有副本，并且数据块大小和副本系数可灵活配置。好的副本存放策略能有效改进数据的可靠性、可用性和可利用率。最简单的策略是将副本存储到不同机架的机器上，副本大致均匀地分布在整个集群中。其优点是可以有效防止因整个机架出现故障而造成的数据丢失，并且可以在读取数据时充分利用机架自身的网络带宽。

HDFS采用机架感知(Rack Awareness)策略，在该策略中，副本并非均匀分布，三分之一的副本在一个机架，三分之二的副本在另一个机架，这样能够有效减少机架间的数据传输。既不破坏数据的可靠性和读取性能，同时也改进了写入性能。

5.3 数据预处理与数据融合

5.3.1 数据预处理

物联网在实际应用中获得的大量数据，其中有相当一部分是冗余和无效的，这些数据会极大降低网络中数据传输效率。因此要求人们在使用数据前，必须采用有效的技术手段对数据进行预处理，以提升数据传输的效率和数据服务质量。

1. 问题数据产生原因

由于人为因素、设备原因、传输原因甚至是环境因素，导致现实世界中的问题数据无处不在。问题数据包括噪声数据、不完整数据和不一致数据。

不完整数据和不一致数据产生的原因主要有：①某些属性的内容不全，如顾客信息；②有些数据为空，虽然有字段，但是在具体填写时因各种原因没有填写；③由于设备失灵、网络故障甚至电源因素等导致相关数据没有被记录下来；④遗失数据（Mssing Data），历史记录或数据修改被忽略，致使与其它记录内容不一致而被删除；⑤数据不一致，数据的修改由于没有同步更新而产生数据的不一致。

噪声数据的产生原因主要包括：①数据采集设备问题；②数据录入过程中发生的人为或计算机错误问题；③因网络原因导致数据传输过程中发生错误；④由于不同系统中的命名规则或数据代码不同而引起的数据不一致。

2. 数据预处理技术

数据预处理（Data Preprocessing）是指在数据处理之前对不完整、不一致的“脏”数据进行处理，数据预处理为提高数据应用质量打下了良好的基础，降低了数据挖掘所需要的时间。数据预处理技术主要包括数据清洗、数据转换、数据集成和数据归约等过程。

数据清洗是消除数据中的噪声数据，纠正不完整和不一致数据，删去数据中冗余数据的过程。噪声数据是指错误或异常的数据，不完整数据是指数据中缺乏某些属性值，不一致数据则是指数据内涵出现不一致情况（如，同一设备编号出现不同的名称）。数据清洗处理过程通常包括：平滑噪声数据、识别或除去异常数据、填补遗漏的数据值以及解决不一致数据问题。

数据集成是指将来自多个数据源的数据合并到一起构成一个完整的数据集，用于描述同一个概念的属性在不同数据库中取了不同的名字，它们在进行数据集成时就常会引起数据的不一致或冗余。例如，在某个数据库中同一位顾客的身份编码和命名的不一致也常会导致同一属性值的内容不同。同样，大量的数据冗余不仅会降低数据挖掘的速度，也会误导挖掘进程。

数据转换是指将一种格式的数据转换为另一种格式的数据。数据转换主要是对数据进行规格化操作。在进行正式的数据挖掘前，必须对数据进行规格化处理。

数据归约是指在尽可能保持数据原貌的前提下，最大限度地精简数据量。数据归约也称为数据消减，它主要有属性选择和数据采样两个途径。分别针对原始数据集中的属性和记录，目的是在不影响或基本不影响最终的挖掘结果的前提下，缩小挖掘数据的规模。

噪声数据、不完全或不一致的数据在现实的世界中大量存在，数据预处理能够帮助用户改善数据质量，提高数据的有效性和准确性。

5.3.2　数据融合

数据融合是一种数据处理技术，指可将多种数据或信息进行处理给出高效且符合用户需求的数据处理过程。

数据融合

数据融合利用计算机技术对获得的若干信息，在一定准则或规则下对数据进行汇总、关联、综合分析等，以获取支持用户决策和评估所需要的信息。

数据融合类似人类对复杂问题的综合处理，比如在辨别一个事物的时候，通常会综合各种感官信息，包括视觉、触觉、嗅觉和听觉等。单独依赖一个感官获得的信息往往不足以对事物做出准确的判断，而综合各种感官数据，对事物的判断将会更准确。

数据融合是一个多级别、多维度的数据处理过程，能实现对来自不同信息源的数据的自动检测、关联、组合处理，并基于多信息源数据进行综合性的分析、判断和决策。

数据融合一般有数据级融合、特征级融合、决策级融合等级别的融合。

(1)数据级融合：属于最低层次的融合，它可直接在采集到的原始数据上进行融合，优点是失真度小，所提供的信息比较全面。

(2)特征级融合：属于中间层次的融合，它先对来自传感器的原始信息进行特征提取，然后对特征信息进行综合分析和处理。特征级融合可完成信息压缩，有利于实时处理的需要。

(3)决策级融合：属于高层次的融合，它基于一定的规则和决策的可信度做出最优的决策，以达到良好的信息实时性和容错性的目的。

5.4　物联网数据分析与挖掘

物联网的应用必然会带来海量的数据信息，但这些海量信息给人们带来丰富信息同时也产生了很多负面影响，过多无用信息的产生必然会形成信息距离，造成有用知识的丢失。也就是约翰·内斯伯特(John Nalsbert)所说的“信息丰富而知识贫乏”的窘境。

为了能够更好地利用这些数据，人们期望能够对其进行深入分析，发现并提取隐藏在海量数据中的关系和规则等更加重要的参照规律。但仅仅依靠传统的数据录入、查询、统计等功能，人们无法发现数据中存在的关系、规律和规则，无法根据海量数据预测发展趋势，更缺少挖掘数据背后隐藏知识的手段。在这样的背景下，数据挖掘技术应运而生。

数据挖掘一般是指从大量的数据中自动搜索隐藏于其中的有着特殊关系的过程。数据挖掘通过分析大量的数据来揭示数据之间隐藏的关系、模式和趋势，从而为决策者提供新的知识。之所以称之为“挖掘”，是比喻在海量数据中寻找知识，如从沙里淘金一样困难。数据挖掘技术作为数据处理的一个重要手段，较好地解决了“数据丰富而知识贫乏”的问题。数据仓库产生后，数据挖掘如虎添翼，在IT界引发了一个个化腐朽为神奇的故事。

5.4.1　数据挖掘对象

物联网中的海量数据包含各种不同的数据类型，从结构上看，这些数据主要可分为结构化和半结构化，当然还包含一些异构型的数据。

数据挖掘的对象可以是任何类型的数据源,如关系数据库(包含结构化数据的数据源),如数据仓库、文本、多媒体数据、空间数据、时序数据、Web 数据等。

发现知识的方法可以是数字的、非数字的,数学的和非数学的,也可以是归纳的,它们最终通过数据挖掘得到的知识,可以用在决策支持、信息管理、查询优化和数据自身维护等方面。

5.4.2 数据挖掘步骤

数据挖掘的主要步骤包括定义问题、建立数据挖掘库、分析数据、准备数据、建立模型、评价模型和挖掘实施等等。

(1)定义问题:数据挖掘的第一步是要了解数据和业务问题。对数据挖掘的目标有一个清晰而明确的定义,要清晰地知道需要解决的问题,需要挖掘的数据和需要支持的业务。问题不同、目标不同所建立的数据模型也不相同,因此定义问题是数据挖掘的第一步,是数据挖掘的基础。

(2)建立数据挖掘库:建立数据挖掘库是对数据处理的基础,包括以下几个步骤:收集数据、描述数据、选择数据、评估数据质量、数据合并与整合、构建元数据、加载数据到挖掘库、维护数据挖掘库。

(3)分析数据:分析数据是数据挖掘的关键,如果数据集中的字段非常多,例如超过上千个数据字段,就需要借助相关的软件工具实现对数据的分析。

(4)准备数据:数据准备包括变量选择、记录选择、创建新的变量和变量转换四个方面,准备数据是建立模型之前的最后一步工作。

(5)建立模型:建立模型的过程通常需要反复并进行多次优化,要通过仔细考察不同的模型,决定哪个模型能够最有效地解决问题。在建立模型时,首先将准备好的数据分成三个部分,第一部分数据称为训练集,用来建立模型;第二部分数据称为测试集,用来测试通过第一部分数据得到的模型;第三部分数据称为验证集,用于验证模型的准确性。

(6)评价模型:建立好的模型通常使用已有的数据,而模型是否准确与选取的数据具有直接关系,即模型的准确率只对建立模型时使用的数据有意义。在实际应用时,需要进一步对数据模型进行验证,寻找最有效的数据模型。因此,直接在现实世界中进一步对模型进行测试十分重要。通常的做法是先在小范围内对模型进行使用,经过应用测试后,如果模型效果能够满足需要,再进一步进行大范围推广使用。

(7)挖掘实施:建立模型并验证模型之后,需要将挖掘模型应用实施。可以将模型提供给分析人员进行参考或者把此模型应用在不同的数据集上,达到数据挖掘的最终目的——挖掘实施。

5.4.3 数据挖掘方法

数据挖掘的常用方法大体可以分为三种:关联分析、分类分析以及聚类分析。

1. 关联分析

关联规则的发现,最初是一个有趣的“尿布与啤酒”的故事。美国超市里的尿布和啤酒经常摆在一起出售，但是这个奇怪的举措却使尿布和啤酒的销量都增加了。原来，经过实际调查和对大量原始交易数据的分析，借助于数据挖掘技术，超市发现了"尿布与啤酒"背后隐藏的美国人的购物方式。尿布与啤酒看起来毫无关联，但是借助数据挖掘技术，可以发现具有重要意义和重要价值的规律。

数据库中数据之间存在某种关联性或相关性。数据关联是指两个或多个变量的取值之间存在的某种规律，可分为简单关联、因果关联和时序关联。通过关联分析，能够发现数据库中隐藏的关联性或相关性，发现描述某个事物中某些属性同时出现的规律和模式。这就是关联分析的目的。

2. 关联规则的分类与挖掘过程

按照不同情况，关联规则有以下几类。

1)布尔型和数值型

根据规则中处理的变量类别，关联规则可分为布尔型和数值型。布尔型关联规则处理离散的、种类化的值，能够发现离散型、种类变化变量之间的关系。数值型关联规则处理数值型的数据，与多维关联或多层关联规则相结合，能够实现动态分割数据，甚至直接处理原始数据。

2)单层关联规则和多层关联规则

根据规则中数据的抽象层次，关联规则可分为单层关联规则和多层关联规则。单层关联规则不考虑现实的数据是否具有多个不同层次的情况，但多层关联规则在数据分析时则会充分考虑数据的多层性。

3)单维规则和多维规则

根据规则涉及的数据维数，可将关联规则分为单维规则和多维规则。单维规则处理单个属性中的一些关系，只关注数据的一个维度。多维规则能够分析和处理各个属性之间的某些关系，涉及待处理数据的多个维度和层级。

关联规则的挖掘主要包含两个阶段，一是在数据集合中找出所有的高频项目组，二是利用高频项目组产生关联规则。

通常，关联规则挖掘方法适用于原始数据库指标值是离散值的情况，如果指标值取连续数值，那么首先要对数据进行离散化处理，然后才能进行关联规则挖掘。数据的离散化是数据挖掘前的重要环节，离散化的过程是否合理将对挖掘结果产生直接影响。

3. 关联规则挖掘算法

1)Apriori 算法

Apriori 算法是一种挖掘布尔关联规则频繁项集的算法，是著名的关联规则挖掘算法之一。Apriori 算法使用候选项集群寻找频繁项集，其核心是使用一种被称为逐层搜索的递推方法。Apriori 算法的基本思路是：①找出所有的频繁项集，频繁项集出现的频繁度要大于或等于预先定义的最小支持度。②利用已经找出的频繁项集产生强关联规则，产生的强规则必须能够满足最小支持度和最小可信度要求。③使用①中找到的频繁项集生成期望规则和只包含集合项的所有规则。生成的规则中保留大于最小可信度的规则，而除去不满足条件的规则。

Apriori 算法使用逐层递推的方法生成所有频繁项集，所以可能产生大量的候选集，而且很可能需要对数据库进行反复扫描，这也是 Apriari 算法的主要缺点。

2)基于划分的算法

基于划分的算法核心思想是,首先从逻辑上把数据集分成 N 个数据块,这些数据块互不相交,每次只对一个数据块进行处理,并为其生成所有的频繁项集。其次把生成的 N 个频繁项集合并起来,再生成所有可能的频繁项集。最后,根据频繁项集计算支持度。需要注意的是,在分割数据块时要保证每个分块的大小不能超过机器的内存,以确保分块能够被正确地载入内存中。因为每一个可能的频繁项集至少会由某一个分块产生,由分块的正确性保证了划分算法的正确性。同时,基于划分的算法可以同时对多个分块进行处理,其显而易见的优势是能够进行高度的并行处理。

3)FP-树算法

FP-树算法同样用于挖掘频繁项集,也称为频繁模式树算法。该算法解决了 Apriori 算法执行过程中产生大量的候选集的问题,是 Apriori 算法的升级优化,但是其产生关联规则的步骤和 Apriori 是一样的。FP-树算法采用类似分块的思想,在对数据库进行第一遍扫描后,将频繁集压缩存储在一棵 FP-树中(通常被称为频繁模式树),并将其中的关联信息保留下来。然后,把 FP-树分化成一些条件库,将条件库和一个长度为 1 的频繁集相关。最后,分别对这些条件库进行挖掘。如果原始数据量过于庞大,则将该算法与划分算法结合使用,使每一个 FP-树都能够存储在内存中。

4. 分类分析

分类分析对数据库中的样本记录进行分类标记(标记类标签),然后使用这些已知类标签的样本,建立分类模型或者分类函数,最后根据分类模型将数据库中其它类标签未知的数据进行归类。分类分析是数据挖掘的一种非常重要的方法。

构造分类模型时使用的数据输入,需要在训练样本数据集中进行选择。样本数据集由一组数据库记录(元组)构成,并使用一组类别标记对记录进行标识。首先,按标记对样本记录进行分类,即给每个样本记录赋予一个标记,其具体形式可能是一个$(i+1)$元组,如$(V_1,V_2,\cdots,V_i,C)$,其中 V_i 表示样本的属性值,C 表示类别。描述对同类记录的特征有显式描述和隐式描述两种方式。显式描述看起来像一组规则定义,而隐式描述则如同一个公式或数学模型。

分类分析分为两个步骤:①构建模型;②模型应用。构建模型是对预先确定的类别给出相应的描述,通过分析数据库中各数据对象而获得模型。首先,假设样本集合中的每个样本都属于预先定义的某个类别,类别可由类标号属性确定。此集合称为训练集,用于构建挖掘模型。因为每个训练样本都有类标号,所以该方法也称为有指导的模型学习。而最终得到的模型,即分类器,则可有各种不同的表示方式,比如决策树、分类规则或数学公式等。

分类分析中的第二个步骤为模型应用,即使用分类器对未知的数据对象进行分类。首先,从数据库中选取一部分数据作为测试数据,利用这些测试数据初步估计模型分类的准确率。例如在使用保持方法估计时,首先把给定的数据随机地划分为两个独立的集合:训练集和测试集。两个数据集数据的比例通常是确定的,即数据的三分之二被划分到训练集中,三分之一被划分到测试集中。数据被划分后,再利用训练集生成分类器,而测试集则测试得到模型的准确率。如果测试后认为模型的准确率可以接受,那么就使用该模型对集合中其它未知类别的数据进行分类,最终得到分类结果并产生输出。

5. 聚类分析

聚类分析又称集群分析，目标是在相似的基础上收集数据进行分类。聚类分析是研究分类问题的一种统计分析方法。在古老的分类学中，人们大部分依赖于经验和专业知识实现分类，极少通过数学工具进行定量的分类。随着科学技术的不断发展，人们逐渐把数学工具引入分类学中，形成了数值分类学。然后又将多元分析的技术引入数值分类学中形成了聚类分析。

聚类是将物理或抽象对象的集合分成由类似的对象组成的多个类的过程。这些由类似对象组成的集合(类)通常被称为簇，同一个簇内的对象之间彼此相似，但与其它簇中的对象却有较大的不同。在聚类研究领域已经积累了适用于不同内容的算法，主要包括系统聚类法、模糊聚类法、动态聚类法、有序样品聚类法、图论聚类法和聚类预报法等方法。

6. 最大树聚类算法

最大树聚类算法是模糊聚类方法的一种，它通过规格化标定步骤建立相似系数，构成相似矩阵，具体步骤如下：

(1)规格化标定并建立相似矩阵，选定样本集 X 及每个样本的指标集 S，然后根据样本的各项指标采集所选用的标准指标进行规格化，再选取适当的公式计算它们之间的相似系数，并建立样本集 X 的相似矩阵 R。

(2)构建模糊图的最大树 G。若所有被分类的对象都是顶点，在构建的过程中，选取一个顶点 i，当顶点 i 与顶点 j 的相似系数 $r_{ij} \neq 0$ 时，顶点 i 与顶点 j 之间就可以连一条边。根据相似矩阵 $\boldsymbol{R}$，对于顶点 i，又根据相似系数从大到小顺序依次连边，并给每条边赋以权值 r_{ij}。这个步骤是有限的，经过若干次操作之后，顶点集 X 中的所有元素都将被连接起来，于是就得到一个最大树 G。由于选取的初始点不同，可能达到的最大树不是唯一的，但并不影响分类的结果。

(3)利用 λ 截集进行分类，选取 λ 的值($0 \leqslant \lambda \leqslant 1$)，去掉权重低于 λ 的连线，相互连通的元素归为一类，就实现了基于最大数的聚类分类。λ 的选值决定了聚类的严格程度，$\lambda = 0$ 标识非常严格，$\lambda = 1$ 标识聚类非常宽松。

5.4.4 数据挖掘发展过程

数据挖掘是数据库、机器学习、统计学和人工智能等多学科交叉的产物，其内涵与外延经历了从简单到复杂的几个发展阶段。

第一阶段，结构化数据挖掘。在数据挖掘产生初期，它是面向结构化数据的，挖掘对象主要是关系数据库中的数据。

第二阶段，复杂类型数据挖掘。复杂类型数据挖掘的对象是大型异质异构数据库，而这类数据库中的数据往往是半结构化和非结构化的。复杂类型数据挖掘主要包括两个方面：①万维网挖掘；②多媒体挖掘。万维网挖掘主要包含以文本为主的页面内容挖掘(万维网文本挖掘)、以客户访问信息为主的信息挖掘和以万维网结构为主的结构挖掘。多媒体信息挖掘指对包含超文本、图像、音频、视频、图形和时序等在内的多媒体信息的挖掘。随着复杂类型数据在不同领域得到广泛应用，数据挖掘技术也因此从结构化数据挖掘逐渐向复杂类型数据挖掘发展。

第三阶段，是在复杂类型数据挖掘基础上，进一步产生的数据挖掘系统。这类数据挖掘系统在挖掘对象和方式上都产生了较大的变化，挖掘对象包括动态、在线数据，以及流数据、混合数据和不完备的数据。挖掘方式包括分布式挖掘系统和并行挖掘系统等方式。

第四阶段，开拓基于知识库的知识发现。现有的知识库中已经拥有海量的数据，如何进一步发现知识库中更多深层次的知识，是数据挖掘技术不断追求的目标。

数据挖掘是一个涉及多种技术的综合应用技术，需要数据库技术、高性能计算、信息检索、机器学习、模式识别、神经网络、数据可视化、统计学、图像与信号处理、空间数据分析等多个领域技术的集成。数据挖掘是信息产业中非常有前途的交叉学科，其趋向有如下特点：

(1)原有的理论方法不断深化与拓展。出现了网络数据挖掘、流数据、混合数据、基于神经网络的时序数据、相似序列和快速挖掘算法的研究，以及粗糙集模型与方法的扩展等研究。

(2)复杂类型数据挖掘与动态挖掘成为热点。比如，生物信息挖掘、半结构化、非结构化等复杂类型数据挖掘和在线挖掘等。

(3)新技术与方法的引入(其它学科领域的渗透)。比如，人工免疫系统方法、协同验算方法、模拟退火算法、语音识别方法、计算几何方法和智能蚁群算法等方法。

(4)理论融合交叉的创新性研究。比如基于粗糙集的证据推理算法、模糊关系数据模型与粗集结合算法、认知心理学、认知物理学、认知生物学与知识发现的融合等。

(5)基础理论研究渐趋重视。比如内在机理研究、自主知识发现框架、数据挖掘——数据集＋似然关系＋挖掘算法等。

5.5 物联网数据检索

5.5.1 文本检索

文本检索(也称自然语言检索)不是对已有文献进行标引，而是直接通过计算机对自然语言中的语词匹配进行查找。传统的文本检索是以相关度为基础的，相关度指的是检索关键字和文本内容的相似程度或者某种距离的远近程度。文本检索技术的发展由不涉及语义理解的、传统的通用算法，逐渐向包含语意理解、针对特定领域的方向发展。研究者们在建设“本体库”中投入了巨大的精力和资源，希望进一步推进文本检索的研究，如 WordNet、HowNet 等本体字典。建设本体库的意义在于，其中的文本可以转化为语义集合，通过进一步提炼文本的语义，能够实现向用户提供语义层次的检索。根据计算相关度方法的不同，文本检索通常分为基于文字的检索、基于结构的检索和基于用户信息的检索。

1. 基于文字的检索

基于文字的检索需要解决的主要问题是相似度的计算，即用户要查询的文字内容和文档数据中文字的相似度计算。检索模型一般包括三部分：即查询内容、文档表示和相似度计算方法。经典的检索模型有布尔模型、概率检索模型、向量空间模型和统计语言检索模型等。

2. 基于结构的检索

随着互联网的快速发展，文本文献的数量增加得更加迅猛，文本数据的数量级和文本数据本身的结构都发生了重大变化。随着文本数量的持续高速增长，互联网上的数据已不再是结构化的数据，而变成了半结构化的数据，文本检索技术也遇到的更大的难题。所以，基于相似度的文字检索技术的基础，并结合文本结构信息的检索技术也逐渐发展起来。与基于文字的检索不同，基于结构的检索要用到文档的结构信息。文档的结构包括内部结构和外部结构两种。内部结构指的是文档除文字之外的格式、位置等信息。在基于内部结构的检索中，可以利用文字所在的位置、格式等信息更改其在文字检索中的权重，比如各级标题、句首等。外部结构指的是文档之间基于某种关联构成的"关系网"，如可以根据文档之间的引用关系形成"引用关系网"。基于外部结构的检索可以是基于 Web 网页之间的链接关系以及"链接分析"技术。它或多或少地沿袭了"被越重要的文献引用，引用次数越多的文献价值就越大"的情报学文献不同思想。

在实际的检索应用中，通常不会单独使用基于结构的检索，一般是和基于文字的检索联合使用的。

3. 基于用户信息的检索

基于文字的检索和基于结构的检索都是从查询内容或文档出发来计算相似度的，从而忽略了用户本身的因素。实际上用户是信息检索最重要的组成成分，就检索结果来说，用户的认可才是检索的目的。因此，利用用户本身的信息和参与过程的行为信息进行的检索称为基于用户信息的检索。

从理论上讲，用户自身的信息，包括性别、年龄、教育背景、阅读习惯、职业、收入、所处城市等都可以用于信息检索。但是，一方面这些信息不易获得；另一方面，即使能获得这些信息，是否不能适用于所有用户的信息检索还有待商榷。因此，实际上的基于用户信息的检索主要是根据用户的访问行为获取信息，这个过程称为用户建模。用户的行为信息包括：用户的浏览历史、用户的单击行为、用户的检索历史等，这些信息常常称为检索的上下文信息。由于这类检索常常通过分析用户的历史访问行为得到，这种方法也被称为基于用户行为的检索方法。

基于用户行为的检索又可以分为基于单个用户个体访问行为的检索和基于群体用户访问行为的检索。基于单个用户个体访问行为主要通过分析当前检索用户的访问喜好来提高信息检索的质量。基于群体用户访问行为主要通过用户之间的相似性来指导信息检索，它假设具有相似兴趣的用户会访问同一网页、对同一类问题感兴趣，因此，可以通过分析群体用户的访问习惯，获得哪些用户是具有相同兴趣的信息。

5.5.2 图像检索

图像检索，是从图片检索数据库中检索出满足检索条件的图片。20 世纪 70 年代已经开始了对图像检索的相关研究，那个时候主要是基于文本的图像检索技术(Text-based Image Retrieval，TBIR)。TBIR 利用文本描述的方式描述图像的特征，例如，绘画作品的作者、流派、年代、尺寸等。从 20 世纪 90 年代开始，人们开始对图像的内容语义进行研究。例如，通过分析图像的纹理、颜色、布局等特征进行图像检索的技术，即基于内容的图像检索(Content-based Image Retrieval，CBIR)技术。为了使图像检索系统更加接近人对图像的理解，研究者们又提出了基于语义的图像检索技术(Semantic based Image Retrieval，SBIR)，探索从语义层次解决图像检索问题。

1. 基于文本的图形检索技术

基于文本的图像检索(TBIR)是用特定的图像信息标引图像,如作者、年代、图像名称、图像尺寸、压缩类型等。通过关键词查询图像,或者根据等级目录的方式浏览查找特定类目录下的图像。TBIR沿用了传统文本检索技术,避免了对图像中可视化元素的检索和分析。

2. 基于内容的图像检索

基于内容的图像检索(CBIR),是通过抽取图像的视觉特征作为图像内容(例如形状、颜色和纹理结构等)进行匹配与查找。现在已有许多基于内容的图像检索系统问世,例如QBIC,MARS,Web SEEK和Photobook等。基于内容的图形检索包括以下两方面:

(1)特征提取。特征提取是CBIR系统的基础,而特征提取的优劣对CBIR系统的成败起着决定性作用。目前,CBIR系统的研究主要集中在特征提取,如图像检索中用得较多的视觉特征——颜色、纹理和形状等。

(2)查询方式。与其它检索系统相比,CBIR系统向用户提供的查询方式有很大的区别,一般有示例查询和草图查询两种方式。示例查询由用户提交一个或多个图例,然后由系统检索得到特征与之相似的图像("相似"是指视觉特征上的相似,例如图形颜色、纹理和形状等)。草图查询是指用户简单地画一幅草图,比如在一个蓝色的矩形上方画一个红色的圆圈来表示海上日出,由系统检索得到视觉特征上相似的图像。

3. 基于语义的图像检索

从某种程度上说,虽然图像的视觉特征(如颜色、纹理、形状)可以很大程度地代表图像包含的信息,但是人们判断图像的相似性并不仅仅依靠视觉特征的相似性。在多数情况下,用户主要根据图像表现的含义而不是视觉特征来判别图像是否满足自己的需要和满足的程度。图像的含义是图像的高层语义特征,它包含了人们对图像内容的理解。基于语义的图像检索(SBIR)的目的就是要使机器检索图像的能力接近人的理解水平。

在图5-2所示的图像内容层次模型中,原始数据层即图像的原始像素,物理特征层即图像的颜色、纹理和形状等视觉特征,语义层即对图形物理特征的建模和基于语义特征的建模。在第二层到第三层之间,存在一个被研究者们称为"语义鸿沟"的障碍。因为存在"语义鸿沟",CBIR系统目前还难以被普遍认可和接受。在一些特殊的领域(如指纹识别、医学图像检索等)是有可能建立底层图像特征和高层语义之间的某种联系的。但是,这种联系在更广泛的领域内,就并不显得非常直接了。

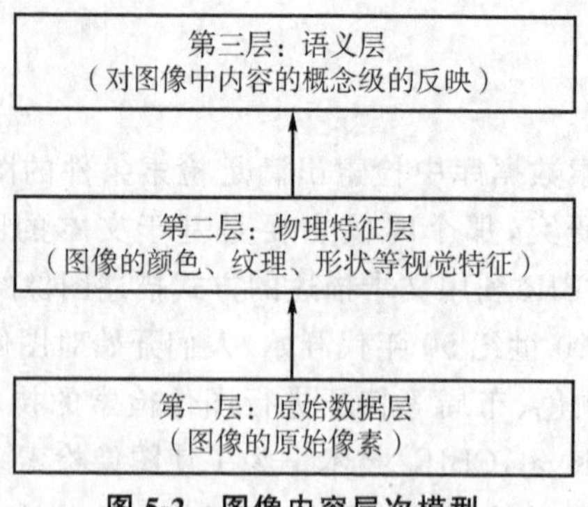

图5-2 图像内容层次模型

图像的视觉特征相对简单，但是人类语言的语义却非常丰富，最大限度地减小它们之间的鸿沟，是语义图像检索研究的核心和关键问题，而其中的关键技术就是怎样获取图像的语义信息。目前常用的方法有利用系统知识的语义提取、基于系统交互的语义生成和基于外部信息的语义提取三种。如图 5-3 所示为图像语义提取模型。

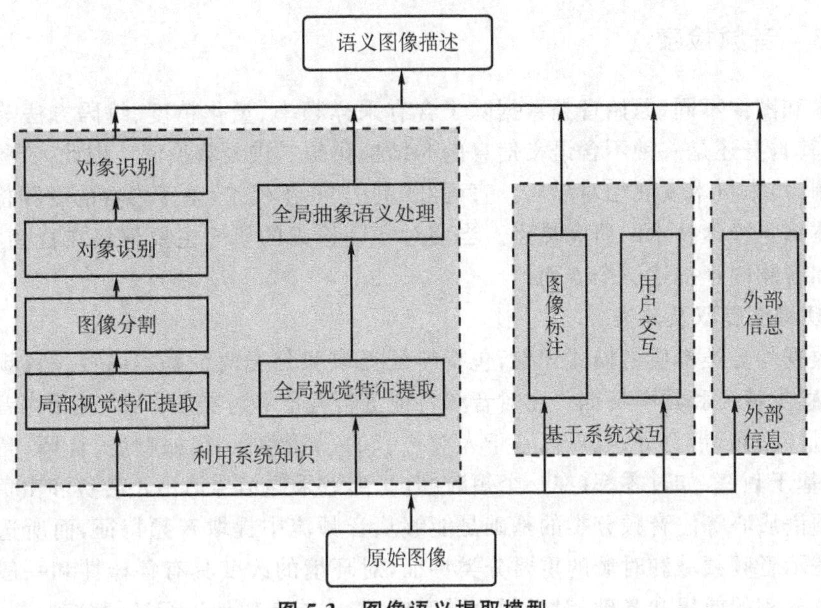

图 5-3　图像语义提取模型

(1)利用系统知识的语义提取。主要分为两类，一是基于对象识别的处理方法，二是全局处理方法。前者包含三个关键步骤：①图像分割；②对象识别；③对象空间关系分析。每一个处理步骤是下一个处理步骤的基础。在针对特定的领域进行语义提取时，如果提前给系统提供该领域必要的预备知识，一般都能够获得很好的效果。在提取语义时，通常只有通过图像分割技术，才能有效地获取该图像的语义。比如在判断西服的种类时，利用图像分割，首先识别西服的袖子、纽扣、口袋、领带等区域。然后根据袖子的样式，纽扣是单排还是双排，纽扣的数量，口袋的位置和样式，领带的图案、颜色，以及搭配的衬衫颜色，判断西服的样式是正式的、休闲的还是传统的。

(2)基于系统交互的语义生成。在自动从图像中提取语义的系统中，需做到根据图像的视觉特征自动抽取图像的语义。许多检索系统采用了比较高效的人工交互的方式来提取图像语义。人工交互可生成并提供图像的语义，通过图像预处理在提取语义之前对图像标注，或人工标注，或机器自动进行标注。然后，利用反馈机制修正和调整标注，使标注逐渐准确。比如，微软研究院开发的 iFind 系统采用了基于用户的检索和反馈机制获取图像关键词的方法，是由用户输入一些关键词，通过计算和查询关键词与图像所标注的关键词之间的相似度，可得到最符合查询条件的图像集合。在返回的结果中，由用户从结果中选择相关或不相关的图像。反馈学习机制根据用户的修改，会相应地修改每幅图像的关键词和权重。反馈学习机制为能够描述相关图像的关键词赋予更大的权重，所以在提取图像的语义信息时可以得到更加准确的结果。

(3)基于外部信息的语义提取。外部信息指的是图像来源处的相关信息。互联网中的图像资源与其它传统的独立图像不同，这些图像嵌入在 Web 文档中，与网页一同发布，所以图像与 Web 网页的联系十分密切。与图像相关的主要信息包括 URL(Universal Resource Locator，统一资源定位器)中的文件名、图像的 ALT 域和图像嵌入代码前后的文本等，图像的语义信息可以从这些信息中抽取出来。

5.5.3 音频检索

与文本和图像不同，原始音频数据除了含有采样频率、量化精度、编码方法等有限的注册信息外，其自身还是一种不含语义信息的非结构化的二进制数据流。因此，音频检索受到极大的限制，检索技术发展相对滞后。直到 20 世纪 90 年代末，基于内容的音频检索才逐渐成为多媒体信息检索技术的研究热点。当前对音频检索的研究主要聚焦在音频特征提取、音频分割和音频内容描述三个方面。

1. 音频特征提取及分类

音频数据的分类本质是模式识别，包括特征提取和分类两个基本内容。音频特征包括物理特征、感觉特征和频率特征。在对音频特征进行提取和分类时，可以基于声音的物理特征，比如能量、基频、带宽等；也可以基于人对声音的感觉特征，比如响度、音调、亮度和音色等；还可以基于频率，如过零率(在一个短时帧内，离散采样信号值由正转负和由负到正的变化次数)、频谱质心等。音频分类的基础是能够从音频流中提取音频特征，而所选取的特征则应充分表示音频频域和时域的重要分类特征，对环境的改变具有鲁棒性和一般性。音频分类是音频分割的前提和基础，对音频分类完成后，才能有效地进行音频分割。

2. 音频信号流的分割

音频分割是提取音频结构和内容语义的最主要的方法，是基于内容的音频分析和检索的基础。当前，对音频分割算法的研究很多，分割算法大类包括分层分割算法、压缩区域分割算法和模板分割算法。

(1)分层分割算法。音频有能量、基频、带宽、响度、编码格式等特征，分层分割算法的思想是：当一种音频转换成另外一种音频时，音频的几个主要特征会发生变换。分割时，每次都选取发生变换最大的音频特征，从粗到细，可以逐步将音频分割成不同的音频序列。

(2)压缩区域分割算法。MPEG 压缩格式已成为主流的多媒体编码格式之一，MP3 是当前最主要的音频格式。通过对 MP3 格式的音频信号特征直接提取，然后基于提取的压缩域特征可实现对音频的分割。

(3)模板分割算法。该算法先为音频流预先建立一个模板，在音频分割时使用该模板模拟音频信号流的时序变化，实现对音频数据流分割的目的。

对已经分割出的音频进行分类属于模式识别问题，主要的任务是通过相似度匹配算法将相似的音频划归到同一个类别。比较典型的音频分类算法包括最小距离方法、神经网络、决策树方法、基于隐马尔可夫链模型和支持向量机模型等。

3. 音频内容的描述和索引

音频内容的描述是对音频、结构和语义进行刻画，是音频检索的前提。当前基于 MPEG-7(Multimedia Content Description Interface，多媒体内容描述接口)的音频内容描述是计算机音乐领域的一个重要的研究课题。MPEG-7 是国际标准化组织(ISO)制定多媒体内容描述的标准，规定了一个用于描述各种不同类型多媒体信息的描述符的标准集合。MPEG-7 的主要目标是制定多媒体资源的索引、搜索和检索的互操作性接口，为具有互操作性的音频检索和过滤等服务提供支持。

4. 音频检索方法

用户检索音频常用的方法有主观描述查询、浏览检索、拟声查询、示例查询和表格查询等。借助于音频特征分析，基于内容的音频检索给不同的音频数据赋予不同的语义，使具有相同语义的音频在听觉上具有相似性。

(1)主观描述查询。用户通过输入一个语义描述关键词，例如“摇滚音乐”或“劲爆”等。机器自动找出包含了这些语义标注的音频，并将结果反馈给用户。用户也可以通过对音频的主观感受特征进行音频检索，例如，输入“欢快”或是“悲伤”，查找满足要求的音频。

(2)示例查询。提交一个音频范例，然后提取该音频范例的特征，如下雨声。按照音频范例识别方法判断其类别，然后把属于该类的音频返回给用户。

(3)拟声查询。用户发出与要查找的声音相似的声音，使用声音进行检索。例如，人们在不知道歌名和歌手的情况下，通过哼唱歌曲的旋律，把这些旋律数字化后输入计算机，计算机就可以根据旋律去寻找歌曲，把包含用户所哼唱的旋律或风格的音乐反馈给用户。

(4)表格查询。用户选择一些音频的音量、基音、频率等声学物理特征，并基于列出的特征值范围进行检索。

(5)浏览查询。事先建立音频的结构化组织和索引，例如，音频的分类和摘要等。然后用户基于预先建立的组织和索引实现音频的检索。浏览检索也是用户检索音乐的常用方法之一。

用户在进行音频检索时，可将这几种音频查询方法组合起来使用，从而达到最优的检索效果。

5.5.4 视频检索

视频检索是根据给出的例子或者特征描述，从大量的视频数据中找出需要的视频。视频检索是以图像处理、图像理解、模式识别、计算机视觉等领域的知识为基础的一门交叉学科。视频检索需要综合信息检索、人工智能、人机交互、认知科学、数据库管理系统等多个技术领域。同时引入媒体数据表示和数据模型，才可能设计出有效、可靠的检索算法。

1. 视频检索的分类

从检索形式可将视频检索分为基于文本(关键字)的检索和基于示例(视频片段/帧)的检索两类。基于文本的检索效率取决于对视频的文本描述是否精准，这种方式难点在于怎样才能实现对视频进行全面、自动或半自动的精准描述。基于示例的检索优势是可以通过自动地提取视听特征进行检索，这个方法的难点一方面在于如何计算视频的相似性，另一方面是很难找到合适的视频示例。

2. 视频检索的关键技术

视频检索的关键技术主要有关键帧提取、图像特征提取、图像特征的相似性度量、查询方式设计以及视频片段匹配等。

(1)关键帧提取。帧是视频流的基本组成单元，也是视频的最小单位。每一帧都相当于一幅独立的图像，而视频流数据则可以看作由连续图像帧构成的动态图像。镜头是摄像机拍下的连续帧序列，同一组镜头中，视频帧的图像特征通常保持不变。关键帧则是代表一个镜头关键图像的帧，是一个镜头的主要内容。在同一个镜头中，关键帧的数量远小于镜头包含的所有图像帧的数量。所以,采用关键帧代表镜头,对减少计算复杂性具有重要作用。在提取关键帧时,要选取既能反映镜头中的主要事件,又能便于检索的那些帧,经典的选取关键帧的方法有帧平均法和直方图平均法。

(2)图像特征提取。特征提取可以提取颜色、图形轮廓、纹理等图像内容的底层物理特征。主要采用数值信息、关系信息和文字信息三种方式表示图像特征。目前,多数系统都采用的是数值信息方法对图像特征进行提取。

(3)相似性度量。视频检索的关键是对不同图像进行相似性度量,通过相似性度量找出不同视频片段之间的区别和联系,进而为视频信息的检索提供可能性。视频相似性度量可以分为视觉内容相似性、时间顺序相似性和粒度相似性三个方面。视觉内容相似性主要指两个视频片段在底层视觉特征上的相似程度,时间序列相似性主要考虑视频片段中多个镜头之间的出现位置关系。粒度相似性主要指视频检索中,相似视频镜头的一对多、多对一和多对多的相似程度。

(4)查询方式。由于图像特征本身具有一定的复杂性,而查询条件的表达方式也具有多样性。查询时使用不同的特征时,查询的表达方式也会随之改变。常用的查询方式有底层物理特征查询、自定义特征查询、局部图像查询和语义特征查询四种方式。

(5)视频片段的匹配。由于同一镜头连续图像帧的相似性,常常会出现同一样本图像的多个相似帧,所以需要在查询到的一系列视频图像中找出最佳的匹配图像序列。视频片段匹配算法有最优匹配法、最大匹配法和动态规划算法等。

第6章 物联网应用

物联网是新一代信息科技的重要组成部分，物联网技术广泛应用于国民经济发展的各个领域。物联网与工业、农业、能源、交通、医疗等行业深度融合形成产业物联网，成为传统行业升级所需要的基础设施和关键要素。物联网是生产社会化、智能化发展的必然产物。随着物联网技术在各行各业的渗透及应用，物联网将对人类的生产力和生产方式产生深刻影响。物联网所建立的人-人、物-物、人-物沟通方式，将转变人们现有的生活方式，为人们带来更省时、更安全、更高效与更便捷的生活体验。

6.1 物联网应用概述

物联网实现了对新一代信息技术的高度集成和综合应用，物联网的出现对新一轮产业变革和推动社会智能、环保、可持续发展具有重要意义。从物联网概念的兴起至今，在基础设施建设、基础性行业转型和消费升级三大动力的驱动之下，物联网正加速与国民经济各行各业的融合。随着技术的发展和低功耗广域网商用化进程的加速，互联网企业、传统行业企业、设备商和电信运营商已着手全面布局物联网在本行业的应用，物联网应用进入跨界融合、集成创新和规模化发展的新阶段。根据 GSMA 数据显示，2018 年，物联网对全球经济的影响达 1750 亿美元，占 GDP 的比例的 0.2%。从行业来看，对全球制造业的影响最大，高达 920 亿美元。从国别来看，物联网对中国经济的影响位居第二，达 362 亿美元。另外，随着全球经济的发展，也会推动物联网行业的进步。预计到 2025 年，物联网对全球的经济影响将达 3710 亿美元，占 GDP 的比重将增加至 0.34%。长三角、泛珠三角、环渤海以及中国的中西部地区，已经具备了物联网产业四大区域发展格局的雏形。另外，重庆、无锡、杭州和福州等新型工业化产业示范基地的建设也初具规模，涌现出一大批具有较强实力的领军企业，是物联网技术和应用发展的重要新兴力量。物联网产业的公共服务平台也日渐完善，已涌现出基于共性技术研发、信息服务、投融资、成果转化、检验检测、标识解析和人才培训等物联网应用公共服务平台。

6.1.1 物联网应用的三大主线

物联网应用正逐步从局部性的小范围应用向规模化的大范围应用发展，从小范围局部性向较大范围规模化转变，从垂直型和闭环式的应用向跨界、开环和水平化发展，从单一行业的应用向智能化、网络化和多行业应用发展转变。目前物联网应用涉及三大主线。

1. 消费型物联网

物联网与移动互联网的融合，形成了移动物联网。基于移动物联网的创新应用高度活跃，孕育出了面向需求侧的穿戴设备、智能家居、智能养老、智能硬件、车联网等消费型物联网应用。

2. 生产型物联网

物联网与工业、农业、能源等传统行业深度融合，形成行业型的物联网。行业型物联网是工业、农业、能源等传统行业转型升级所需要的基础设施和关键要素。

3. 智慧城市的物联网

基于物联网技术的城市立体化信息采集系统正加速构建，智慧城市已成为物联网集成创新应用的综合平台。

根据 GSMA Intelligence 预测，从 2017 年到 2025 年，产业物联网连接数将实现 4.7 倍的增长，消费物联网连接数将实现 2.5 倍的增长。目前物联网应用涉及的三大主线中，消费物联网占比 40%，由生产型物联网和智慧城市物联网构成的产业物联网占比为 60%。

6.1.2 物联网应用的主要领域

“十三五”时期是我国物联网应用加速进入“跨界融合、集成创新和规模化发展”的新阶段，物联网技术与创新应用将与我国新型的工业化、城镇化、信息化和农业现代化建设深度融合。工业和信息化部印发制定信息通信业“十三五”规划物联网分册，对物联网在六大重点领域应用示范工程进行了介绍，引导物联网与不同行业的深度融合，促进物联网在不同行业的快速发展。“十三五”规划物联网分册的六大重点领域示范工程包括以下领域。

1. 智能制造领域

在智能制造领域，围绕制造单元、生产线、车间、工厂建设等生产制造关键环节进行生产制造过程的数字化、网络化、智能化的改造，推动生产全过程、制造全过程、全产业链、产品全生命周期的深度感知、动态监控、数据汇聚和智能决策。智能制造通过对现场工业数据的实时感知与建模分析，实现制造领域的智能决策与智能控制。利用物联网技术，通过 RFID 实现了对生产资料进行电子化标识；通过传感器等技术实现了生产状态信息的实时采集和数据的多维度分析，实现了生产过程及供应链的智能化管理，提升了生产的效率和产品质量，提高生产的安全性和节能减排。在智能制造领域，通过在产品中预置传感器、定位、标识等能力，实现产品的远程跟踪与维护，促进制造业的升级转型。

2. 智慧农业领域

“十三五”规划物联网领域示范工程面向农业生产智能化和农产品流通管理精细化需求，开展基于物联网技术的农业和作物耕种的精准化、畜禽养殖业的高效化、园艺种植业智能化等基于物联网技术的应用。开展粮食与经济作物储运监管、农副产品质量安全追溯、农资服务等应用。在农业领域示范工程的带动下，促进形成现代农业经营方式和组织形态，提升我国农业的现代化水平。

3. 智能家居领域

“十三五”规划物联网领域智能家居示范工程面向人们对家居安全性、舒适性、功能多样性等需求,开展包括智能养老、儿童看护、远程医疗和健康管理、家庭安防、水、电、气的智能计量、家电智能控制、家庭空气净化、家务机器人等基于物联网的应用,利用物联网技术提升人们的生活质量。通过示范工程促进对底层通信技术、设备互联及应用交互等方面进行规范,促进不同厂家产品的互通性,带动智能家居技术和产品整体突破。

4. 智能交通和车联网领域

"十三五"规划物联网领域智能交通和车联网领域示范工程包括汽车电子标识、电动自行车智能管理、客运交通、智能公交系统开展智能航运服务和城市智能交通等应用示范。利用物联网技术推动交通管理和服务智能化,提升指挥调度、交通控制和信息服务能力。车联网领域的新技术应用包括自动驾驶、紧急救援、防碰撞、安全节能、非法车辆缉查和打击涉车犯罪等应用。

5. 智慧医疗和健康养老领域

"十三五"规划物联网领域智能医疗和健康养老示范工程,积极推广社区医疗+三甲医院的医疗模式,开展物联网在药品流通和使用、远程诊断、远程手术指导、病患看护、电子病历管理、远程医学教育和电子健康档案等医疗领域的应用示范。利用物联网技术,实现对问题药品快速跟踪和定位。对医疗废物追溯,利用技术手段降低监管成本。通过建立临床数据应用中心,开展基于物联网智能感知和大数据分析的精准医疗应用。开展智能可穿戴设备、老人看护和远程健康管理等健康应用服务,推动健康大数据创新应用和服务发展。推动现代医疗管理服务与物联网、大数据等技术的深度结合。

6. 智慧节能环保领域

"十三五"规划物联网领域智慧节能示范工程将开展物联网在废物监管、水质监测、空气质量监测、综合性环保治理、污染源治污设施工况监控、进境废物原料监控、林业资源安全监控等方面的应用示范,推动物联网在污染源监控和生态环境监测领域的应用。通过示范工程推动物联网在电力、油、气等能源在生产、传输、存储、消费等环节的应用,提升能源领域的管理智能化和精细化水平。通过建立城市级建筑能耗监测和服务平台,实现对大型楼宇和公共建筑能耗监测,实现建筑用能的智能控制和精细化管理。针对大型产业园区,鼓励建立能源管理平台,开展合同能源管理服务。

物联网除了在上述领域建立示范工程之外,"十三五"期间,国家还将智能安防、智能电网和智能物流领域作为物联网技术应用示范工程。

6.2 物联网在智能制造方面的应用

6.2.1 概述

2018 年我国国内生产总值(GDP)达到 90 万亿元,工业增加值为 30.5 万亿元,其中制造业为 26.5 万亿元,占全国 GDP 的比例为 29.4%,制造业是我国经济发展的第一支柱。预计到 2025 年,我国工业增加值将达到 45 万亿元。工业发展在国民经济发展中具有不可替代的主导作用,是支撑其它产业发展的先决条件,是促进国家工业发展的重要力量。我国是一个拥有世界上最完整产业体系、最完善产业配套的制造业大国和世界最主要的加工制造业基地,是名副其实的"世界工厂"。

制造业是我国的立国之本、兴国之器、强国之基，在我国的国民经济中占有举足轻重的地位。打造具有国际竞争力的制造业，是我国提升综合国力、保障国家安全、建设世界强国的必经之路。自建国以来，在国家政策的大力支持下，在经济发展需求驱动下，我国的制造业迎来了迅速的发展。从制造业的规模角度看，我国的制造业位列世界第一。但是我们要清醒地看到，虽然我国的制造业在规模上具有很大的优势，但大而不强，缺少核心技术，国内的高端装备制造业和生产型服务业整体上发展滞后，高端装备仍高度依赖国外进口，关键技术与核心技术依然由国外发达国家所掌握。除此之外，以企业为主体的制造业创新体系不完善，资源利用效率低，环境污染严重，产业结构不合理，产品档次不高，缺少世界知名品牌。总体上讲，我国的制造业信息化程度偏低，与工业化融合深度不够，企业全球化经营能力不够，国际竞争力不高。为促进我国制造业的发展，实现制造强国的战略目标，国务院于2015年5月印发了全面推进实施制造强国的战略文件《中国制造2025》。它是我国实施制造强国战略第一个十年的行动纲领，指明了智能制造为我国现代先进制造业新的发展方向。新一代信息技术与制造领域先进技术的深度融合，是我国从制造大国向制造强国转变的核心路径和方向。

《中国制造2025》规划围绕实现制造强国的战略目标，明确了九项战略任务和重点：一是提高国家制造业的创新能力；二是推进信息化与工业化的深度融合；三是强化工业基础能力；四是加强质量品牌建设；五是全面推行绿色制造；六是大力推动重点领域突破发展；七是深入推进制造业结构调整；八是积极发展服务型制造和生产型服务业；九是提高制造业国际化发展水平。

1. 中国制造的一条主线和四大转变

(1)一条主线

《中国制造2025》以体现信息技术与制造技术深度融合的数字化、网络化、智能化制造为主线。主要包括八项战略对策：一是推动数字化、网络化、智能化制造；二是提升工业产品设计能力；三是完善制造业的技术创新体系；四是强化制造基础，五是提升产品质量；六是推行绿色制造；七是培养具有全球竞争力的企业和优势产业；八是发展现代制造服务业。

(2)四大转变

《中国制造2025》提出中国制造业的四大转变是：一是由生产要素驱动向创新驱动转变；二是由低成本竞争优势向质量效益竞争优势转变；三是由高能耗、高污染、高排放的粗放制造向绿色制造转变；四是由生产型制造向服务型制造转变。

2. 智能制造的定义

智能制造是基于新一代信息技术实现先进的制造过程、系统与模式的总称。智能制造贯穿"设计—生产—管理—服务"等制造活动的每一个环节，具有自感知、自决策、自执行等能力。智能制造利用无线/有线通信技术实现生产装备的连接，利用各类传感器和控制器感知和收集生产过程中产生的数据，并通过由有线/无线网络将数据传输给不同的分析与优化系统，利用应用平台挖掘提取各类生产决策所需要的信息，实现生产过程的自动化、生产方案的智能化。

3. 智能制造面临的问题

(1)关键技术和软件系统自主化水平不高

最近几年，随着经济的发展和国际竞争力的提高，我国智能制造装备、工业软件等整体发展迅速。但是，在关键技术与高端装备方面，我国的自有技术储备不足，缺少具有竞争力的产品，对外的依赖程度依然很高。尤其是高端芯片、数控系统、发动机和关键部件的自有技术能力薄弱，在精密策略技术、智能控制技术、智能化嵌入式等先进技术的自给率均偏低。这些问题严重制约着我国智能制造的发展。

(2)智能制造系统解决方案供给能力不足

受制于工业大数据缺失、核心技术薄弱，人才储备缺失等因素的影响，中国智能制造系统集成商普遍规模不大。从企业系统架构看，智能制造系统解决方案应包括数据采集层、执行设备层、控制层、管理层、企业层、云服务层、网络层等，需要实现横向、纵向和端到端的集成。但是，目前国内尚没有能够集成整个架构体系的智能制造解决方案供应商，系统解决方案在国际市场上的竞争力不足，我国亟待培育具有较强国际竞争力的系统集成商。

(3)智能制造创新效率偏低

尽管创新活动在人才、文化、激励、组织、流程、资源等方面都在不断完善，但是创新研发的各个环节和体系中依然存在很多沟通不顺畅，决策断层和壁垒等问题。创新研发工作仍然是一个相对封闭的黑匣子，这些问题在一定程度上阻碍着创新技术的发展。

(4)智能制造人才匮乏

我国在推进智能制造方面也存在人才缺乏的问题。制造人才总量短缺，结构不合理，领军人物匮乏，制造业人才培养与实际需求脱节，缺少具有丰富实践经验和知识结构的复合型人才。

(5)企业智能制造发展路径不清晰

国内企业对智能制造的认知差异性较大，部分企业认为智能制造是生产过程中的智能化，还有一些企业认为智能制造就是产品的智能，另外一些企业则认为智能制造是“生产”+“管理信息化”。由此可见，国内企业对推进智能制造的发展路径还存在分歧，对智能制造的发展路径理解还不够清晰。

为解决智能制造面临的问题，在智能制造的发展上要加大对自主创新技术的支持，并加快发展培育智能制造系统服务商，构建智能制造人才培养体系，发展校企合作，促进复合型人才的培养，鼓励技术公开共享，消除创新技术壁垒。

6.2.2 应用案例介绍—制造执行系统分析

这里以聚创科技有限公司(简称“聚创”)的生产制造执行系统为例，介绍实际产品的功能及应用情况。该公司的制造执行系统(简称“MES”)实现了工厂内的主要生产要素(人、机、料、法、环、测)之间、生产要素与订单、工厂与工厂、企业与企业之间的互联互通。利用数字设计、智能制造系统、即时生产监控、远端数据采集与控制、自动化控制、协同供应链系统、设备管理、知识库等应用功能，该系统集中体现了智能工厂将来的发展趋势。

1. 项目背景

对中国制造型企业来讲、生产系统效率、产品质量、设备利用率、人员成本等是企业发展的核心问题，在市场竞争激烈、技术转型的关键时期，我国制造企业主要面临如下问题。

(1)总体上缺乏决策信息对生产进行持续改善

生产制造企业在生产管理环节缺少收集、监控并发布生产过程中的各种生产活动和相关信息的信息化工具，缺少强有力的信息化系统实现实时、有效、全面监控生产各项活动的状态和预警，并及时发现、处理生产过程中出现的问题。由于缺少对生产全过程的实时动态的监控，企业很难有据可依地持续改善工厂的生产过程，提高产能。

(2)生产过程完全靠个人的经验，出错率高，依赖性强

生产过程完全依靠个人的经验，人为因素导致出错率高，依赖性强。有些工种必须是经验丰富，且有一定业务积累的人员才能胜任，人员请假或人事变动会对企业的生产带来影响。

(3)排产困难、调度困难

在生产过程中，主要存在如下问题：①ERP排产无法解决工序级别的损耗问题，这会导致排产结果几乎是无用的；②由于设备、原材料供应、上游瓶颈工序等生产环境的变更，致使排产调度困难、生产过程难以做到事中或事前监控和优化，经常是在生产后期阶段才发现问题，造成了人力、物力和时间的大量浪费；③由于缺少生产过程监控，经常出现的排产困难和调度困难会导致局部的制品和原材料积压严重、工件返工等问题，以致无法保证如期交货。

(4)生产过程难以事前和事中控制

由于缺少过程管理和过程控制，机加工车间生产过程缺少透明度，导致如下问题：①无法实时有效监控生产进度，无法通过关联性发现进度拖期问题的原因；②无法明确是由于人工、设备还是材料引起的问题；③由于依靠人工统计监控生产情况，很难保证监控数据的实时性、完整性和准确性。总而言之，由于生产过程缺少过程管理，无法实现事前和事中的有效控制。

(5)设备利用率不高

目前在生产企业，各设备利用率存在很大的浪费，由于缺乏有力的监控手段，有的设备浪费率高达25%。要最大化的提升产能就要最大化的减少人为因素，加速设备问题处理的响应速度、提高故障发生后生产的调整能力。

(6)道具浪费严重

对于精加工企业，道具成本在整个生产成本中占有很大的比重，由于没有相应的信息系统监控道具的使用情况和使用寿命，道具的浪费非常严重。基本上是报废了就以旧换新，缺少道具重复利用机制和管理手段，道具重复利用率不高。

(7)质量管理难以受控和持续改善

质量管理存在的问题包括：①设置过程检验作用很小，但是浪费了大量的人力；②在原材料紧急放行环节，没有做到有力的管控，导致问题到成品时才被发现，甚至到总装时才被发现，造成了人力物力的浪费，也在一定程度上打乱了原有的生产节奏；③检验单数据基本都是纸质的，检验数据没有实现信息化管理，这造成无法事后对过程进行统计分析和质量追溯，无法实现可持续性的质量改善。

(8)成本归集困难

在没有考虑系统支撑的前提下，企业很难做到精细化的成本核算，如何准确分析各个环节的成本因素，实现成本归集，找出改善点，是作为企业决策者亟需解决的问题。

2. 制造执行系统架构

制造执行系统(MES)综合运用了物联网、大数据等技术，实现了管理数字化、排产智能化、采集自动化、物料精细化、现场看板化、质量透明化、系统集成化，该系统的总体架构如图6-1所示。

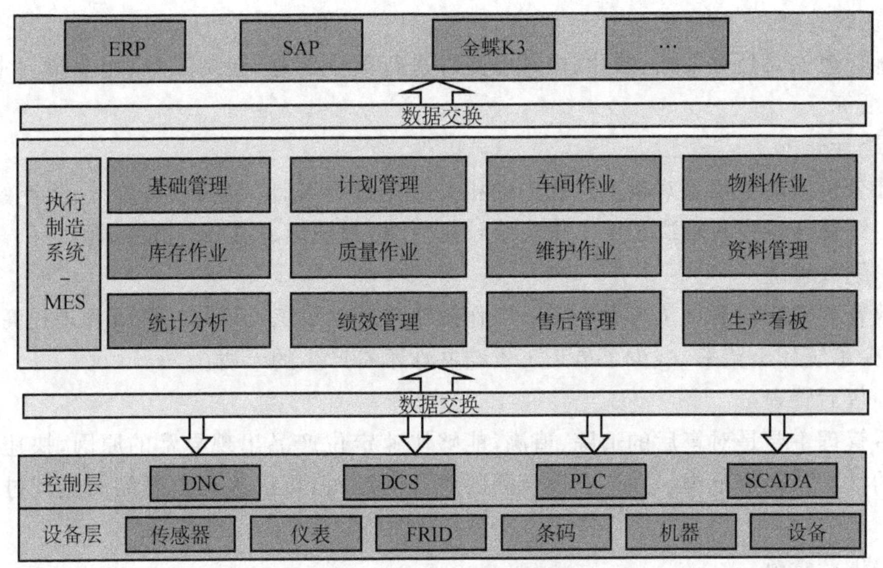

图 6-1 MES 总体架构图

3. 制造执行系统的主要功能

(1)基础管理

基础管理模块主要是对生产过程中涉及的基本信息进行管理,为生产计划、自动排产、计件工资计算提供数据依据。通过基础管理规范企业的基础信息,实现对信息有效、有序的管理。

(2)计划管理

计划管理根据生产计划,自动形成一周的生产任务,可大大缩短计划编制工作,节省人力成本,充分调动企业的资源。

(3)车间作业

车间作业模块根据人员产能,自动做出最优的排产。可查询某一车间某一流水线上某一工位的具体生产任务。车间作业可实现各流水线的生产协同,提高生产效率。

(4)物料作业

物料作业模块实时显示生产状态,跟踪生产进度。面对突发状况,系统会对生产任务进行调整,能够缩短现场突发生产问题的处理时间。

(5)库存作业

库存作业实现进出库手续无间歇办理、盘点货物实地进行,使货物的采购销售有据可依,支持出入库管理、盘点、调拨、实时库存。库存作业具有强大的查询检索功能,实现了自动化仓库管理,可以节省劳动力,节约占地,有利于商品的保管。

(6)质量作业

质量作业模块主要是对生产环节中涉及的材料、半成品、成品等进行质量检验,并对不合格品进行追溯。质量作业针对不同生产线制定检验点,并规范检验内容,将检验异常点实时通报相关人员,并跟踪异常处理过程,督促相关人员及时处理。

(7)维护作业

维护作业主要是对车间设备和模具的生产、维修和维护等方面的管理。维护作业能够降低设备停机时间和维护成本,提升设备生命周期。

(8)资料管理

资料管理主要是对文档、照片、视频等文件进行集中管理,包括工单、作业指导书、各类报表、图纸等。

(9)统计分析

统计分析模块主要是对生产过程中的相关数据进行统计,包括设备统计、生产统计、质量统计。统计分析模块解决了手工报表统计延后、过程烦琐、数据不准的问题。

(10)绩效管理

绩效管理模块根据员工考勤、奖惩、工作效率自动生成工资账目。绩效管理提高了统计效率,减少了统计出错率,减少了员工工资与共性不符产生的矛盾。

(11)售后管理

售后管理主要是对售后的追踪、追溯,能够快速定位产品出现异常的原因,快速确定异常产品的批次及销售范围。用户投诉产品的质量问题时,可以追溯该产品的生产过程的历史信息。

(12)生产看板

生产看板模块通过扫描条形码、RFID、设备传感器等多种手段实时采集生产车间数据,自动生成报表,通过生产管控看板展示生产进度与目标差距,实时跟进,督促达成原计划生产目标。

MES系统可有效提高生产过程的可控性/可调性、减少生产线上的人工干预、减少差异、实时采集生产数据,实现多纬度、多层级的智慧工厂系统。从真正意义上深度解决制造业面临的"订单周期不平衡、产能不平衡、不能敏捷响应市场变化、单人产出率低、品质管控难、内部消耗高、即时协同作业难、不能跨工厂协同"等实质性本源问题。

4. 应用情况—— MES在宁波公牛电器有限公司的应用

(1)项目简介

宁波公牛电器有限公司是一家致力于以创新科技、智能产品、优质服务为消费者提供全方位电源连接解决方案的电工集团。公牛电器公司注重技术研发,拥有三重防雷、抗电磁干扰、插套啮合等多项国内、国际领先的原创技术。

项目主要实施模块有基础管理、文档管理、库存作业、计划管理、设备管理、质量管理、绩效管理、条码追溯、统计分析、系统配置。

(2)实施效果

通过部署制造执行系统(MES),宁波公牛电器有限公司实现了对公司基础信息的有效、有序的管理,实现了对公司资源调度的精细化管理。充分调动了公司的资源,实现了公司前后工序的自动转序与各流水线的生产协同,生产效率提高了约40%,降低了设备停机时间和维护成本,提升了设备生命周期,提高了设备产能。实现了物料配送的有效监控,物料配送效率提高了30%。实现了检验系统规范化、检验内容标准化、异常反馈实时化、异常跟踪系统化。解决了公司手工报表统计延后、过程烦琐、数据不准的问题。实现了自动根据生产数量进行统计计算工资,统计效率提高了40%,减少了70%的出错率,减少了该公司80%的员工工资不符产生的矛盾。

该产品除了在宁波公牛电器有限公司实际使用之外,在汽配行业、机械行业和电子行业也已经落地应用,效果良好。

6.3 物联网在智慧农业方面的应用

6.3.1 概述

我国是农业大国，而非农业强国。进入“十三五”之后，在“互联网＋”快速发展的新形势下，农业部等八部委联合发布《“互联网＋”现代农业三年行动实施方案》，积极推进“互联网＋”在农业领域的落地。

“智慧农业”是集成并应用物联网技术、计算机技术、通信技术和音视频技术等现代信息技术成果，实现农业的可视化远程监测、可视化远程控制、可视化远程灾变诊断和预警、远程咨询等农业智能管理与农业信息服务，实现对农业生产环境的远程精准监测和控制，提高农业建设管理水平。

6.3.2 智慧农业发展的背景及意义

智慧农业是我国实现农业现代化、加速农业大国向农业强国转变的必然选择。物联网作为一种新型的技术，是农业现代化的核心要素，是现代农业的制高点，是支撑并引领我国农业走向现代化的发展、转型和升级的道路。通过实现农业信息化促进并推动农业的现代化，智慧农业在促进我国经济和社会可持续协调发展具有重要的意义，智慧农业的意义主要体现在以下三个方面。

智慧农业发展的背景及意义

1. 有效改善农业生态环境

利用物联网等新兴的信息技术将农田、水产养殖基地、畜牧养殖场等生产单位和周围的生态环境融合为一体。利用监控系统和精密运算等手段实现生产物质间的交换和能量循环利用，保障农业生产的生态环境持续维持在可承受范围之内，有效地改善了农业生态环境。

2. 显著提高农业生产经营效率

智慧农业利用各类传感器进行农业生产的实时监测和各类数据的收集，利用大数据、云计算以及数据分析挖掘等技术对收集到的数据进行加工处理和多维度的分析，并基于分析结果制定相应的决策。将决策指令与各种农业设备进行联动，实现农业生产的现代化与管理的信息化。智慧农业利用新一代信息技术实现了农业生产的工厂化、规模化和集约化，提升了农业生产对自然环境适应能力和风险的应对能力，扩大了农业生产的规模，提高了农业生产经营效率，使传统农业变成了具有高效率的现代化产业。

3. 彻底转变农业生产者、消费者观念和农业组织体系结构

利用农业科技和电子商务网络服务体系，农业生产者通过远程操作就能够便捷地获取需要的农业知识、农产品供需信息与农业相关的信息。利用智能终端和农业远程服务平台，可以实现农业专家与农业生产者可视化、无距离的远程沟通，实现对农业生产经营进行随时随地的生产经营指导，改变了传统农业生产者单纯依靠经验进行农业生产经营的模式。通过物联网信息化系统将彻底转变人们对传统农业是落后、科技含量低的观点，建立现代化农业的新观念。随着智慧农业规模的不断扩大，经济效益的日益提高，必将建立以大规模农业为主体的现代农业组织体系，传统的小农生产将被市场淘汰。

6.3.3 应用案例介绍——青海大通县国家级现代农业示范园

随着物联网技术的日渐成熟，物联网和人工智能等技术正被广泛应用于农业领域，成为提升农业生产效率和农作物产量的有效手段。专家认为，农业物联网的加速应用，使得农业智能化成为现实，智慧农业也将由此展现出广阔的发展前景。本书以青海大通县国家级现代农业示范园使用广西慧云信息技术有限公司的慧云智慧农业云平台为例，介绍实际产品及应用情况。

1. 项目背景

大通回族土族自治县是青海省西宁市下辖县，地处青海省东部河湟谷地，祁连山南麓，湟水河上游北川河流域，是青藏高原和黄土高原的过渡地带，海拔 2280～4622 米。大通县是青海省农业大县之一。近年来，大通县按照"保障供给、提供休闲，城乡结合、突出特色，大力发展城郊农业"的总体思路，紧紧围绕把大通县建成西宁市重要的"菜篮子"和"休闲观光农业基地"这一目标，大力发展休闲农业并初具成效。

青海西宁国家农业科技园区 2002 年 5 月被科技部正式批准成为国家农业科技园试点园区，是青海省首个国家级农业科技园区，如图 6-2 所示。园区拥有上千亩蔬菜带、7000 平方米智能化育苗中心、14 栋不同结构的高标日光节能温室、20 栋塑料大棚。青海大通县国家级现代农业示范园是农业部认定的第一批国家级现代农业示范区，大通县国家级现代农业示范园摒弃了传统农业生产方式，推行完全的工业化生产模式和智慧农业理念，实现了一年四熟，大大提高了生产效率。

图 6-2 青海大通县国家级现代农业示范园外景

2. 智慧农业云平台架构

慧云智慧农业云平台是新一代信息技术与传统农业生产相结合而建立的，集智能化、标准化农业生产于一体的信息化服务平台。

各类传感器、控制器、摄像头等多种物联网设备构成了智慧云平台的前端，用于现场监测、控制生产现场温度、湿度、光照的变化，并通过无线网及有线网传送到云平台。云平台通过远程智能监控、标准生产管理功能模块实现对园区内农作物的智能化管理，如图 6-3 所示。

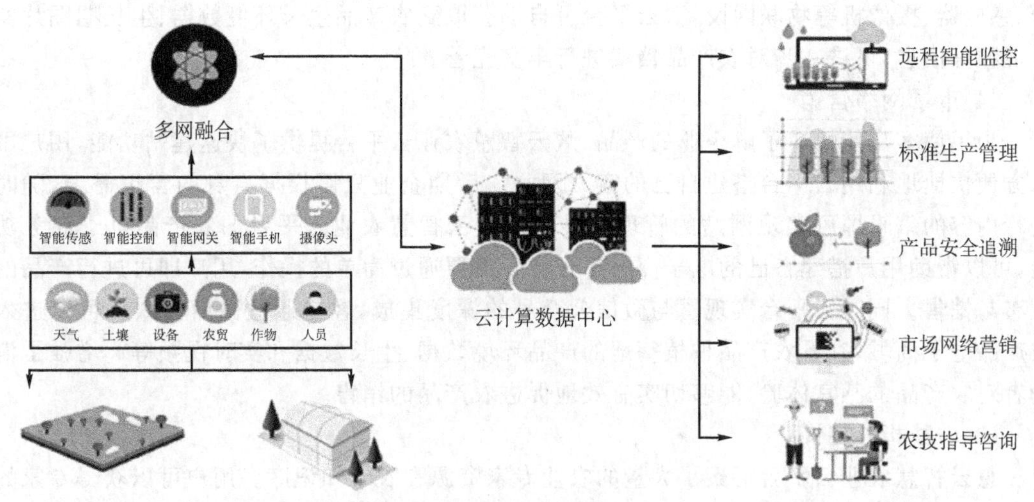

图 6-3 智慧云平台总体架构

3. 智慧农业平台主要功能

(1)远程智能监控

慧云智慧农业云平台通过在农作物的生产现场部署传感器、摄像头、控制器等物联网信息感知、信息采集和控制设备,利用个人计算机、智能手机作为远端设备实现了对农业生产现场气候变化、土壤状态、设备状态、水肥使用、作物生长状态等信息的实时监测。在监测时,如果发现异常情况,该平台会自动发送告警信息提醒相关人员。通过该平台,农业生产者利用可视化的界面对农业生产进行实时监测,对于异常情况能够及时采取防控措施,降低生产风险。同时,通过该平台,生产者可远程自动控制生产现场的通风、灌溉、降温、增肥、增温等设备,实现精准的、自动化的生产作业,减少人工成本的投入。

(2)标准生产管理

智慧农业云平台具有生产管理流程定制功能,用户可以根据自身的农业生产需求,建立满足自身需求的生产管理流程。流程启动后,云平台会按照已建立的流程自动实现任务的创建、分配与执行情况的跟踪。农业工作人员可在智能终端(如手机、Pad)或 PC 上接收云平台发布的任务指令,并按照任务要求进行农业操作。云平台还具有任务派发与工作绩效监督功能,管理人员可以通过该平台对农业工作人员进行任务派发与任务进度监督,随时随地掌握农业生产情况。

(3)产品安全溯源

云平台为每一个农产品建立一个单独的溯源档案,并基于一物一码方法,为每一个农产品生产一个唯一的二维码和一个 14 位的条形码,其中二维码携带有防伪溯源信息。用户可使用手机扫描二维码或条形码,或通过云平台系统录入 14 位码就可以查看农产品从田间生产到产品加工检测再到包装物流的全程信息,实现了对农产品品牌的有效管理。云平台为生产者提供农产品信息的录入和管理功能,所录入的生产投入物品、产品自身信息、产品加工信息、产品检测信息、产品认证信息和配送信息等与农产品相关的信息可自动添加到农产品溯源档案管理子系统中,实现信息的自动关联与管理。通过部署在生产现场的智能传感器、感应器、摄像机等物联网设备,云平台可自动获取到农产品生长环境数据、生长期图片实时视频等信息,可进一步对农产品档案进行丰富完善。

(4)市场网络营销

为了使客户能快速了解企业的产品,慧云智慧农业云平台提供了快速建站功能,用户可以方便快捷地利用云平台搭建自己的官方网站。后期企业只需根据自身的营销需求,随时进行内容的编辑即可实现网站的管理与维护。慧云智慧农业云平台的农产品电子商务功能,可以帮助用户搭建自己的电子商务平台。只需要通过简单的操作,用户即可进行产品的发布与销售。同时云平台实现了与微信公众号的深度集成,客户通过微信公众号可以进入农产品电子商城,查看农产品种植基地的产品环境数据、生长数据和实时视频等。增强了消费者对农产品的感官体验,能够切实有效地促进农产品的销售。

(5)农技指导咨询

慧云智慧农业云平台汇聚了大量的农业专家资源和农学知识库。用户可以获得专家的远程指导,或进行自助式咨询,快速获取由系统智能应答的农业技术指导。同时,平台还有沟通交流功能,用户之间、用户和专家之间可以在线交流,以获取更多的农业指导信息。

4. 应用情况

通过在温室内部署气象采集设备实现对大棚内室温环境的监测,在温室之外,工作人员可以登录云平台查看大棚内的湿度、温度和光照等蔬菜生长的环境指标,并实现对湿度、光照、温度等植物生长所需环境的控制,使大棚内蔬菜的生长环境保持在一个恒定的情况,实现了对蔬菜生长的精细化种植。

温室安装了物联网监控设备后,工作人员在温室外甚至在家里就可以通过手机或者计算机查看所有温室的温湿度、土壤的温湿度,还可以通过摄像头查看蔬菜的生长情况,实现了对蔬菜生长的精细化管理,并大大减少了种植管理的工作量,如图 6-4 所示。

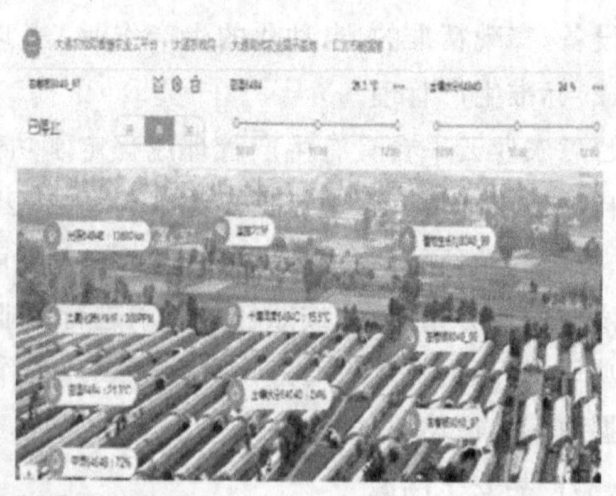

图 6-4 远程查看园区情况

云平台还实现了对温室的补光灯、卷被、排风设备的自动化控制,大大减少了人工作业。智慧农业云平台通过对采集的环境数据进行科学分析、预测。如有异常发生,工作人员在手机上就可以进行远程控制开灯、通风等操作,或设定关键环境数据的临界值,一旦达到临界值,云平台就会自动打开或者关闭补光灯、卷被、排风设备等。完全不需要进行人工操作,不仅节约了大量劳动力,同时也降低了人工失误导致的生产风险,使生产更规范标准、有序高效如图 6-5、图 6-6、图 6-7 所示。

图 6-5 远程查看温室光照、室温视频

图 6-6 远程控制卷被

图 6-7 远程控制植物补光灯

青海大通县从蔬菜一年一季生产，亩产 2000 斤，到温室蔬菜一年四季投产，亩产6000～8000 斤，收益相比传统种植方式提高了 3～10 倍。这既得益于以设施农业为载体的现代化生产方式，也受益于物联网技术的发展和物联网技术与农业领域的结合应用，被誉为“大通模式”的大通县现代农业作为贫困民族地区发展农业的典范已被推广至全国。

6.4 物联网在智慧交通方面的应用

6.4.1 概述

智慧交通是在智能交通的基础上，充分运用物联网、云计算、大数据、人工智能、自动控制、互联网和移动互联网等技术，使交通系统具备信息感知、分析、互联、预测与控制等能力，对交通管理、交通运输、公众日常出行等进行全过程的管控支撑。通过信息化技术实现交通运输相关产业的转型和升级，充分发挥交通基础设施作用，保障交通的安全，提升交通系统运行效率和管理水平，推动交通运输行业朝着更安全、更便捷、更高效、更经济、更环保、更舒适的方向发展。

6.4.2 智慧交通发展的意义及发展现状

国家和政府一直高度重视交通行业的发展，科技部、经贸委、交通部、工业与信息化部等不同的部门均出台相关政策支持智慧交通的发展。智慧交通已成为交通领域深化政府体制改革、加快建设服务型政府、提升政府有效治理能力、主动顺应新兴技术发展、全面落实国家治理体系和治理能力现代化的重要手段。物联网、云计算、大数据、人工智能、移动互联网等新兴技术的快速发展为智慧交通提供了强大的技术支撑。中国智慧交通系统已从初期的理论探索逐渐步入实际的开发和应用，当前，我国智慧交通应用主要集中在公路交通信息化、城市道路交通管理服务信息化和城市公交信息化等方面。

6.4.3 应用案例介绍——物联网技术在重庆高速公路的示范应用

本书以正在规划建设中的重庆高速物联网示范应用工程为例，介绍物联网技术在交通领域的实际应用。

1. 项目背景

重庆地处我国中部和西部地区的结合部，是西南地区综合交通枢纽。重庆高速公路网具有海拔高差大、应急救援难度大、安全风险大、运行费用高、运营管理复杂等特点。

重庆高速公路集团在已有信息化建设基础之上，结合重庆的特殊地理环境和气候特点，将交通物联网技术应用于高速公路运行状态的监测和分析。基于物联网技术的重庆高速公路智慧交通系统预期可实现交通管理的“动态化、智能化、全局化、自动化”，提高实时交通信息服务能力和应对突发状况的应急处理能力。

2. 重庆高速公路物联网总体架构

重庆高速公路物联网是一个开放性平台，实现了通信技术、计算机技术、信息采集技术、信息处理技术和数据库技术的融合。它是基于三层技术架构，即感知层、网络及传输层、应用层进行设计的。该平台为信息发布提供各种基础数据，并通过广播交通、服务端查询、呼叫中心等方式为个人、企事业单位和公众提供有关交通路况、灾害预警、交通咨询等服务，如图 6-8 所示。

(1)感知层

感知层主要负责物联网平台中基本信息的收集和初步处理，是应用系统的重要数据输入端。重庆高速公路物联网平台通过部署不同类型的传感器，实现对交通流监测、交通气象监测和基础设施的监测，并通过信息采集器件和信息初步处理器件实现对各类监测参数的获取和处理，感知层主要有以下三个部分组成。

①交通流监测

实现对道路、车辆和驾驶员的监测，快速感知拥堵路段和交通事故，并将监测到的数据通过网络传输到应用系统，应用系统则根据监控到的数据进行交通诱导和交通状况播报。

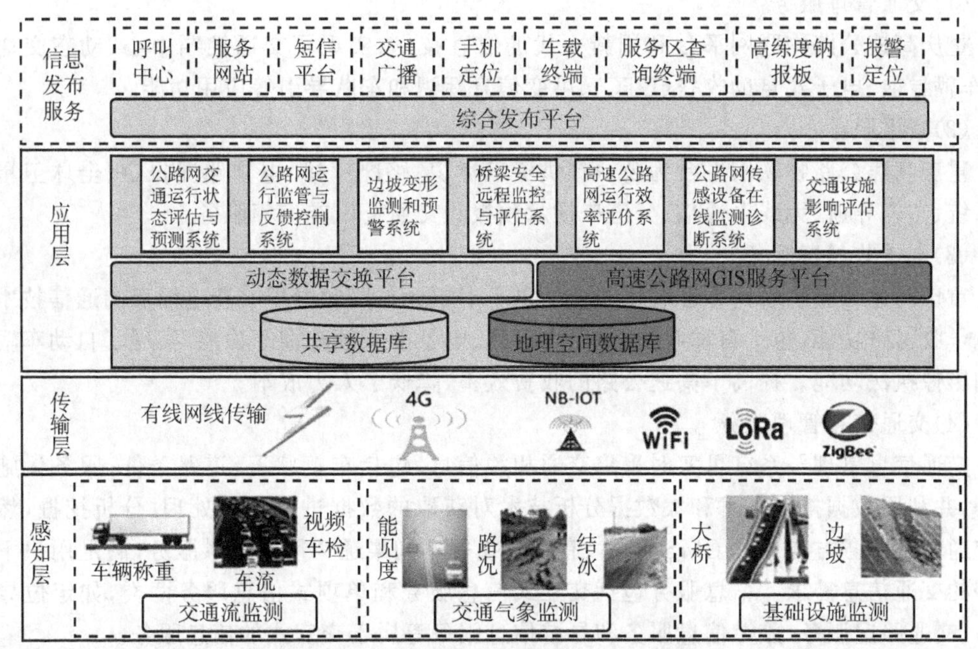

图 6-8 重庆高速公路物联网总体架构

②交通气象监测

主要实现对车辆安全行驶相关的环境因素进行监测，包括风向、风力、气温、雾霾、降水、车流量和流速等。

③基础设施监测

通过传感器对高速公路各种基础设施的状态进行监测，包括路面状态、隧道监控状态、隧道通风状态、照明设备状态、桥梁健康状态、坡边病害状态、护栏和隔离网等附属设施状态等。

重庆高速公路物联网感知层主要通过各种 M2M(物-物)端设备实现，并利用无线传感网络将不同类型的终端设备连接起来，使得其构成一个整体。这些设备就像神经末梢一样分布在交通网络的各个环节中，不断地收集各类基础数据、图像数据和视频数据等各类信息。

(2)网络及传输层

主要是指有线传输网和无线传输网。在有线传输网方面，重庆高速公路集团基于 SDH+MSTP、RPR 技术建设了自己的智能光网络通信骨干网，同时形成了监控总中心—区域监控中心—路段监控管理站的接入网。在无线传输网方面，借助于电信运营商的 4G/5G 网络形成了覆盖全市所有高速公路的网络传输系统。网络和传输层主要承担数据的传输任务，并保证数据传输的可靠性和安全性。

(3)应用层

应用层通过数据挖掘与分析技术，实现了对获取到的各类数据的汇总分析和应用，是数据价值的具体体现。应用层由多个应用子系统构成，包括坡形变形监测和预警系统、公路网交通运行状态评估与预测系统、桥梁安全远程监控与评估系统、公路网运行监管与反馈控制系统、高速公路网运行效率评价系统、公路网传感设备在线监测诊断系统等。

3. 重庆高速公路物联网工程服务功能

通过建设重庆高速公路物联网应用平台，拟实现以下服务性功能。

(1)交通管理服务

重庆高速公路物联网平台利用新一代的信息技术,实现了交通控制中心、动态交通控制、车辆导航、电子式自助收费(ETC)、可变信息标识和车队导引等应用功能。

(2)资讯服务

重庆高速公路物联网平台为公众提供资讯标识、路况广播、电视路况报道、全球卫星定位系统、车辆导航、无线电通信、分道口提示预报和交通资讯查询等服务。

(3)电子收付费服务

重庆高速公路物联网平台利用车上的电子卡单元与路侧电子收费电源双向通信技术实现电子收付费功能,包括自动收费、电子卡记账、电子卡余额查询等功能,实现了自动车辆辨识和影像执法功能。提高了高速公路的收费效率,降低了人力成本。

(4)交通信息管理服务

交通信息管理子系统可实时采集交通相关信息,包括车辆状况、道路条件、服务设施位置等,并利用数据挖掘技术和大数据分析技术对获取的数据进行加工处理、分析挖掘,然后以交通信息服务方式通过 CMS、广播、有线电视等不同渠道为用户提供服务,满足用户不同类型的交通信息需求。信息服务包括交互式信息服务和单项式信息服务两类,如定位导航服务、交通路况服务、旅游信息服务和导游信息服务等属于交互式的信息服务。

(5)紧急救援管理服务

紧急救援管理服务包括:事件自动侦测、车辆故障与事故救援、地理信息系统(GIS)导航、应急车辆引导、应急车道管理与预判、高速公路路况广播、应急物资调度和配置、应急通信、最佳线路引导和突发事件应急指挥等服务。

(6)先进的车辆控制及安全服务

重庆高速公路物联网平台的防撞警示子系统结合物联网、计算机技术、通信技术和自动控制等技术实现了车辆自动停放,车与车间的通信、自动车辆检测,自动横向/纵向控制等车辆控制和车辆防撞安全服务。

(7)设备设施监控管理服务

设备设施的监控管理子系统实现了对高速公路的桥梁、路面、隧道、路基、路坡、护栏、通风照明设备、服务区设施和收费站设施的状态和运行情况的实时监控。实现了对区域、路网、路段的天气、气象信息的采集、分析与发布功能,为高速公路的运营管理提供决策依据,为用户提供全面的高速公路交通路况信息。

(8)灾害预警与病害防治服务

重庆高速公路物联网平台通过采集各种天气、气象信息及桥梁、隧道、路基、路面、边坡信息,实现对气象灾害和病虫损害情况的预警和预判,为自然灾害和病虫灾害对高速公路设施潜在的损害预防和治理提供信息服务。

4. 应用情况

重庆高速公路集团在已有信息化建设基础上,结合重庆的特殊地理环境和气候特点,将交通物联网技术应用于高速公路运行状态的监测与分析,预期实现交通管理的“动态化、智能化、全局化、自动化”,以提高实时交通信息服务能力以及突发状况应急处理的水平。

目前,交通物联网技术应用的效果正在进一步测试和验证,建设成果可望在“十三五”期间得以推广。

6.5 物联网在智慧节能环保方面的应用

6.5.1 概述

“智慧环保”是“数字环保”概念的延伸和拓展，它是利用物联网技术，把感应器、传感器和智能装备嵌入到各种环境监控对象中，通过物联网和云计算等技术将环保领域的对象进行联网整合，可以实现人类社会与环境业务系统的集成、整合，以精细化和动态化的方式实现对环境的管理和决策。

智慧环保是物联网技术、云计算技术、移动互联网技术与环境信息化相结合的系统。自“十二五”以来，节能环保产业成为新兴产业，随着政策对环保行业的支持力度不断加大，节能环保产业发展成为重中之重，环保涉及相关的技术和设备、产品以及服务也成为其重要的发展领域。

6.5.2 应用案例介绍——华为 NB-IoT 智慧照明系统

城市灯光工程是一个现代化都市的重要标志之一。目前，国内城市照明的监控和管理方式仍以传统方式为主，管理相对简单、粗放。随着人们对城市照明需求的多样性和对节能环保要求的提高，城市照明管理面临着精细化管理与节能环保的双重挑战，城市照明总体的服务质量和节能水平亟待大幅度提高。

华为 NB-IoT 智慧照明系统

城市照明运行监控管理在经历了手动开关到分散式时控/光控再到集中式远程监控三个阶段之后，开始向智慧照明发展。城市路灯设施具有分布范围广、数量多、位置明确、可识别性强等资源优势，智慧照明系统可以借助城市路灯设施的优势，充分利用物联网、大数据、云计算、单灯控制等技术实现城市智慧照明管理，解决城市照明现存的问题与不足，提高城市的精细化照明管理能力，以提高城市照明基础设施智能化水平。

本文以华为 NB-IoT 智慧照明系统为例，介绍物联网技术在节能环保方面的实际应用。

1. 传统路灯照明存在的问题

由于城市照明业务涉及百姓民生、公共服务、城市形象等因素，城市照明一直存在诸多管理难题。

(1)传统的照明运营模式落后

传统的照明运营管理主要依靠人工操作开关电闸实现对路灯的照明控制，很难实现对开关灯的统一操作。对路灯的日常运行巡检也主要通过巡街方式实现，工作量大、效率低，难以应对突发事件和特殊照明需求。

(2)监控维修不到位

传统的业务人员开车以逐条道路、逐个灯杆方式对设备运行情况进行监控、维修，人力工作量大、效率低，不能做到及时、迅速地定位故障并处理，更难做到对设备故障的预判性处理，运维服务质量难以得到保障。

(3)按需照明、节能减排需求巨大

目前国内多数城市照明的运营管理方法相对简单、粗放,距离城市照明的精细化管理和服务需求还有很大的距离,面临着管理与节能的双重挑战。

(4)信息化管理缺失

大部分地区仍然采用传统的照明信息管理方式对路灯数据进行记录并管理,及时准确的路灯数量和类型、路杆数量和类型以及灯箱数量变化情况等信息不能够及时、规范地记录存档。

信息化技术应用的不足造成管理和技术人员主要依靠人工和文档类简单电子化方式进行日常运行监控和业务管理。人员对智能化监控、计算机应用、网络知识接触较少,信息装备水平普遍较低,缺少信息化管理手段和工具。

2. NB-IoT 智慧照明系统整体架构

华为 NB-IoT 智慧照明系统采用四层技术架构,系统由智能终端设备、NB-IoT 通信网络、云平台和监控中心组成。通过对城市照明"从点到线,从线到面"的实时监控、智能控制和节能管理,通过基础设施信息和能耗的多维度分析与可视化展现,用户能够及时、便捷、全面地了解的城市照明系统的运营情况,实现对照明情况的智能化运营管理,整体架构如图 6-9 所示。

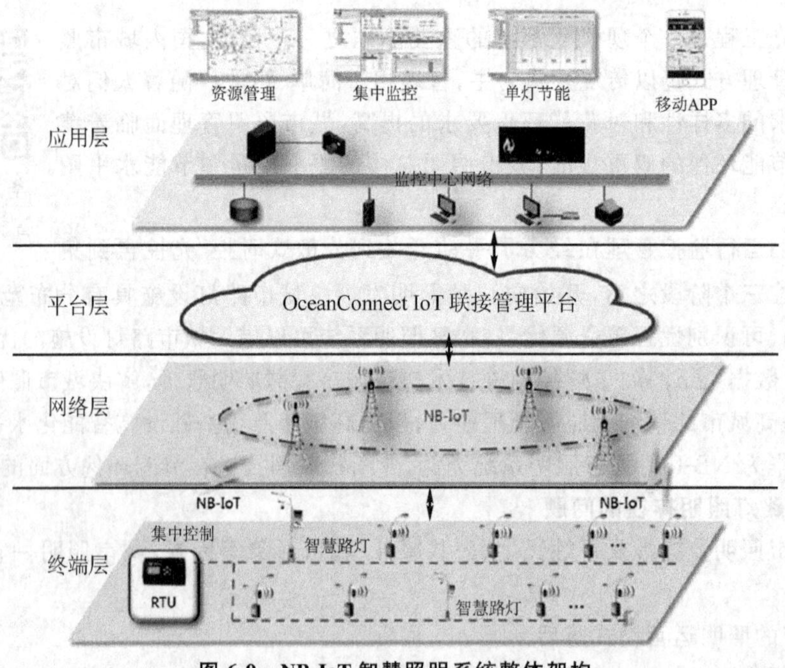

图 6-9 NB-IoT 智慧照明系统整体架构

NB-IoT 是 Narrow Band Internet of Things 的简称,中文意思为窄带物联网。NB-IoT 是基于运营商蜂窝网络构建的,可直接部署于 GSM 网络、UMTS 网络或 LTE 网络上工作,通信质量更加稳定可靠。基于 NB-IoT 网络架构,智慧照明系统不需要在现场部署通信网关,每个单灯控制器能够直接与平台进行通信,网络拓扑简单,有效减少了通信环节,单灯控制更灵活。

(1)终端层

终端设备是物联网的基础设备,随着技术的发展,物联网的终端设备正从传统的哑终端向智能终端进化。NB-IoT 智慧照明系统的终端设备主要包括远程控制终端和单灯节能控制器两类。远程控制器安装在路灯箱式变电站和配电箱内,实现对智能路灯的远程控制。单灯节能控制器安装在每个灯杆上,实现对单灯的节能控制。终端设备通过集成 NB-IoT 标准模块组件与 NB-IoT 基站的连接进行通信。终端设备通过 NB-IoT 基站将路灯运行信息上传给 IoT 平台,并通过 NB-IoT 基站接收通过 IoT 平台下发的路灯控制指令,如路灯开关指令和路灯亮度调节指令等。

(2)网络层

物联网应用场景不同、使用的设备不同,所采用的网络接入技术、连接方式和网络部署方式也不相同。NB-IoT 智能路灯方案基于 NB-IoT 网络承载智慧路灯数据采集和远程控制业务,工作在中国电信 800 M 频段。在部署方式上,NB-IoT 使用 180 kHz 带宽,提供了带内部署、保护带部署和独立部署三种网络部署方式。NB-IoT 的主要优势是建网成本低、部署速度快、覆盖范围广和通信稳定可靠等。在信号穿透力和覆盖度上,中国电信的 800M 频段具有信号穿透力强,覆盖范围大的优势,能够保障智慧路灯业务在复杂多变的自然环境下数据传输的稳定性和可靠性。

(3)平台层

NB-IoT 智慧照明系统的平台具有连接感知、连接诊断和连接控制等连接状态管理功能。平台通过对协议和接口的统一封装,支持不同终端的接入,实现了终端的对象化管理。IoT 平台具有数据采集、分类、结构化存储、数据调用、使用量分析和业务报表定制等灵活高效的数据管理分析功能。IoT 平台具有插件管理功能,支持不同的灯具厂商和控制器厂家,根据自身需要实施设备的接入和管理,插件管理方便、快捷,支持不同的标准和协议。IoT 平台实现了路灯故障报警、巡检维修养护的流程化服务功能。用户通过平台能够实现标准化、流程化的路灯故障处理和养护管理,有效提高了城市道路照明系统的管理效率。

IoT 平台与 NB-IoT 无线网络协同工作,具有即时/离线命令下发、流控管理、设备批量远程升级等功能,该通信方案网络可靠性强,远程控制的成功率高。

(4)应用层

对于用户来讲,应用层功能是物联网价值的具体体现。应用层通过 IoT 平台获取终端层数据,并基于数据以应用功能的方式为用户提供服务,实现了城市照明设施的精细化管理。通过对每一盏灯的工作状态、电压、电流、故障等进行实时性“在线巡测”,改变了传统依靠人工巡检、热线报修的路灯养护和管理方式。智慧照明系统利用流程化的工具,实现了绩效考核与工程管理的融合应用,以及工单管理、安全生产管理、巡检管理、车辆管理(GPS)和事件处理的体系化管理,有效提高了路灯运营效率,减轻了运维成本和能耗。

3. 主要应用功能

NB-IoT 智慧照明系统由设施资源管理系统、智能监控系统、单灯节能管理系统、移动监控系统四部分组成,如图 6-10 所示。

(1)照明设施资源管理系统

设施资源管理系统主要承担对灯具、灯杆、控制箱、变压器、控制回路等照明设施普查、

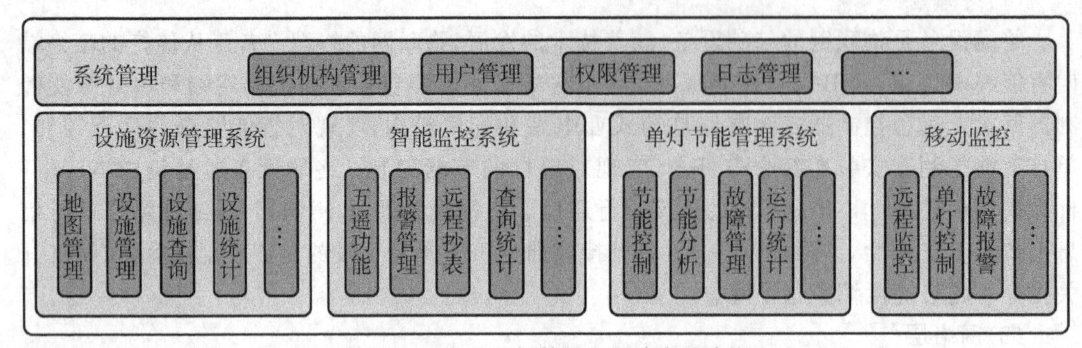

图 6-10 NB-IoT 智慧照明系统应用功能

身份编码和 GIS 定位等基础设施的管理功能，并实现设施管理和查询信息的可视化展示。

(2)智能监控系统

以"五遥"：远程监控、远程巡检、远程定位、远程抄表、远程节能控制为管理核心，系统实现了照明监控管理的集中化、智能化和自动化的管理。为用户分时、分区、分场景的照明需求提供服务，具有路灯状态监测、运行控制和综合分析等功能。

(3)单灯节能管理系统

单灯节能管理系统实现了照明管理的精细化，管理维度精细到对每一盏灯的具体管理维护。可对每一盏灯的工作状态、电压、电流、故障等信息实现实时性"在线巡测"，大量节省车辆、人员等费用和能耗，提高了运维管理效率，节约了运营成本和能耗。

(4)移动监控系统

移动监控功能充分利用智能手机和平板电脑的便利性，通过 APP 实现现场监控维护，大大方便了管理人员及维护人员的日常维护工作。

4. NB-IoT 智慧照明系统特点

NB-IoT 智慧照明系统采用 NB-IoT 技术，实现了数据传输的可靠性、稳定性、安全性及网络部署的快速性。NB-IoT 采用 SOA 的多层软件架构技术，系统业务逻辑层清晰，降低了业务逻辑和数据库之间的耦合度，增加了数据的安全性和事务性。系统的监控管理融合了 GIS 技术，将照明相关设备与地理位置和空间信息相结合，实现照明设施的位置可视化与动态化。利用物联网技术、移动通信技术和互联网技术的融合，实现了用户对照明系统的实时监控和随时随地的移动办公。

5. 应用案例—鹰潭市路灯智慧项目

华为路灯物联网解决方案基于物联网技术，实现了对路灯智能化的管理。2017 年 6 月初，由华为联合中国电信、泰华智慧承建的全球首个 NB-IoT 智慧路灯规模化商用项目在江西省鹰潭市落地，如图 6-11 所示。项目二期覆盖月湖区、月湖新城的重点道路，实现对 5544 盏路灯的开关及调光的节能控制，2018 年 1 月正式投入运营。项目使用商用的 NB-IoT 网络，使用授权的 800M 频谱。项目实现了对单灯精确地控制和维护，能够根据季节、天气、场景变化灵活设置路灯开、关、亮度。而无需人工巡检、远程检测并定位故障，同时结合路灯运行历史开展生命周期管理，节省电耗 10%～20%，降低运维成本为 50%。

图 6-11 鹰潭市路灯智慧项目应用现场图

6.6 物联网在智慧安防方面的应用

6.6.1 概述

概述

随着“平安城市”建设进程的推进，我国安防行业保持了快速的发展势头，安防已经成为一个庞大的产业。未来几年，“构建和谐社会”、“平安建设”、“智慧城市”等将成为各级政府的重要任务。本书以智慧墙入侵探测系统为应用案例，介绍智能安防领域的实际应用。

6.6.2 应用案例介绍——智慧墙入侵探测系统

1. 项目背景

在当前的安防范畴内，非传统安全威胁不断增加，重点地区安防需求向维和转变，安防管理从简单的探测需求转变为处置需求。传统的安防系统多基于红外、振动、微波对射、泄漏电缆、视频监控和图像识别技术，漏报和误报事件经常发生。随着物联网技术和 AI 技术的发展，使精准安防、防控一体成为可能。未来的安防系统将从前端机械式探测到多元数据智能分析转变，从被动防御的应急体系向主动探测预警体系转变，从单一硬件产品向合作伙伴式专业化服务整体解决方案转变。

2. 智慧墙入侵探测系统架构

智慧墙基于物联网 AI 技术，从物联网高度定位技术发展，以厘米级为定位的基数，上报传感器的位置，并自动生成的地图。智慧墙入侵探测系统技术原理是将物联网通信芯片内嵌在线缆内部，芯片收发微波信号形成向量，构建传感探测场，探测场信号扰动波形分析报警信息。也就是根据传感器构建的信息组织数据，并将所有信息送到中央处理器。中央处理器经过智能加工后，分发给需要处置的相关单位，如图 6-12 所示。

(1)智慧墙分站：智慧墙实现信息的汇聚控制和转发，支持远程升级、远程重启，防护等级为 IP65，可在－40 ℃～85 ℃下正常工作。

(2)智能探测线缆：分布式信号收发前端探测器，智慧墙的智能探测线缆等于“基站＋天线＋馈电＋传输”，它即能够实现无线探测感知，又能够接入物联网设备，还能够进行数据通信。线缆本身通过与终端进行数据交互以进行敌我识别、身份识别。智能探测线缆的防护等级为 IP67，可在－40 ℃～85 ℃下正常工作。

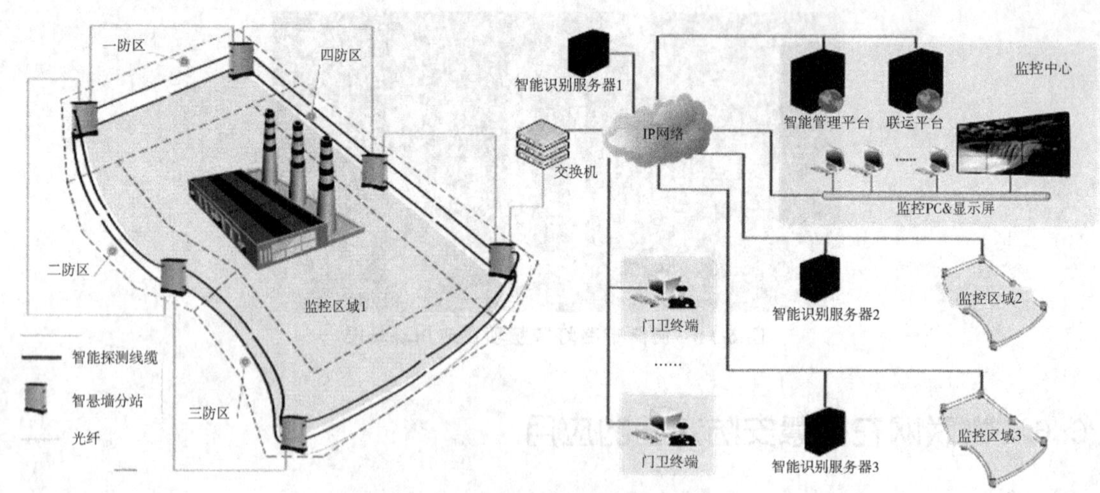

图 6-12 智慧墙入侵探测系统架构

(3)监控中心:由智能管理平台和联动平台组成,智能管理平台实现可视化的安防监控、安防部署、设备配置管理、入侵监控和上报资料管理。联动平台管理实现与照明、警灯、警笛和摄像头的联动控制、身份识别联动出入控制等功能。

(4)智能识别服务器:智能化识别入侵行为可过滤干扰,实现对入侵位置的精确计算,提供物联网数据服务,实现对网络设备的控制与管理,提供了信息共享的接口服务。

3. 智慧墙入侵探测系统功能

(1)入侵报警功能

入侵报警功能主要包括:

①立体场主动探测,主动探测范围为水平距离 3 米,垂直高度 2.5 米。可以防止非法入侵人员通过架梯、挖洞等手段突防,预警时间长。

②逻辑防区,系统可通过智能管理平台逻辑划分防区,与设备物理部署情况无关,并可以设置防区定时布防/撤防模式。

③分级管理、智能管控,支持分布式安防系统的分级管理、设备状态上报、自监控自检、独立验证有效性。

(2)身份识别定位

身份识别定位实现对身份进行有效性识别、多点联合检测与计算、连续定位轨迹追踪,定位精度最高 1～2 米,并可实现多点入侵定位。身份识别定位功能通过主动智能探测线缆收集前端分布式向量波形数据,综合提取电磁场特征参数、周期、均值、方差等数据,联合视频图像的 AI 深度分析功能,进行多维度 AI 联合判断。

(3)智能算法过滤

根据波形、图形过滤误报,基于神经网络的学习算法能够识别各种误报的模型并且能够不断学习,并支持样本数据库更新。

(4)联动设备控制

系统采用动态建模体系可插拔系统集成方式,实现人员入侵时视频、警笛、灯光、音箱等系统的联动,主要包括:

①照明、警灯、警笛、音柱、摄像头联动控制；②设备远程上下电控制；③身份识别联动出入口控制；④合法人员自动开启门禁；⑤智能巡检与自检。

智慧墙入侵探测系统具备自监控管理功能，所有设备可在监控平台实时显示运行状态，发生异常或故障及时告警，以保证防区的可靠性。系统维护方便，不需要根据季节、天气变化对已安装设备进行调整，可基本免除现场维护。

4. 智慧墙的关键技术及特点

(1)分布式阵列探测

物联网通信芯片植入电缆内部，通过微波信号收发在空间构成阵列式探测场，探测场信号扰动波形分析报警信息，如图 6-13 所示。入侵探测传感器整合在智能探测线缆内部，有效使用时间可达十年，环境感知传感器与探测线缆进行无线数据交互，可以利用自有电池在部署现场持续工作 3～5 年。

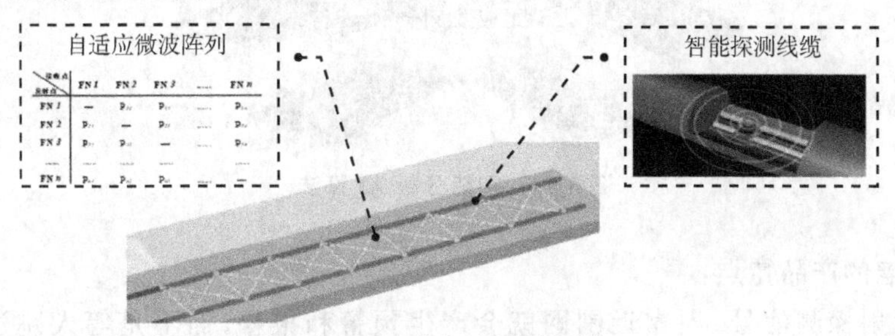

图 6-13 分布式阵列探测

(2)多点联合检测

智能探测线缆里有很多微波芯片，芯片之间形成了对射场。每个芯片都有自己的 ID 号和自己的位置标定。入侵者进入探测范围时，会对无线信号场造成干扰。信号会被入侵者阻挡、吸收和反射，进而引起周围芯片接收信号的变化。根据多个微基站波形发生波动的不同，能够有效识别入侵者，并根据芯片位置实现对入侵者的定位，如图 6-14 所示。

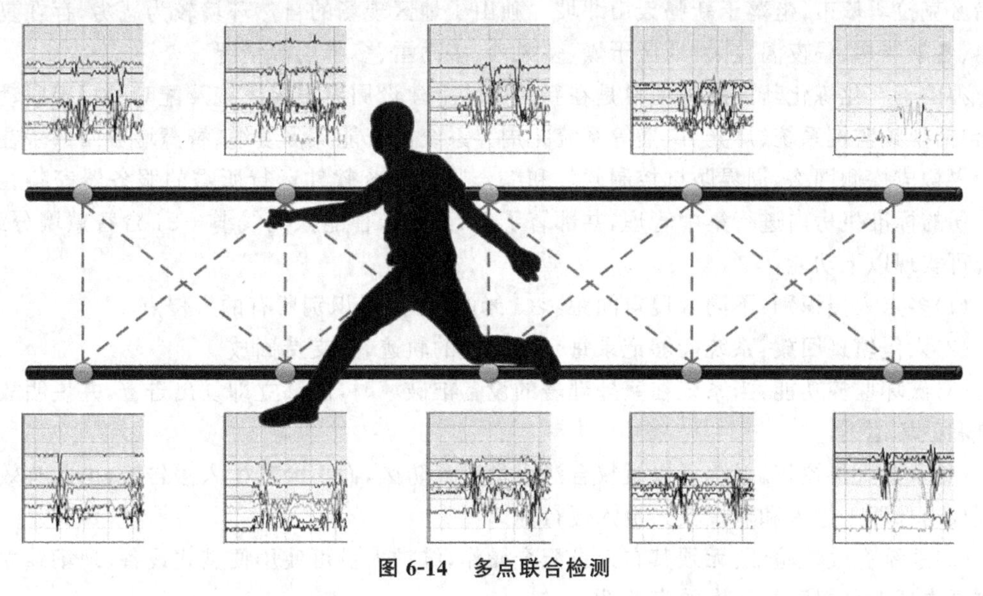

图 6-14 多点联合检测

(3)智能分析 AI 算法

智慧墙入侵探测系统首先基于信号波动特征值的分类算法发出预警,并基于端到端的 AI 过滤算法确认报警。在过滤策略制定上,系统基于波形特征算法、AI 神经网络算法和深度图形分析算法实现端到端预警信息的分析和识别,有效提高了预警信息的准确性。系统通过动态共享机器学习数据库,实现分析能力的可持续提升,如图 6-15 所示。

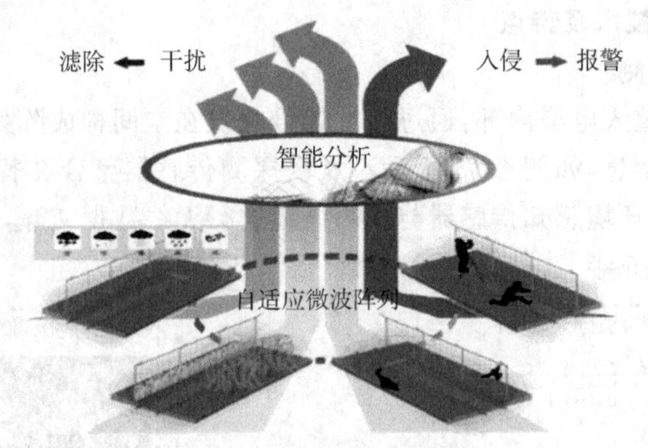

图 6-15　智能分析 AI 算法

(4)智慧墙的产品特点:

①主动发射探测信号,人靠近围网就会产生预警和报警,而不是等人跳过去才报警;②非接触式发出报警;③感知入侵不依靠振动和应力;④预处理发现可疑目标,并控制摄像头预转向。即,当人靠近墙的时候,系统就会把相关的摄像头预知位转过去。一个摄像头可以管理多个地区,产生报警位置的图像,不会发生人跳进去之后摄像头才转过来的尴尬情况;⑤立体防护,3 米内即可感知,1 米内即可报警;⑥防护空间均匀,无盲区。

5. 应用情况——新疆独山子一期:炼化新区项目

独山子石化公司是集炼油化工于一体的世界级规模企业,隶属中石油,位于新疆维吾尔自治区克拉玛依市,坐落于新疆天山北坡。独山子地区现场的自然环境较为恶劣,存在夏季高温、冬季严寒、昼夜温差大、地区干燥、多风沙、多雨雪、多暴雨等情况。

独山子石化炼化新区周界项目是在新区围墙上建设周界报警系统及配套的报警联动系统,包括视频监控系统、灯光、广播等系统。周界系统由智能探测线缆、智慧墙分站部署在防区边界构成探测网络,周界防御控制软件和综合监控系统软件运行所需的服务器安装在通信公司的标准机房内进行集中管理,共部署了 20.5 千米智能探测线缆+24 台智慧墙分站,系统可实现以下功能:

(1)多点入侵识别:不同入侵点间距≥15 米时,可同时识别所有的入侵点。

(2)入侵轨迹回放:系统能够记录每个入侵点的轨迹,并支持回放。

(3)破坏监控功能:当系统在室外部署的设备被破坏时,能够立即发出告警,并说明故障位置和破坏范围。

(4)合法人员授权:系统可以授权合法人员进入防区,而不会产生入侵告警,由此有效区分授权内部职工进入和非授权人员入侵行为。

(5)系统有效性验证:无须其它人员配合操作,维护人员可使用便携式设备,现场独立检验防区内任意位置防护能力的有效性。

(6)系统健壮性：

①系统需要具备抗风险容限，局部探测器的损坏可由其它探测器自动弥补漏洞，同时系统给出维修预警提示；

②系统中部分探测设备或部件损坏不会造成防区大面积失效。

(7)故障预警：系统中部分设备或者部件损坏后，可分级提示故障的影响范围和紧急程度。

(8)支持逻辑防区配置：在系统设备部署完毕后，无须移动设备位置，即可灵活配置或调整防区的数量和范围，防区的最小粒度可达 20 米。

(9)开放与其它系统的接口：可通过 PLC 联动视频摄像、声光报警、警笛、广播等设备。

(10)历史记录：可以保留历史记录，保留期限≥12 个月。

(11)多级区域管理：在监控中心可以直接管理多个厂区，并且支持厂区和防区的多级区域管理，在门岗可监控相应的防区。

在新疆的恶劣气候条件下，智慧墙入侵探测系统为用户提供了高准确性和低维护量解决方案。具有联动视频监控、灯光、广播、警灯等系统的功能，有效降低了安保和维护人员的工作量，同时更好地保证了厂区的安全。

除了新疆独山子一期项目(图 6-16)之外，智慧墙入侵探测系统已经在秦山核电站一期、乌鲁木齐地窝堡机场、“93”抗战胜利 70 周年阅兵基地、河南新乡第二监狱、故宫博物院、核安保中心实现落地应用，并取得了良好的应用效果。

图 6-16 新疆独山子一期现场应用图

6.7 物联网在其它行业的应用

6.7.1 智能家居

1. 概述

智能家居(Smart Home，Home Automation)又称为智能住宅，是以住宅为平台，利用物联网技术、网络通信技术、综合布线技术、安全防范技术、自动控制技术、音视频技术将家居生活有关的设施关联集成，构建高效的住宅设施与家庭日程事务的管理系统，实现居住环境的便利性、安全性和舒适性，如图 6-17 所示。

智能家居作为一个新兴产业，目前还处于探索期和成长期。随着智能家居市场的推

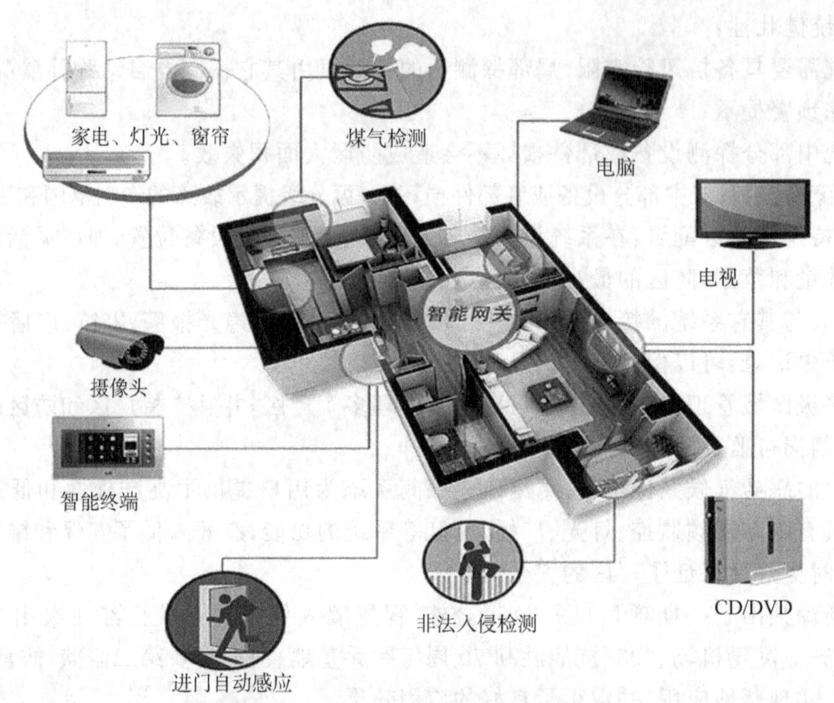

图 6-17 智能家居示意图

广普及和人们消费观念的变化，智能家居市场的消费潜力必然是巨大的。随着5G时代的到来，人们离万物互联的智能家居时代更近了一步。相关报告显示，到2020年智能家居市场规模将达到5819.5亿元。从2019年开始，智能家居与房地产住宅精装已开始无缝衔接。

物联网的支撑技术融合了物联网技术、计算机技术、大数据技术、通信网络以及电子技术等多领域技术，智能家居设备经过传感器联网技术分布在大部分子系统中，智能家居系统已经具有物联网形态。

2. 智能家居的技术特点

智能家居网络的部署随着通信技术、集成技术、互操作能力和布线标准的发展而不断改进。智能家居的技术特点表现如下。

(1)通过家庭网关及其系统软件构建智能家居平台

家庭网关是智能家居网络的核心，主要实现家庭内部网络不同通信协议之间的转换和信息共享，并负责网络之间的数据交换功能。除此之外，家庭网关还负责智能设备的管理和控制。

(2)平台统一

家庭智能终端平台是家庭信息的交通枢纽，它将家庭智能化功能集成起来，使智能家居建立在一个统一的平台之上，实现了家庭内部网络与外部网络之间的数据交互并确保能够正确识别合法的指令，防止黑客的入侵。

(3)通过外部扩展模块实现与家电的互连互通

家庭智能网关采用有线或无线方式，按照相应的通信协议，借助外部扩展模块完成对家电或照明设备的控制，实现对家用电器的集中和远程控制功能。

(4)嵌入式系统的应用

传统的家庭智能终端绝大多数是由单片机控制的。随着嵌入式技术的不断发展,智能终端的功能和性能也在不断增强,将处理能力更强且具有网络功能的嵌入式操作系统和单片机的控制软件程序做了优化和改进,使之能够结合成完整的嵌入式系统,植入到智能终端中。

3. 应用案例——比尔·盖茨的"未来屋"

比尔·盖茨花费约1亿美元,用七年建成了占地约2万公顷,建筑总面积超过6130平方米的豪宅。该豪宅被称为"未来屋",是当今智能建筑的经典之作,也是物联网技术应用的典型,如图6-18所示。

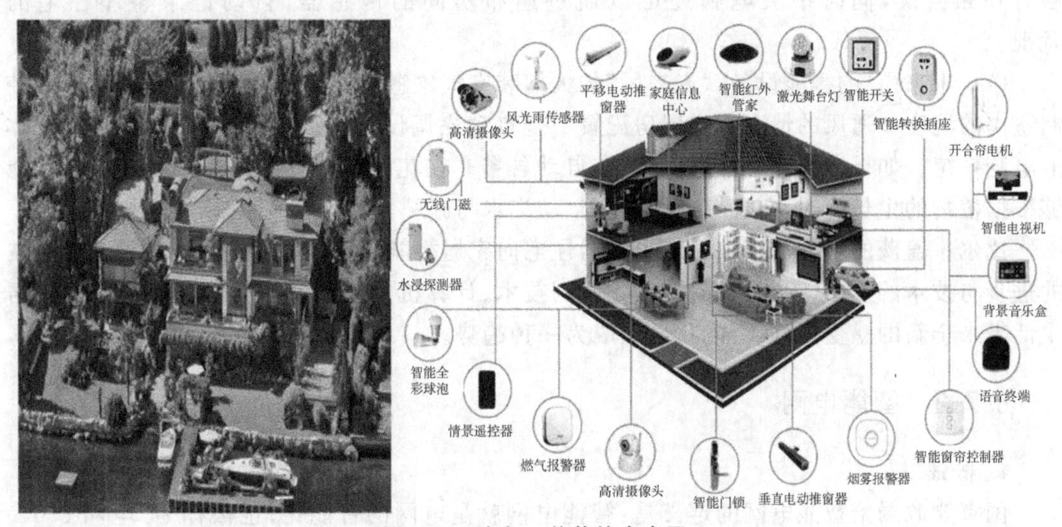

图6-18 比尔·盖茨的未来屋

比尔·盖茨通过自己的"未来屋",展示了微软公司的技术产品与未来的一些设想,也展示了人类未来智能生活的场景。

(1)比尔·盖茨"未来屋"中的所有家电都通过无线网络连接,配备了先进的声控及指纹技术。通过触摸板,利用计算机技术能够自动控制和调节整个房间的亮度、背景音乐、室内温度、门的开关等。

(2)将遥控发挥到极致——不进门指挥家中一切。"未来屋"中通过手机、中央电脑和遥控设备指挥家中的任何设备,如开启空调、播放音乐、简单烹饪、调节浴缸水温等。

(3)电子胸针——专为访客的私人定制。"未来屋"的访客使用一个内建微芯片胸针,可自动设定客人的偏好,如温度、音乐、灯光、电视节目、电影爱好等。"未来屋"根据不同的功能划分为12个区,各区通道都设有"机关"。来访者通过时,特制胸针中设置的客人信息会被作为来访资料储存到中央电脑中。地板中的传感器能够15 cm范围内感应到人的足迹,当感应到有人来到时会自动打开系统,离开时自动关闭系统。因此,无论客人走到哪里,中央电脑都会根据客人的信息来满足客人的应用。

(4)安全保证,在未来屋入口安装先进的微型摄像机,摄像机甚至可以做到360°无死角拍摄。除主人外,其它人进入未来屋时,摄像系统会自动通知主人,由主人向中央电脑下达命令,开启大门。如果来访者没有胸针,系统就会视来访者为入侵者,中央电脑立即通过网络进行报警。在发生火灾时,未来屋的消防系统将通过通信系统中自动对外报警,并显示最佳营救方案,切断有危险的电力系统,并根据火势分配供水。如果一套安全系统出现故障时,另一套备用的安全系统将会自动启动,确保“未来屋”的安全。

(5)“未来屋”的整座建筑物光纤缆线、供电电缆、数字信号、传输光纤均隐藏在地下。“未来屋”家居控制建立在数字控制基础上,供电系统、光纤数字系统会将主人的需求与中央电脑、家电完全连接起来。中央电脑能够接收并识别手机与感应器的信息,而卫浴、空调、音响、灯光等系统均能够“听懂”中央电脑下达的命令。

(6)会议室与一体化工作客厅,“未来屋”的会议室可 24 小时随时高速接入互联网召开视频会议,同时中央电脑还可以通过遍布房间的传感器,自动记录整座住宅的状况。

(7)“未来屋”的智能设备,“未来屋”的大门装有气象感知器,可以根据各种气象指标,控制室内的温度和通风的情况。在厨房配置了全自动烹调设备,在厕所安装了一套检查身体的电脑系统。如果发现异常情况,电脑会自动告警。在花园中,安装有先进的传感设备,能够根据植物的生长情况,实现针对性的全自动浇水与施肥。

比尔·盖茨的“未来屋”映射出了家居住宅向家居智能化发展的新方向。随着社会科技的进步与技术的发展,智能电子技术、物联网技术、计算机网络与通信技术正给人们的家居生活带来全新的感受,家居智能化已经成为一种趋势。

6.7.2 智能电网

1. 概述

国家能源局给智能电网的定义是:智能电网就是电网的智能化,也被称为“电网 2.0”。智能电网是在传统电力系统基础上,通过集成新能源、新材料、新设备和先进的信息技术、控制技术、储能技术,以实现电力在发、输、配、用、储过程中的数字化管理、智能化决策、互动化交易。优化资源配置,满足用户多样化的电力需求,确保电力供应的安全、可靠和经济,满足环保约束,适应电力市场化发展需要。智能电网具有高度信息化、自动化、互动化等特征,可以更好地实现电网安全、可靠、经济、高效地运行。发展智能电网是实现我国能源生产、消费、技术和体制革命的重要手段,是发展能源互联网的重要基础。智能电网应具有开放性、安全性、高效性、情节性和自愈性的特征。

2. 智能电网发展目标

国家发展改革委、国家能源局《关于促进智能电网发展的指导意见》中指出了智能电网的发展目标。

(1)到 2020 年,初步建成安全可靠、开放兼容、双向互动、高效经济、清洁环保的智能电网体系,满足电源开发和用户需求,全面支撑现代能源体系建设,推动我国能源生产和消费革命,带动战略性新兴产业发展,形成具有国际竞争力的智能电网装备体系。

(2)实现清洁能源的充分消纳。构建安全高效的远距离输电网和可靠灵活的主动配电网,实现水能、风能、太阳能等各种清洁能源的充分利用。加快微电网建设,推动分布式光伏、微燃机及余热余压等多种分布式电源的广泛接入和有效互动,实现能源资源优化配置和能源结构调整。

(3)提升输配电网络的柔性控制能力。提高交直流混联电网智能调控、经济运行、安全防御能力,示范应用大规模储能系统及柔性直流输电工程,显著增强电网在高比例清洁能源及多元负荷接入条件下的运行安全性、控制灵活性、调控精确性、供电稳定性,有效抵御各类严重故障,供电可靠率处于全球先进水平。

(4)满足并引导用户多元化负荷需求。建立并推广供需互动用电系统,实施需求侧管理,引导用户能源消费新观念,实现电力节约和移峰填谷。适应分布式电源、电动汽车、储能等多元化负荷接入需求,打造清洁、安全、便捷、有序的互动用电服务平台。

3. 应用案例——绍兴镜湖新区智能电网综合工程

浙江省绍兴镜湖新区智能电网综合工程,是国家电网公司智能电网综合工程应用推广的首个建成工程。绍兴镜湖新区智能电网综合建设工程以“绿色、可靠、互动、综合”为主线,开展清洁电能接入、智能变电站、智能小区、配电自动化、电动汽车充电设施、电力光纤到户、智能配用电一体化通信平台等14个子项工程建设。项目集成智能电网发、输、变、配、用、调各环节的信息,实现对电网实时监控、综合分析、运行风险评估及预警功能,实现电力流、信息流、业务流的一体化融合,如图6-19所示。

图6-19 绍兴镜湖新区智能电网综合工程应用现场图

镜湖新区智能电网综合工程覆盖了新区15.8平方公里行政中心区域,工程实现了12座开关站和10千伏馈线的配电自动化成功试点,满足了镜湖新区核心区域发展不断增长的电力需求。具有智能判断、快速定位、自动隔离电网故障和快速恢复供电能力的特点,大大提高了镜湖新区配电网供电的供电质量和电网可靠性。

绍兴镜湖新区智能电网综合工程的研发是集电网运行风险评估及预警、业务集中监控、数据综合分析、电网辅助决策等功能于一体的全景监控平台,实现了区域智能电网的全景监控与综合应用分析。工程共申请专利40项,项目获得浙江省电力公司科学技术进步一等奖。

推动电网运维模式、管理模式和服务模式的创新,实现区域智能电网运行全景监控和综合分析、供电抢修服务高效协同、需求侧管理柔性调节,从而构建起“技术集成、管理集约、服务互动”三位一体的新型服务模式。经由中国工程院院士担任主任委员,中国电机工程学会组织的技术鉴定认为,绍兴镜湖新区智能电网综合工程研究成果创新性突出,取得了较好的综合应用效益,项目整体达到国际先进水平。

6.7.3 智慧医疗和健康养老

1. 智慧医疗

智慧医疗的英文简称为WIT120,是利用物联网技术、云计算技术与无线通信技术,实现患者与医务人员、医疗机构、医疗设备之间的互动,逐步打造医疗平台的信息化。工业和信息化印发制定信息通信业"十三五"规划物联网分册中,将智慧医疗和智慧养老作为重点发展领域。

通常来讲智慧医疗由三部分组成,分别为智慧医院系统、区域卫生系统以及家庭健康系统。

(1)智慧医院系统

智慧医院由数字医院和应用提升两部分组成,数字医院由医院信息系统、医学影像信息存储和传输系统、实验室信息管理系统和医生工作站四部分组成。数字医院实现病人诊疗信息和行政管理信息的收集、存储、处理、分析及数据交换。应用提升通过通信技术和大数据挖掘等实现数字医院的各类应用,包括远程探视、远程会诊、智慧处方、自动报警、临床决策等功能,其目标是提升医疗服务水平。

(2)区域卫生系统

区域卫生系统分为两部分,分别是区域卫生平台和公共卫生系统。区域卫生平台的主要功能是收集、处理、传输社区、医院、医疗科研机构、卫生监管部门记录的所有区域的卫生信息。

(3)家庭健康系统

家庭健康系统是离市民最近的健康系统,主要包括对慢性病以及老幼病患远程的照护,对残疾、智障及传染病等特殊人群的健康监测,对无法前往医院的病患进行视频医疗等监测系统和远程医疗系统。除此之外,家庭健康系统还包括用药时间自动提示体系、服用禁忌体系、剩余药量提醒等智能化用药系统。

2. 智慧养老

中国的养老服务模式主要依靠传统的家庭、机构和社区三方面的支持。

"智慧养老"概念的提出,源于"智慧城市"这一发展理念。智慧养老是基于传感器网络系统和信息平台,为居家老人、社区及养老机构提供实时、高效、快捷、成本低,物联化、智能化和互联化的养老服务。"智慧养老"借助"养老"和"健康"综合服务平台,将医疗服务与运营商、服务商、家庭和个人有机的连接起来,满足老年人日益增加的多样化、多层次的养老需求。智慧养老产业是未来中国养老产业发展的新方向。

智慧养老利用物联网、云计算、大数据和智能化的硬件等信息技术和产品,能够实现健康养老资源与个人、家庭、社区机构的有机结合和配置优化,推动健康养老服务智慧化升级,提升健康养老服务质量的效率水平。

第二部分　物联网应用实验

第 7 章 网关层实验

1. 树莓派简介

树莓派是一款基于 ARM 的微型计算机主板，它以 SD/MicroSD 卡为内存硬盘。卡片主板周围有 1/2/4 个 USB 接口和一个 10/100 M 以太网接口（A 型没有网口），可连接键盘、鼠标和网线，同时拥有视频模拟信号的电视输出接口和 HDMI 高清视频输出接口。以上部件全部整合在一张仅比信用卡略大的主板上，具备所有 PC 的基本功能。只需接通显示屏和键盘，就能执行如电子表格、文字处理、玩游戏、播放高清视频等功能。

绝大部分树莓派预装了定制的 Linux 操作系统，本书涉及的实验均基于 Linux 系统开发。

2. Linux 的基本操作

通过 Xshell 远程访问树莓派，下面是一些常用命令。

（1）在命令行输入 ls，可以查看当前目录下的文件和文件夹，如图 7-1 所示。

```
Debian GNU/Linux comes with ABSOLUTELY NO WARRANTY, to the extent
permitted by applicable law.
Last login: Tue Jun  4 11:05:03 2019 from 192.168.3.136
pi@raspberrypi:~ $ ls
a.out    Documents  go      MagPi  Pictures  proxy-client-0.1-beta      Public  splash.png  test        Videos
Desktop  Downloads  linuxc  Music  projects  proxy-client-0.1-beta.zip  share   Templates   video.h264  workdir
```

图 7-1　查看当前目录下的文件和文件夹

（2）输入 cd workdir 进入该文件夹，如图 7-2 所示。

```
pi@raspberrypi:~ $ cd workdir
pi@raspberrypi:~/workdir $ ls
A53_IOTApplication  A53SourceCode  A53_test  install_nodered  python  test  tool  uart_test  uart_test.tar.gz  wiring_pi
```

图 7-2　进入 workdir 文件夹

（3）输入 cd ～返回根目录，如图 7-3 所示。

```
pi@raspberrypi:~ $ cd ~
pi@raspberrypi:~ $ 
```

图 7-3　返回根目录

（4）输入 cd workdir/test 通过指定绝对路径再次进入 test 文件夹，如图 7-4 所示。

```
pi@raspberrypi:~ $ cd workdir/test
pi@raspberrypi:~/workdir/test $ 
```

图 7-4　进入 test 文件夹

(5)输入 cd .. 返回上一级目录,如图 7-5 所示。

```
pi@raspberrypi:~/workdir/test $ cd ..
pi@raspberrypi:~/workdir $ 
```

图 7-5 返回上一级目录

实验 7.1 LED 灯实验

一、实验目的

(1)通过实验掌握 I/O 口作为输出的使用方法;

(2)通过实验掌握 Python 的编程方法。

二、实验内容

用程序控制网关板上 LED1 灯的亮和灭。

三、实验设备

(1)实验平台、PC、网线;

(2)PC 操作系统为 Windows XP、Windows 7 或 Windows 10。

四、实验原理

(1)硬件原理图,如图 7-6 所示。

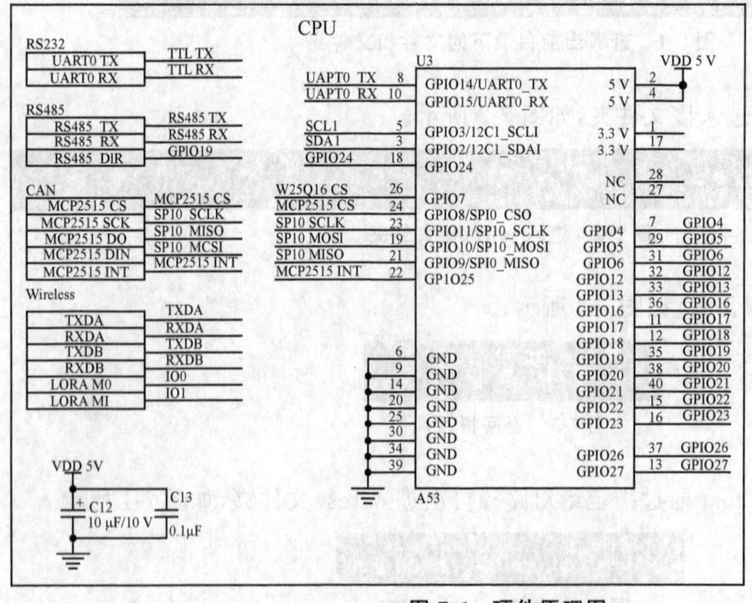

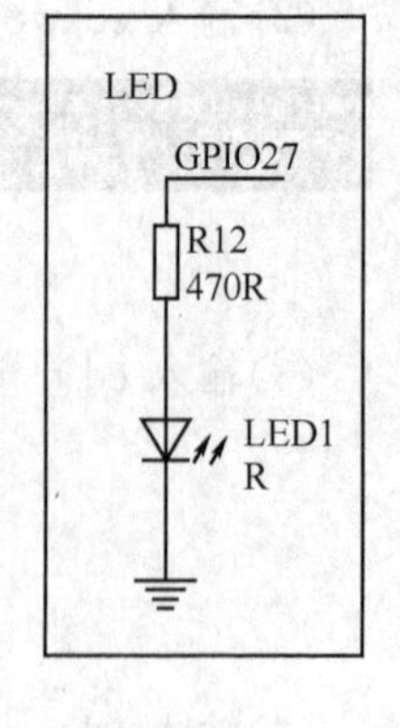

图 7-6 硬件原理图

(2)LED1 高电平点亮、低电平熄灭,通过 GPIO27 设置高低电平控制 LED1 的亮和灭。

(3)如图 7-7 所示,源代码说明:

```
BlinkLed.py ×
1   #!/usr/bin/python3
2   from gpiozero import LED
3   from time import sleep
4
5   def BlinkLed():
6       led = LED(27)
7       while True:
8           led.on()
9           sleep(1)
10          led.off()
11          sleep(1)
12
13  if __name__ == '__main__':
14      BlinkLed()
```

图 7-7 源代码

①第一行指定了 Python 解释器,所有 Python 代码均使用 Python3 解释。

②gpiozero 是一个用来控制树莓派 GPIO 的简单接口(或类库),在第二行导入了这个模块,以便后续使用。

③接下来定义了一个函数,功能是让 LED1"眨眼"。

④13 和 14 两行,是脚本执行的入口,这两行的意义非常重要。

• 一个 Python 文件有两种使用方法,第一是直接作为脚本执行,第二是 import 到其它 python 脚本中被调用(模块重用)执行。

• 第一种情况:当文件直接作为脚本执行时,那么_name_的值就被赋予"_main_"

• 第二种情况:当文件作为一个模块被包含在其它脚本中执行时,那么_name_的值为模块的名字。

• 本实验中,把文件直接作为脚本执行,因此_name_就是"_main_",13 行条件成立,BlinkLed()这个函数即被执行,如图 7-8 所示。

```
def SelfTest():
    pass

if __name__ == '__main__':
    SelfTest()
```

图 7-8 自测函数

⑤在单独运行这个模块时,将执行 SelfTest( )这个函数。若被其它模块调用,便不会自动执行 SelfTest( )这个函数。

五、实验步骤

进入源代码目录并执行以下程序:

```
cd~/ workdir/ A53SourceCode/ BaseApplication/ BlinkLED
./ BlinkLed. py
```

六、实验结果

观察控制板左下角的 LED1，进行时间间隔为 1 秒的缓慢闪烁，在控制终端（Xshell）按下 Ctrl+C 以结束程序。

实验 7.2 GUI 实验

一、实验目的

(1)通过实验掌握 guizero 图形界面库的使用方法；
(2)通过实验掌握 Python 的编程方法。

二、实验内容

在液晶上创建一个简单的 GUI 界面。

三、实验设备

(1)实验平台、PC、网线；
(2)PC 操作系统 Windows XP、Windows 7、Windows 10。

四、实验原理

(1)源代码说明，如图 7-9 所示。

```
HelloWorld.py ×
1   #!/usr/bin/python3
2   from guizero import App, Text
3   import os
4
5   def InitDisplay():
6       os.environ['DISPLAY'] = ':0.0'
7
8   def HelloWorld():
9       app = App(title="Hello world", bg="#ccffff")
10      message = Text(app, text="Hello world")
11      app.display()
12
13  if __name__ == '__main__':
14      InitDisplay()
15      HelloWorld()
```

图 7-9　源代码

①使用 guizero 库，创建并显示文本“Hello world”。这段代码第一部分内容是为设置环境变量，第二部分内容是 guizero 的使用方法，下面分别进行说明。

②设置环境变量：

• 第 5 行：定义 InitDisplay()函数；

• 第 6 行：将 DISPLAY 这个环境变量设置为“:0.0”，才能正常在显示屏上显示图形界面。

③guizero 程序结构：

• 第 8 行：定义 HelloWorld ()函数；

• 第 9 行：创建一个 APP，即主窗口；

• 第 10 行：向 APP 加入一个文本(Text)，文本的内容为“Hello world”；

• 第 11 行：调用 display()方法，将 APP 显示出来。

五、实验步骤

进入源代码目录并执行以下程序：

```
cd ~/workdir/A53SourceCode/BaseApplication/FirstGui
./HelloWorld.py
```

六、实验结果

在主控板液晶屏上显示一个“Hello word”图形界面。注意输入远程命令行执行该程序后，需要在液晶屏上单击关闭，命令行的程序方能退出。

实验 7.3　系统镜像备份与裁剪实验

一、实验目的

(1)通过实验掌握开发过程中如何备份程序；

(2)通过实验掌握镜像裁剪的方法。

二、实验内容

备份一个镜像系统并裁剪系统大小，只保留有用的部分。

三、实验设备

(1)实验平台、PC、网线；

(2)PC 操作系统 Windows XP、Windows 7、Windows 10。

四、实验原理

(1)系统镜像备份：将树莓派系统镜像文件复制到另外一张 SD 卡上，备份的功能是为方便做版本记录。

(2)系统镜像裁剪：系统镜像备份的镜像大小是整个 SD 卡的大小，而实际中存放于 SD 卡的内容并未占据整个 SD 卡。因此需要裁剪掉系统没用的部分，只保留有用的部分。

五、实验步骤

(1)准备 SD 卡读卡器，插入一张新的与待复制卡容量相同的 SD 卡，然后把读卡器插在树莓派上。

(2)在液晶屏上单击树莓派图标，“附件”→“SD Card Copier”，如图 7-10 所示。

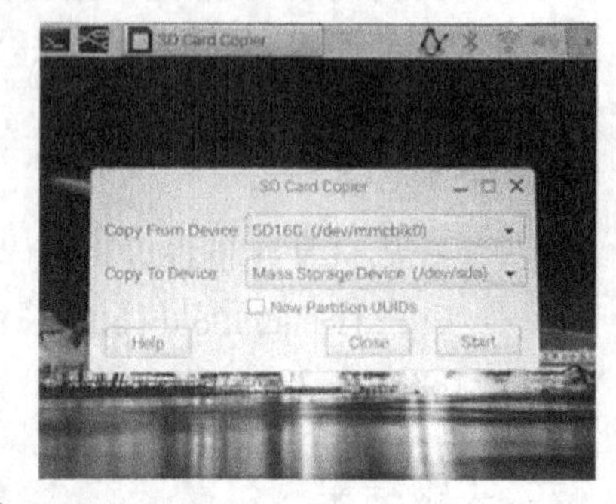

图 7-10　操作步骤图

(3)“Copy From Device”表示待复制的 SD 卡，“Copy To Device”表示要复制到的卡。选择完成。单击“Start”，有一个警告提示，选择“Yes”。接下来开始复制整个 SD 卡(若 SD 卡是 16 GB 的，需要复制 16 GB 的数据)，如图 7-11 所示。

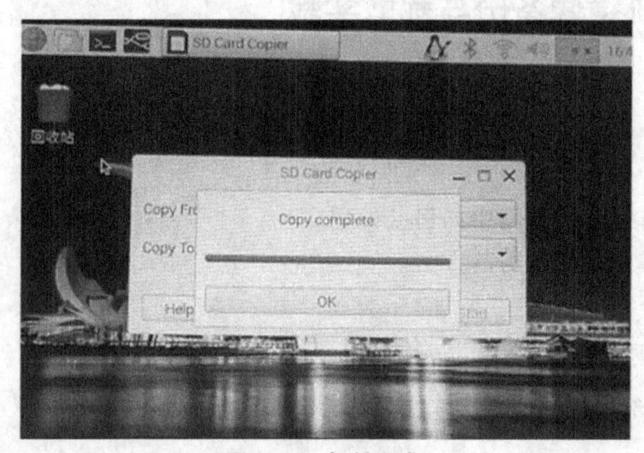

图 7-11　复制完成

(4)复制完成，单击“OK”按钮，关闭复制界面。

(5)裁剪镜像：我们从之前的步骤可以了解到，SD 卡是复制了整个 SD 卡的大小。但事实上存放在 SD 卡里的内容，只占据了 SD 卡(按 16 GB 的计算)的 1/4。因此若能复制 SD 卡里的有效内容，那是最好了。然而最容易想到的方法，往往却最难以实现，目前还没有发现有效的解决手段。另一个办法是利用磁盘分区工具，把最终生成的镜像缩小，缩小到只包含数据的大小，这个方法被验证是可行的。要求在 Linux 系统下完成，需要 Gparted-0. 33. 0

以上版本，过程相对烦琐。这里给出链接，有兴趣的读者可自行查看：http://www.aoakley.com/articles/2015-10-09-resizing-sd-images.php。

注意：该链接里提到的所有内容，除了 Gparted 工具需要 0.33.0 以上的版本外，其它内容参照着做就会有结果。

实验 7.4 串口通信实验

一、实验目的

(1)通过实验掌握 A53 串口的使用方法；
(2)通过实验掌握 Python 的编程方法。

二、实验内容

编程实现串口和 PC 数据的收发实验。

三、实验设备

(1)实验平台、PC、网线、串口线；
(2)PC 操作系统 Windows XP、Windows 7、Windows 10；
(3)串口调试功率。

四、实验原理

(1)硬件原理图，如图 7-12 所示。

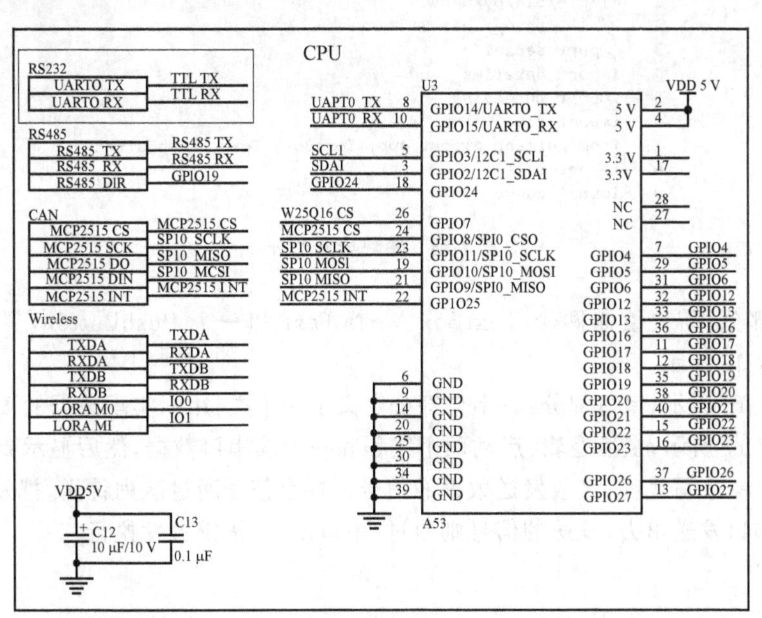

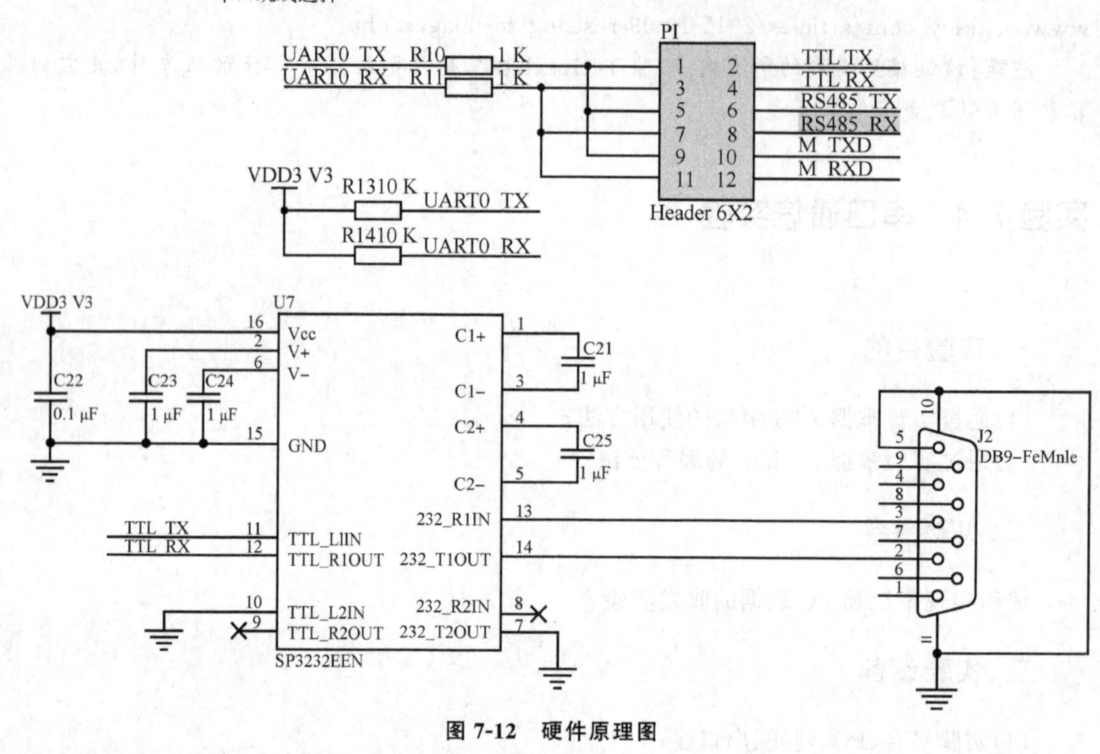

图 7-12　硬件原理图

源代码说明：

①如图 7-13 所示，模块导入部分：程序中用到了串口、多线程、队列、guizero，所以要使用上述模块。

②注意：任何一个外部模块，使用之前必须先导入。

```
1   #!/usr/bin/python3
2   # -*- coding: utf-8 -*-
3   import serial
4   import datetime
5   import threading
6   import time
7   from guizero import App, TextBox, Text, PushButton
8   import os
9   import queue
10
```

图 7-13　模块导入部分

③GUI 部分：需要绘制两个 TextBox、一个 Text 和一个 PushButton，界面和代码如图 7-14和图 7-15 所示。

④如图 7-16 所示，串口部分：在串口部分定义了一个类，用以实现数据的读写操作。

⑤如图 7-17 所示，主控逻辑：启动两个线程和一个读串口数据，然后显示到“串口接收”的文本框里。一个写线程，接收发送数据的信号。这个信号通过队列传送，把发送文本框里的字符通过串口发送出去，发送的信号则通过“串口发送”按键触发执行。

图 7-14 GUI 界面

```
61  def MainApp():
62      app = App(title="232Test", bg="#ccffff")
63      tb1 = TextBox(app, text="",width=40, height=10, multiline=True, scrollbar=True)
64      txReceive = Text(app, text="串口接收", height=2)
65
66      q = queue.Queue()
67      tb2 = TextBox(app, text="Do not answer!", width=40, height=10, multiline=True)
68      bt1 = PushButton(app, text="串口发送", command=SendCommand, args=(q,))
69      bt1.bg = "#669999"
70
71      threads,s = StartSerialThr(tb1, tb2, q)
72
```

图 7-15 GUI 代码

```
10
11  class LEXSerial():
12      def __init__(self, port, buad, tv):
13          self.ser = serial.Serial(port=port, baudrate=buad, timeout=tv)
14
15      def ReadData(self, len):
16          return self.ser.read(len)
17
18      def WriteData(self, data):
19          self.ser.write(data)
20
21      def CloseSerail(self):
22          self.ser.close()
23
```

图 7-16 串口部分

```
68      bt1 = PushButton(app, text="串口发送", command=SendCommand, args=(q,))
69      bt1.bg = "#669999"
70
71      threads,s = StartSerialThr(tb1, tb2, q)
72
73      app.display()
74      for t in threads:
75          t.join()
76      s.CloseSerail()
77
```

图 7-17 主控逻辑

五、实验步骤

(1)主控板左下角的 P1,用跳线帽短接到最右侧(上下短接)。

(2)用串口线连接主控板的 DB9 串口 J2 和 PC 的串口。

(3)在 PC 上打开“无人值守自动灌溉系统光盘 V2.0 /5. 软件工具/串口调试工具 . exe”。选择正确的端口,设置波特率为 115200 位/秒后,选择“打开串口”。

(4)进入目录并执行以下程序。

```
cd/home/pi/workdir/A53SourceCode/OnBoardApplication/SerialTest/232BusTest
./232Test.py
```

六、实验结果

在 PC 串口上发送数据,主控板显示屏上会收到数据。从主控板显示屏上发送数据,PC 的串口则可接收到数据,如图 7-18 所示。

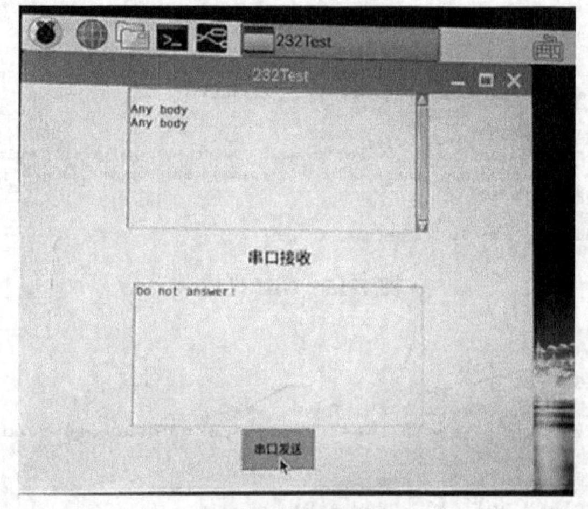

图 7-18 实验结果

实验 7.5 Flash 读写实验

一、实验目的

(1)通过实验掌握 A53 的 SPI 接口读写外扩 Flash 芯片的方法;

(2)通过实验掌握 Python 的编程方法。

二、实验内容

读写外扩 SPI 接口的 Flash(W25Q16)数据。

三、实验设备

(1)实验平台、PC、网线；
(2)PC 操作系统 Windows XP、Windows 7、Windows 10。

四、实验原理

(1)硬件原理图，如图 7-19 所示。

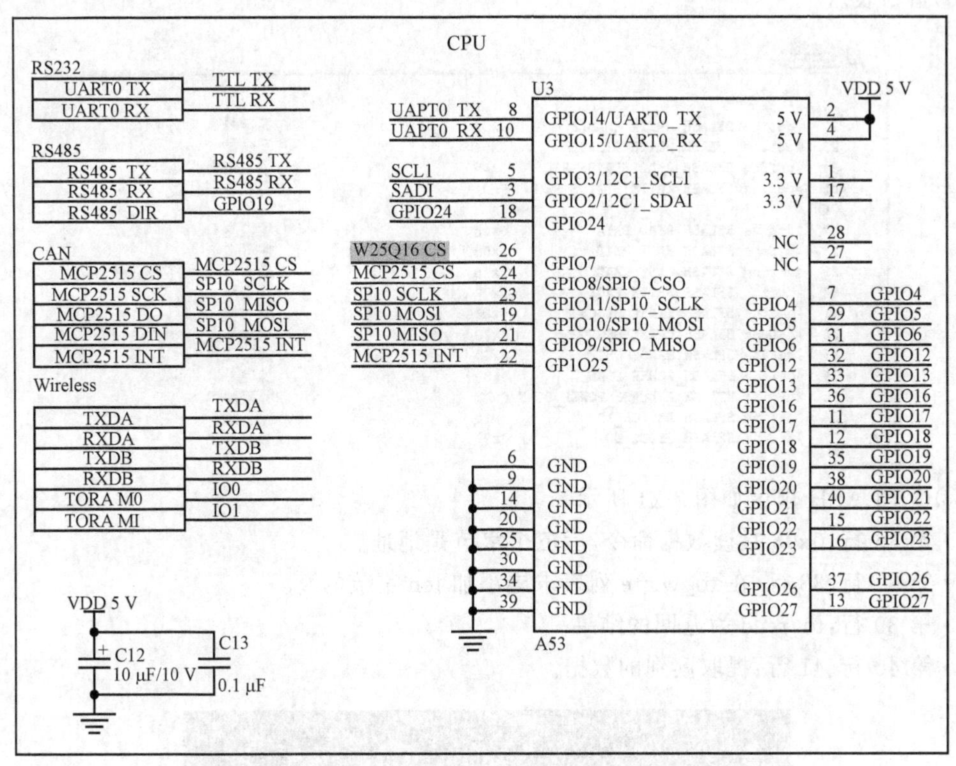

SPI Flash

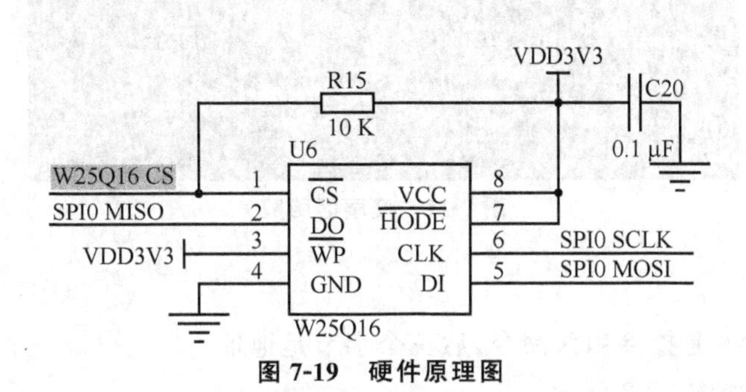

图 7-19 硬件原理图

(2)Flash 读写流程：向某一个扇区写数据前，需要先擦除。擦除扇区操作就是向目标扇区里写入 0xFF 数据，读写 SPI 软件库，使用 SPIDEV 方法。具体使用方法参考网址：https://pypi.org/project/spidev。

源代码说明：

①模块导入部分：导入 spidev 库，如图 7-20 所示。

```
1 #!/usr/bin/python3
2 import spidev
3 import time
4 import sys
5
```

图 7-20　模块导入部分

②指令表。

```
sflash.h
20
21 /* 指令表 */
22 #define SFLASH_WRITE_ENABLE         0x06    //写使能
23 #define SFLASH_WRITE_DISABLE        0x04    //写失能
24 #define SFLASH_READ_STATUS_REG      0x05    //读状态寄存器
25 #define SFLASH_WRITE_STATUS_REG     0x01    //写状态寄存器
26
27 #define SFLASH_READ_DATA            0x03    //读数据
28 #define SFLASH_FAST_READ            0x0B    //快读数据
29 #define SFLASH_FAST_READ_DUAL       0x3B    //快读数据(双数据线输出)
30 #define SFLASH_WRITE_PAGE           0x02    //页编程
31 #define SFLASH_ERASE_BLOCK          0xD8    //擦除块
32 #define SFLASH_ERASE_SECTOR         0x20    //擦除扇区
33 #define SFLASH_ERASE_CHIP           0xC7    //擦除芯片
34 #define SFLASH_POWER_DOWN           0xB9    //掉电
35 #define SFLASH_RELEASE_POWER_DOWN   0xAB    //释放掉电
36 #define SFLASH_DEVICE_ID            0x90    //设备ID
37 #define SFLASH_JEDEC_ID             0x9F    //Jedec ID
```

③读 FLASH 扇区如图 7-21 所示。

- 第 36 行：0x03 是读数据命令，后三个字节是地址。
- 第 37 行、38 行：在 to_write 列表末尾添加 len 字节的 0。
- 第 39 行：to_read 为返回的结果。
- 第 40 行、41 行：提取读到的数据。

```
31 def ReadSector(spi, addr, len):
32     '''
33     to_write[0] is operate Command of flash, reference W25Q16 manual,
34     the left 3 bytes is address
35     '''
36     to_write = [0x03, (addr&0xFF0000)>>16, (addr&0xFF00)>>8, addr&0xFF]
37     for i in range(len):
38         to_write.append(0)
39     to_read = spi.xfer(to_write,SpeedHz,DelayUsec,Bits)
40     for item in to_read[4:]:
41         print("%02x " % item, end='')
42     print('')
```

图 7-21　读扇区函数

④擦除扇区

- 第 55 行：0x20 是擦除扇区命令，后三个字节是地址。

擦除扇区函数如图 7-22 所示。

⑤读 FLASH 扇区。

- 第 59 行：擦除扇区。
- 第 64 行：要写入 Flash 的数据（十六进制）。

```
52 def EraseSector(spi, addr):
53     WriteEn(spi)
54     #time.sleep(0.01)
55     to_write = [0x20, (addr&0xFF0000)>>16, (addr&0xFF00)>>8, addr&0xFF]
56     spi.xfer(to_write,SpeedHz,DelayUsec,Bits)
57
```

图 7-22 擦除扇区函数

- 第 65 行:0x02 是页编程命令,后三个字节是地址;
- 第 66 行、67 行:在 to_write 列表末尾添加要写入 Flash 的数据;
- 第 69 行:打印要写入的数据(十进制)。

写扇区函数如图 7-23 所示。

```
58 def WriteSector(spi, addr):
59     EraseSector(spi, addr)
60     time.sleep(0.5)
61
62     WriteEn(spi)
63     #time.sleep(0.01)
64     data = [0x11, 0x12, 0x13, 0x14, 0x15, 0x16, 0x17, 0x18]
65     to_write = [0x02, (addr&0xFF0000)>>16, (addr&0xFF00)>>8, addr&0xFF]
66     for item in data:
67         to_write.append(item)
68     spi.xfer(to_write,SpeedHz,DelayUsec,Bits)
69     print('write %s to flash' % data)
70
```

图 7-23 写扇区函数

⑥主控流程。

- 第 89 行:用 sys. argv 获取脚本运行时提供的参数;
- 第 77 行~82 行:通过参数决定是读还是写 Flash。

主控流程函数如图 7-24 所示。

```
71 def SimpleSpiTest(action):
72     spi = spidev.SpiDev()
73     spi.open(Bus, DevNum)
74     spi.mode = 0b00
75
76     #ReadDeviceId(spi)
77     if action == 'read':
78         ReadSector(spi, 0, 8)
79     elif action == 'write':
80         WriteSector(spi, 0)
81     else:
82         print('Invalid input!')
83
84
85 if __name__ == '__main__':
86     action = 'read'
87     # get input
88     if len(sys.argv) == 2:
89         action = sys.argv[1]
90
91     SimpleSpiTest(action)
92
```

图 7-24 主控流程函数

五、实验步骤

进入源代码目录,执行写 Flash,再执行读 Flash。也可以先读后写。操作如下:

```
cd /home/pi/workdir/A53SourceCode/OnBoardApplication/FlashTest
./FLASHTest.py write
./FLASHTest.py read
```

六、实验结果

(1)观察运行的结果,输出写入的十进制数据。
(2)结果按十六进制的读出打印,如图 7-25 所示。

```
pi@raspberrypi:~/workdir/A53SourceCode/OnBoardApplication/FlashTest $ ./FLASHTest.py write
write [17, 18, 19, 20, 21, 22, 23, 24] to flash
pi@raspberrypi:~/workdir/A53SourceCode/OnBoardApplication/FlashTest $ ./FLASHTest.py read
11 12 13 14 15 16 17 18
pi@raspberrypi:~/workdir/A53SourceCode/OnBoardApplication/FlashTest $
```

图 7-25 实验结果

实验 7.6 EEPROM 读写实验

一、实验目的

(1)通过实验掌握 A53 的 I2C 接口读写 EEPROM 芯片的方法;
(2)通过实验掌握 Python 的编程方法。

二、实验内容

读写外扩 I2C 接口的 EEPROM(AT24C02)数据。

三、实验设备

(1)实验平台、PC、网线;
(2)PC 操作系统 Windows XP、Windows 7、Windows 10。

四、实验原理

(1)硬件原理图,如图 7-26 所示。
(2)源代码说明。

• 模块导入部分:smbus 是 System Management Bus(系统管理总线)的缩写,它是由两条信号线组成的源于 I2C 的一类总线。因为这里包含了 I2C 通信的 Python 实现,因此这里引入了这个库,导入的 SMBusWrapper 模块可用于一次读写多个字节。模块导入部分如图 7-27 所示。

• 读写函数,如图 7-28 所示。

• 14~20 行代码,其中 bus. read_i2c_block_data 函数中的三个参数的意义分别为 I2C 地址,为常量 0x50。第二个参数为读写位置的偏移,默认值为 0。第三个参数,对于读,表示读取的长度;对于写,表示写入的数据。

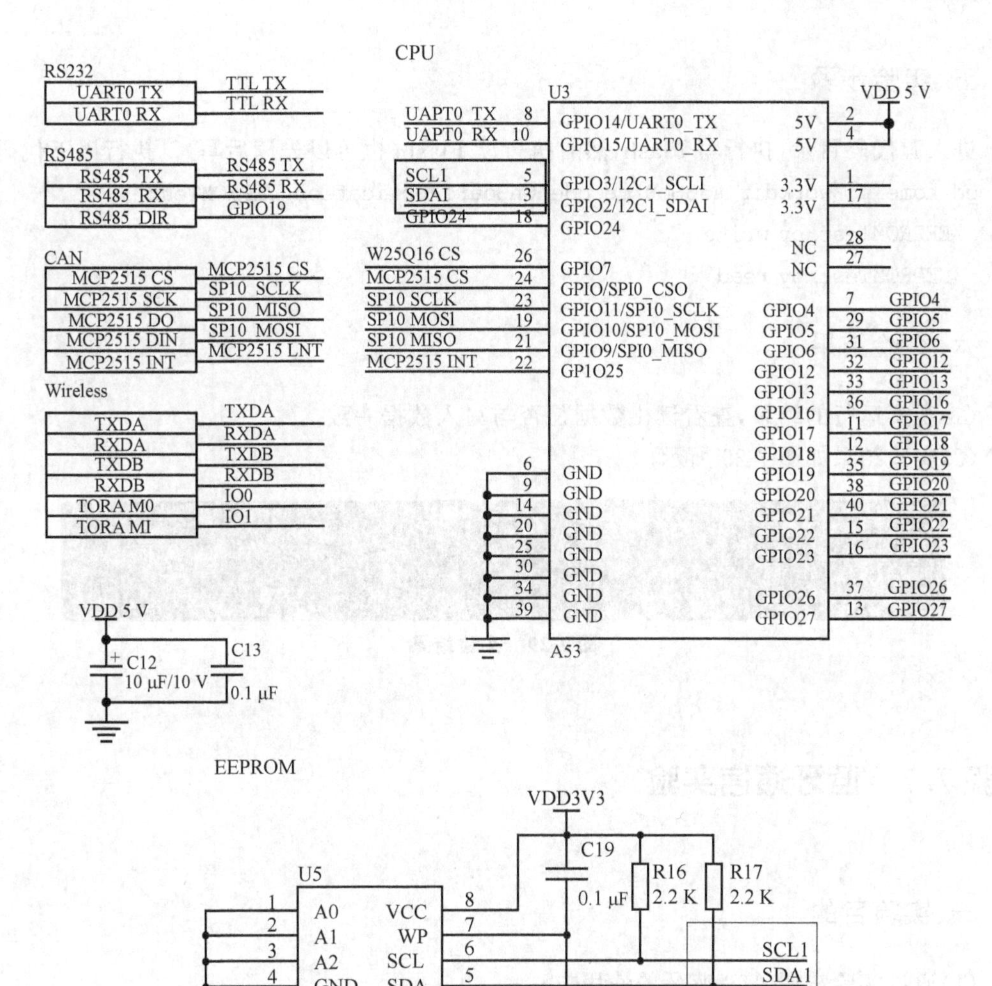

图 7-26　硬件原理图

```
1 #!/usr/bin/python3
2 from smbus2 import SMBus
3 import time
4 import sys
5 from smbus2 import SMBusWrapper
```

图 7-27　模块导入部分

```
12 def I2CReadTest():
13     with SMBusWrapper(1) as bus:
14         block = bus.read_i2c_block_data(I2CAddr, 0, RDWRLen)
15         print(block)
16
17 def I2CWriteTest():
18     with SMBusWrapper(1) as bus:
19         data = [40, 41, 42, 43, 44, 45, 46, 47]
20         bus.write_i2c_block_data(I2CAddr, 0, data)
21         print('write %s to eeprom' % data)
```

图 7-28　读写函数

五、实验步骤

进入源代码目录,执行写 Flash,然后执行读 Flash(也可以先读后写)。执行以下代码:

```
cd/home/pi/workdir/A53SourceCode/OnBoardApplication/EEPROMTest
./EEPROMTest.py write
./EEPROMTest.py read
```

六、实验结果

(1)观察运行的结果,查看读出数据是否与写入数据一致。
(2)实验结果如图 7-29 所示。

```
pi@raspberrypi:~/workdir/A53SourceCode/OnBoardApplication/EEPROMTest $ ./EEPROMTest.py write
write [40, 41, 42, 43, 44, 45, 46, 47] to eeprom
pi@raspberrypi:~/workdir/A53SourceCode/OnBoardApplication/EEPROMTest $ ./EEPROMTest.py read
[40, 41, 42, 43, 44, 45, 46, 47]
pi@raspberrypi:~/workdir/A53SourceCode/OnBoardApplication/EEPROMTest $
```

图 7-29　实验结果

实验 7.7　蓝牙通信实验

一、实验目的

(1)通过实验掌握 A53 蓝牙的使用方法;
(2)通过实验掌握 Python 的编程方法。

二、实验内容

利用两个板子实现蓝牙通信。

三、实验设备

(1)实验平台、PC、网线;
(2)PC 操作系统 Windows XP、Windows 7、Windows 10。

四、实验原理

(1)代码中用到了 bluez、Python-bluez 库,执行以下命令进行安装:

```
sudo apt-get install bluezPython-bluez
```

(2)程序分为三个:客户端程序、设备发现程序和服务端程序,如图 7-30 所示。
(3)设备发现程序:先导入 bluetooth 模块。在第 6 行,调用了设备发现函数,最后把结果打印出来,如图 7-31 所示。

```
pi@raspberrypi:~/workdir/A53SourceCode/OnBoardApplication/Bluetooth $ ls
BlueCli.py  BlueDisc.py  BlueSer.py
```

图 7-30 三个程序

```
1 #!/usr/bin/python
2 import bluetooth
3
4
5 def SearchNearbyDev():
6     devs = bluetooth.discover_devices(lookup_names=True)
7     if devs:
8         print(devs)
9     else:
10        print('found no device')
11
12 if __name__ == '__main__':
13     SearchNearbyDev()
```

图 7-31 设备发现程序

(4)客户端程序:Client 和 Server 的端口号要一致,在这里设置为 1,代码为第五行。Client 流程:创建 socket→连接服务器→发送数据→关闭 socket,如图 7-32 所示。

```
1 #!/usr/bin/python
2 import bluetooth
3 import sys
4
5 port = 1
6 def ConnectAndSend(addr):
7     sock=bluetooth.BluetoothSocket(bluetooth.RFCOMM )
8     sock.connect((addr, port))
9
10    sock.send("hello!!")
11    sock.close()
12
13 if __name__ == '__main__':
14     if len(sys.argv) != 2:
15         print('Usage: ./BlueCli.py addr')
16         sys.exit()
17     addr = sys.argv[1]
18     ConnectAndSend(addr)
```

图 7-32 客户端程序

(5)服务端程序:在这里使用的协议是 RFCOMM 和 L2CAP 协议。监听和接收消息的流程:创建 socket→绑定→监听→处理连接请求(接收数据)→关闭 socket,如图 7-33 所示。

```
1 #!/usr/bin/python
2 import bluetooth
3
4 port = 1
5
6 def LisenAndRecv():
7     server_sock=bluetooth.BluetoothSocket(bluetooth.RFCOMM )
8     server_sock.bind(("",port))
9     server_sock.listen(1)
10
11    client_sock,address = server_sock.accept()
12    print "Accepted connection from ",address
13
14
15    data = client_sock.recv(1024)
16    print "received [%s]" % data
17
18    client_sock.close()
19    server_sock.close()
20
21 if __name__ == '__main__':
22     LisenAndRecv()
```

图 7-33 服务器程序

五、实验步骤

(1)使能设备发现：使用 xshell 远程登录两个试验箱。在任意一台试验箱上开启蓝牙“被发现”的功能(这个功能类似于开启广播功能)，以便设备能被发现。在命令行输入 bluetoothctl，出现如图 7-34 所示界面，记录红框里边的值为蓝牙设备的物理地址：B8：27：EB：DA：89：F9，这个以后在 Client 连接 Server 时会用到。

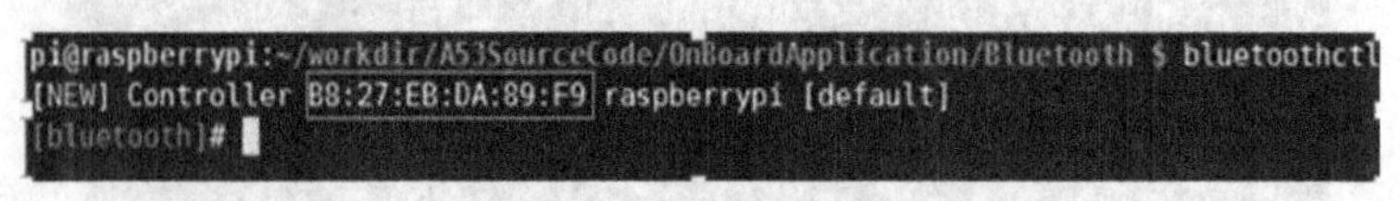

图 7-34　输入 bluetoothctl

(2)“[bluetooth]＃”的提示，表示进入蓝牙设备控制台。输入 discoverable on 以开启广播功能，这样蓝牙设备能被另一个试验箱搜索到，如图 7-35 所示。

```
[bluetooth]# discoverable on
Changing discoverable on succeeded
[CHG] Controller B8:27:EB:DA:89:F9 Discoverable: yes
[bluetooth]#
```

图 7-35　输入 discoverable on

(3)发现服务端设备：在另一个试验箱上运行设备发现程序，把第一台设备称为服务端试验箱，把第二台设备称为客户端试验箱。执行以下程序：

```
cd /home/pi/workdir/A53SourceCode/OnBoardApplication/Bluetooth
./BlueDisc.py
```

(4)如图 7-36 所示，运行一次有可能搜索不到设备，需要尝试多次运行。由于服务端的广播服务，每隔一段时间会关闭广播。因此，若没搜索到设备，回到服务端的登录终端；若服务端还是在蓝牙控制台界面，即终端显示为“[bluetooth]＃”，则直接输入：show。

```
[bluetooth]# show
Controller B8:27:EB:DA:89:F9
        Name: raspberrypi
        Alias: raspberrypi
        Class: 0x480000
        Powered: yes
        Discoverable: no
        Pairable: yes
        UUID: Headset AG                (00001112-0000-1000-8000-00805f9b34fb)
        UUID: Generic Attribute Profile (00001801-0000-1000-8000-00805f9b34fb)
        UUID: A/V Remote Control        (0000110e-0000-1000-8000-00805f9b34fb)
        UUID: Generic Access Profile    (00001800-0000-1000-8000-00805f9b34fb)
        UUID: PnP Information           (00001200-0000-1000-8000-00805f9b34fb)
        UUID: A/V Remote Control Target (0000110c-0000-1000-8000-00805f9b34fb)
        UUID: Audio Source              (0000110a-0000-1000-8000-00805f9b34fb)
        UUID: Handsfree Audio Gateway   (0000111f-0000-1000-8000-00805f9b34fb)
        Modalias: usb:v1D6Bp0246d052B
        Discovering: no
```

图 7-36　输入 show

(5)发现 Discoverable 是 no，我们输入：discoverable on，重新开启。开启后输入 quit，退出蓝牙控制台。如果 Discoverable 是 yes，则回到客户端的登录终端，继续运行设备发现程序。

(6)服务端侧,若还未在蓝牙控制台界面,则在终端输入 bluetoothctl 进入蓝牙控制台。重新开启服务发现功能,然后在客户端继续运行设备发现程序,如图 7-37 所示。

```
pi@raspberrypi:~/workdir/A53SourceCode/OnBoardApplication/Bluetooth $ cd /home/pi/workdir/A53SourceCode/OnBoardApplication/Bluetooth
pi@raspberrypi:~/workdir/A53SourceCode/OnBoardApplication/Bluetooth $ ./BlueDisc.py
found no device
pi@raspberrypi:~/workdir/A53SourceCode/OnBoardApplication/Bluetooth $ ./BlueDisc.py
found no device
pi@raspberrypi:~/workdir/A53SourceCode/OnBoardApplication/Bluetooth $ ./BlueDisc.py
found no device
pi@raspberrypi:~/workdir/A53SourceCode/OnBoardApplication/Bluetooth $ ./BlueDisc.py
found no device
pi@raspberrypi:~/workdir/A53SourceCode/OnBoardApplication/Bluetooth $ ./BlueDisc.py
found no device
pi@raspberrypi:~/workdir/A53SourceCode/OnBoardApplication/Bluetooth $ ./BlueDisc.py
found no device
pi@raspberrypi:~/workdir/A53SourceCode/OnBoardApplication/Bluetooth $ ./BlueDisc.py
[('B8:27:EB:DA:89:F9', 'raspberrypi')]
pi@raspberrypi:~/workdir/A53SourceCode/OnBoardApplication/Bluetooth $
```

图 7-37　运行设备发现程序

运行服务端程序:切换到服务端的命令行终端,运行服务端程序。执行代码如下:

```
cd/home/pi/workdir/A53SourceCode/OnBoardApplication/Bluetooth
./BlueSer.py
```

运行客户端程序:切换到客户端的命令行终端,运行客户端程序。并输入参数为服务端蓝牙设备的物理地址,B8:27:EB:DA:89:F9。代码如下:

```
cd/home/pi/workdir/A53SourceCode/OnBoardApplication/Bluetooth
./BlueCli.py B8:27:EB:DA:89:F9
```

注意:重新建立一个服务器与上一个服务器配置相同的地址,再将第一条命令在服务器 2 中发送一次,即可实现通信。输入参数为服务端蓝牙设备的物理地址,应输入实际获取到的地址(上述地址:B8:27:EB:DA:89:F9 为样例)。

六、实验结果

(1)服务端收到的数据,如图 7-38 所示。

```
pi@raspberrypi:~/workdir/A53SourceCode/OnBoardApplication/Bluetooth $ ./BlueSer.py
Accepted connection from  ('B8:27:EB:14:26:BC', 1)
received [hello!!]
```

图 7-38　实验结果

(2)液晶屏上会有蓝牙匹配的提示,直接关掉即可,如图 7-39 所示。

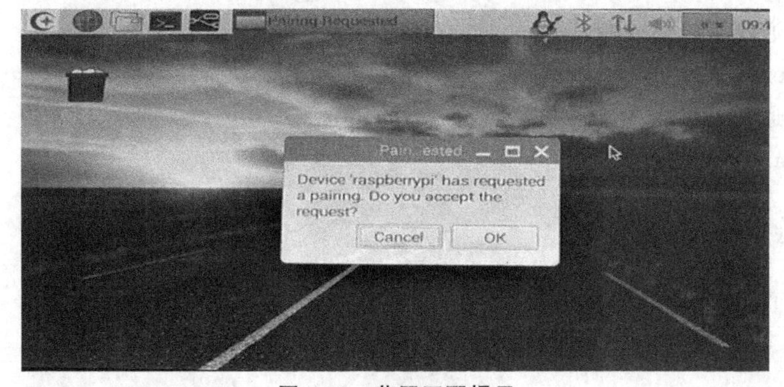

图 7-39　蓝牙匹配提示

实验 7.8　音频实验

一、实验目的

(1)通过实验掌握 A53 播放音频文件的方法；
(2)通过实验掌握 Python 的编程方法。

二、实验内容

播放音频文件。

三、实验设备

(1)实验平台、PC、网线、耳机(自备)；
(2)PC 操作系统 Windows XP、Windows 7、Windows 10。

四、实验原理

播放神器——Omxplayer 是一个可以播放声音和视频的命令行播放器。如何在命令行操作下利用树莓派播放 1080P 的电影和高质量无损音乐？可以进行如下操作：

(1)若用耳机输出声音,则执行

omxplayer-olocal videofile. mp4

(2)若用 HDMI 输出声音,则执行

omxplayer-o hdmi videofile. mp4

五、实验步骤

(1)将耳机插到板子的耳机插孔上(耳机插孔在液晶屏的下面,靠近板子下面的位置处),进入源代码目录：

cd/home/pi/workdir/A53SourceCode/OnBoardApplication/AudioTest

(2)音频通过耳机播放命令：

omxplayer-o local sea. mp3

(3)音频通过 HDMI 播放命令：

omxplayer-ohdmi sea. mp3

六、实验结果

耳机里面能听到美妙的音乐。

第8章 节点层实验

实验 8.1 流水灯实验

一、实验目的

(1)了解 STM32F103 的 GPIO 使用及其相关的 API 函数；
(2)掌握 STM32F103 的 GPIO 作为输出的使用方法。

二、实验内容

编程控制 LED1、LED2、LED3、LED4 实现流水灯。

三、实验设备

(1)DB 板、PC、J-link 仿真器；
(2)PC 操作系统 Windows XP、Windows 7 及 Windows 10、Keil MDK5. 17 集成开发环境、J-link 仿真调试驱动程序。

四、硬件连接图

硬件连接图如图 8-1 所示。

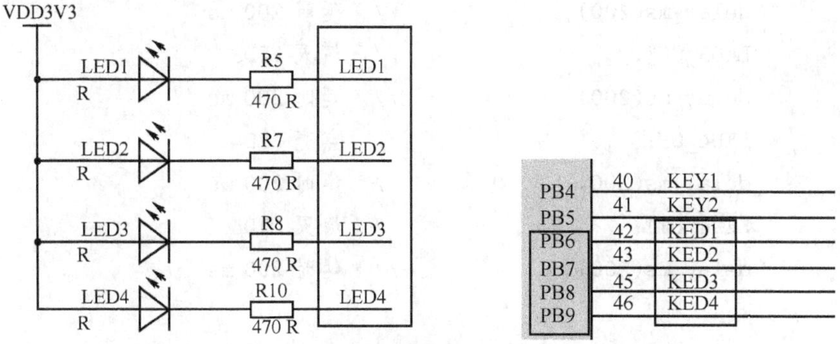

图 8-1 硬件连接图

五、实验原理

(1)硬件原理

PB6 输出低电平时，LED1 点亮，PB6 输出高电平时，LED1 熄灭。

PB7 输出低电平时，LED2 点亮，PB7 输出高电平时，LED2 熄灭。

PB8 输出低电平时，LED3 点亮，PB8 输出高电平时，LED3 熄灭。

PB9 输出低电平时，LED4 点亮，PB9 输出高电平时，LED4 熄灭。

(2)软件设计

将连接 LED 灯的 GPIO 配置成输出，然后调用延时实现流水灯功能。

(3)程序分析

```
1. int main(void)
2. {
3.
4.     SysTick_Init();                  //  系统滴答定时器初始化
5.
6.     LED_GPIO_Configuration();        //  LED 初始化
7.
8.     while(1)
9.     {
10.        LED1_ON;                     //  点亮 LED1
11.        delay_ms(200);               //  延时 200 ms
12.        LED1_OFF;                    //  熄灭 LED1
13.        delay_ms(200);               //  延时 200 ms
14.        LED2_ON;                     //  点亮 LED2
15.        delay_ms(200);               //  延时 200 ms
16.        LED2_OFF;                    //  熄灭 LED2
17.        delay_ms(200);               //  延时 200 ms
18.        LED3_ON;                     //  点亮 LED3
19.        delay_ms(200);               //  延时 200 ms
20.        LED3_OFF;                    //  熄灭 LED3
21.        delay_ms(200);               //  延时 200 ms
22.        LED4_ON;                     //  点亮 LED4
23.        delay_ms(200);               //  延时 200 ms
24.        LED4_OFF;                    //  熄灭 LED4
25.        delay_ms(200);               //  延时 200 ms
26.    }
27. }
```

六、实验步骤

(1)连线:将电源线连好,并将J-link仿真器与DB板和计算机连接。

(2)给DB板上电,双击打开实验程序文件夹"无人值守自动灌溉系统光盘V2.0/3.程序源代码/1.物联网实训开发/1.节点层实训/1.流水灯实验/Project"中的Test.uvproj,编译、下载程序后进入测试。

(3)现象:按下板子上的复位键RESET,板子上的LED1、LED2、LED3、LED4将循环出现流水灯现象。

七、思考题

(1)修改程序使板子上的LED灯按LED4→LED3→LED2→LED1循环出现流水灯现象。

(2)修改流水灯频率。

实验8.2 按键实验

一、实验目的

(1)了解STM32F103的GPIO使用及其相关的API函数;

(2)掌握STM32F103的GPIO作为输入和输出的使用方法。

二、实验内容

编程实现用按键控制LED亮灭的功能。

三、实验设备

(1)DB板、PC、J-link仿真器;

(2)PC操作系统Windows XP、Windows 7及Windows 10、Keil MDK5.17集成开发环境、J-link仿真调试驱动程序。

四、硬件连接图

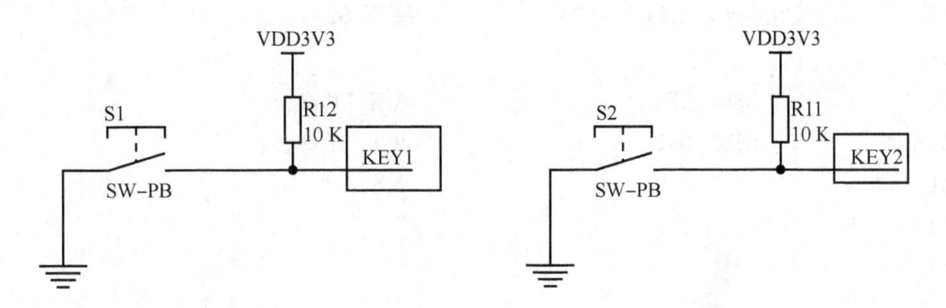

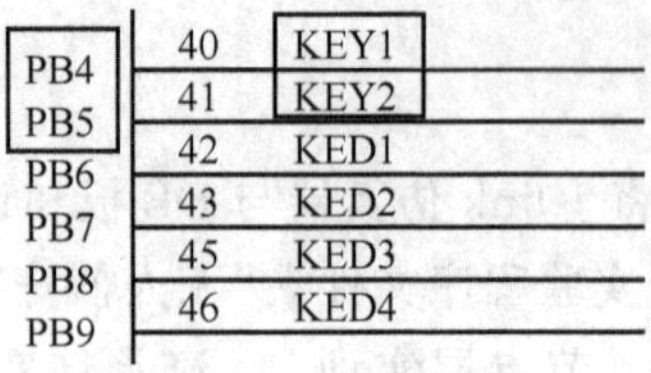

PB4 40 KEY1
PB5 41 KEY2
PB6 42 KED1
PB7 43 KED2
PB8 45 KED3
PB9 46 KED4

图 8-2 硬件连接图

五、实验原理

(1)硬件原理

S1 按下时,PB4 为低电平;S1 弹起时,PB4 为高电平。

S2 按下时,PB5 为低电平;S2 弹起时,PB5 为高电平。

(2)软件设计

将连接 S1 和 S2 的 GPIO 配置成上拉输入,通过检测电平的高低来判断按键的状态。当检测到 S1 按下后点亮 LED1,检测到 S2 按下后点亮 LED2。

(3)程序分析

```
1. int main(void)
2. {
3.
4.     SysTick_Init();                  //  系统滴答定时器初始化
5.
6.     LED_GPIO_Configuration();        //  LED 初始化
7.
8.     KEY_GPIO_Configuration();        //  按键初始化
9.
10.     while(1)
11.     {
12.         if(KeyScan() == 1)          // 按下 S1
13.         {
14.             LED1_ON;                // 点亮 LED1
15.             LED2_OFF;               // 熄灭 LED1
16.         }
17.         if(KeyScan() == 2)          // 按下 S2
18.         {
19.            LED2_ON;                 // 点亮 LED2
20.            LED1_OFF;                // 熄灭 LED2
21.         }
22.     }
23. }
```

六、实验步骤

(1)连线:将电源线连接好,并将 J-link 仿真器与 DB 板和计算机连接。

(2)给 DB 板上电,双击打开实验程序文件夹“无人值守自动灌溉系统光盘 V2.0/3. 程序源代码/1. 物联网实训开发/1. 节点层实训/2. 按键实验/Project”中的 Test. uvproj,编译、下载程序,然后进入测试。

(3)现象:按下 S1 按键,LED1 亮,LED2 灭;按下 S2 按键,LED2 亮,LED1 灭。

七、思考题

(1)修改程序使按下 S1 按键,LED1 和 LED2 同时点亮;按下 S2 按键,LED1 和 LED2 同时熄灭。

(2)修改程序使按下 S1 按键,LED1 和 LED2 切换状态。

实验 8.3 外部中断实验

一、实验目的

(1)了解 STM32F103 外部中断的使用及其相关的 API 函数;

(2)掌握 STM32F103 外部中断的使用方法。

二、实验内容

编程实现通过外部中断控制 LED 亮灭的功能。

三、实验设备

(1)DB 板、PC、J-link 仿真器;

(2)PC 操作系统 Windows XP、Windows 7 及 Windows 10、Keil MDK5.17 集成开发环境、J-link 仿真调试驱动程序。

四、硬件连接图

硬件连接图如图 8-3 所示。

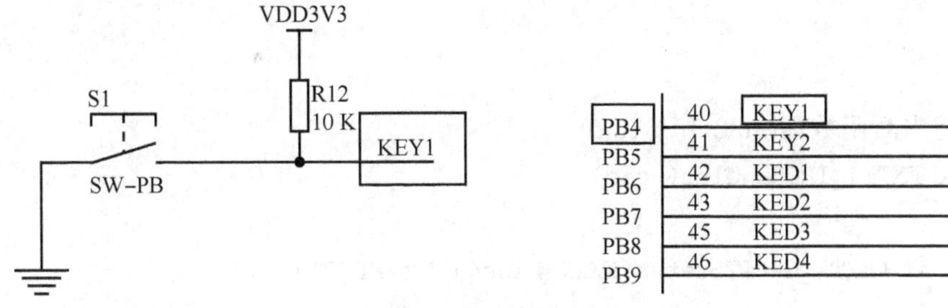

图 8-3 硬件连接图

五、实验原理

(1)硬件原理

当 S1 按下,PB4 为低电平;当 S1 弹起,PB4 为高电平。

(2)软件设计

将连接 S1 的 GPIO 配置成外部中断,通过检测下降沿判断按键是否按下。当检测到 S1 按下后,点亮 LED1。

(3)程序分析

①主函数(main. c)。

```
1. int main(void)
2. {
3.
4.     SysTick_Init();                     //  系统滴答定时器初始化
5.
6.     LED_GPIO_Configuration();           //  LED 初始化
7.
8.     Alarm_GPIO_Configuration();         //  按键初始化
9.
10.     while(1)
11.     {
12.         if(Alarm_flag)                  //  按键按下
13.         {
14.             Alarm_flag = 0;
15.             LED1_ON;                    //  点亮 LED1
16.         }
17.
18.         if(GPIO_ReadOutputDataBit(GPIOB, GPIO_Pin_6) == 0)
                                            //  按键弹起
19.         {
20.             delay_ms(2000);             //  延时 2 s
21.             LED1_OFF;                   //  熄灭 LED2
22.         }
23.     }
24. }
```

②按键中断函数(stm32f10x_it. c)。

```
1. void EXTI4_IRQHandler(void)
2. {
3.     if (EXTI_GetITStatus(EXTI_Line4) ! = RESET)
4.     {
```

```
5.          //  Clear the  EXTI line 4 pending bit
6.          EXTI_ClearITPendingBit(EXTI_Line4);
7.
8.          Alarm_flag = 1;                    //  按下标志置 1
9.      }
10. }
```

六、实验步骤

(1)连线:将电源线连接好,并将 J-link 仿真器与 DB 板和计算机连接。

(2)给 DB 板上电,双击打开实验程序文件夹"无人值守自动灌溉系统光盘 V2.0/3. 程序源代码/1. 物联网实训开发/1. 节点层实训/3. 外部中断实验/Project"中的 Test. uvproj,编译、下载程序,然后进入测试。

(3)现象:按下 S1 后 LED1 点亮 2 秒后熄灭。

七、思考题

(1)修改程序使按下 S2 后 LED1 点亮 2 秒,之后熄灭。

(2)修改程序使按下 S1 按键,LED1 和 LED2 同时点亮。按下 S2 按键,LED1 和 LED2 同时熄灭。

实验 8.4　系统定时器实验

一、实验目的

(1)了解 STM32F103 系统定时器的使用及其相关的 API 函数;

(2)掌握 STM32F103 系统定时器的使用方法。

二、实验内容

编程实现通过系统定时器实现 LED1 闪烁的功能。

三、实验设备

(1)DB 板、PC、J-link 仿真器;

(2)PC 操作系统 Windows XP、Windows 7 及 Windows 10、Keil MDK5. 17 集成开发环境、J-link 仿真调试驱动程序。

四、实验原理

(1)软件设计

将系统定时器配置成 1 ms 中断,在系统定时器中断函数中计数,每计数 1000 次改变一次 LED1 灯的状态。使 LED1 每隔 1 s 状态翻转一次。

(2)程序分析

①主函数(main.c)。

```
1. int main(void)
2. {
3.
4.     SysTick_Init();                    //  系统滴答定时器初始化
5.
6.     LED_GPIO_Configuration();          //  LED 初始化
7.
8.     while(1)
9.     {
10.
11.     }
12. }
```

②系统定时器中断函数(stm32f10x_it.c)。

```
1. void SysTick_Handler(void)            //  1 ms 进入 1 次
2. {
3.     static u16 cnt = 0;
4.
5.     cnt++;                             //  计数值加 1
6.     if(cnt % 1000 == 0)                //  计数 1000 = 1 s
7.     {
8.         LED1_REVERSE;                  //  LED1 状态翻转
9.     }
10.
11.     if (cnt == 5000)
12.     {
13.         cnt = 0;
14.
15.         oline_flag = 1;
16.     }
17.
18.     // UART2 接收
19.     if (Uart2.Time > 0)
20.     {
21.         Uart2.Time--;
22.
23.         if (Uart2.Time == 0)
```

```
24.         {
25.             Uart2.UartReceiveFinish = 1;
26.         }
27.     }
28.
29.     TimingDelay_Decrement();
30. }
```

五、实验步骤

(1)连线:将电源线连接好,并将 J-link 仿真器与 DB 板和计算机连接。

(2)给 DB 板上电,双击实验程序文件夹"无人值守自动灌溉系统光盘 V2.0/3. 程序源代码/1. 物联网实训开发/1. 节点层实训/4. 系统定时器实验/Project"中的 Test. uvproj,编译、下载程序后进入测试。

(3)现象:LED1 闪烁间隔时间为 1 s。

六、思考题

(1)修改程序时 LED1 亮灭交替,各自持续 500 ms。

(2)修改程序时 LED1 亮灭交替,各自持续 2 s。

实验 8.5 通用定时器实验

一、实验目的

(1)了解 STM32F103 通用定时器的使用及其相关的 API 函数;

(2)掌握 STM32F103 通用定时器的使用方法。

二、实验内容

编程实现通过系统定时器实现 LED1 闪烁的功能。

三、实验设备

(1)DB 板、PC、J-link 仿真器;

(2)PC 操作系统 Windows XP、Windows 7 及 Windows 10、Keil MDK5.17 集成开发环境、J-link 仿真调试驱动程序。

四、实验原理

(1)软件设计

将通用定时器 TIM2 配置为 500 ms 中断一次,在 TIM2 中断函数中翻转 LED1。

现象:每隔 500 ms,LED1 状态翻转一次。

(2)程序分析

①主函数(main.c)。

```
1. int main(void)
2. {
3.
4.      SysTick_Init();                    //  系统滴答定时器初始化
5.
6.      LED_GPIO_Configuration();          //  LED 初始化
7.
8.      TIM2_Configuration();              //  配置 TIM2 通用定时器
9.
10.     while(1)
11.     {
12.
13.     }
14. }
```

②TIM2 中断函数(stm32f10x_it.c)。

```
1. void TIM2_IRQHandler(void)              //  500 ms 进入一次
2. {
3.     if (TIM_GetITStatus(TIM2, TIM_IT_Update) != RESET)
4.     {
5.         TIM_ClearITPendingBit(TIM2, TIM_IT_Update);
6.
7.         LED1_REVERSE;                   //  LED1 状态翻转
8.     }
9. }
```

五、实验步骤

(1)连线:将电源线连接好,并将 J-link 仿真器与 DB 板和计算机连接。

(2)给 DB 板上电,双击实验程序文件夹"无人值守自动灌溉系统光盘 V2.0/3. 程序源代码/1. 物联网实训开发/1. 节点层实训/5. 通用定时器实验/Project"中的 Test. uvproj,编译、下载程序,然后进入测试。

(3)现象:LED1 间隔闪烁。

六、思考题

(1)修改 LED1 闪烁频率为 0.5 Hz;

(2)修改 LED1 闪烁频率为 2 Hz。

实验 8.6　串口实验

一、实验目的

(1)了解 STM32F103 的 USART 的使用及其相关的 API 函数;
(2)掌握用时间间隔接收串口数据的方法。

二、实验内容

编程配置 STM32F103 的 USART1,采用中断方式实现数据接收和发送。

三、实验设备

(1)DB 板、PC、J-link 仿真器、USB 线;
(2)PC 操作系统 Windows XP、Windows 7 及 Windows 10、Keil MDK5.17 集成开发环境、J-link 仿真调试驱动程序,串口调试助手。

四、硬件连接图

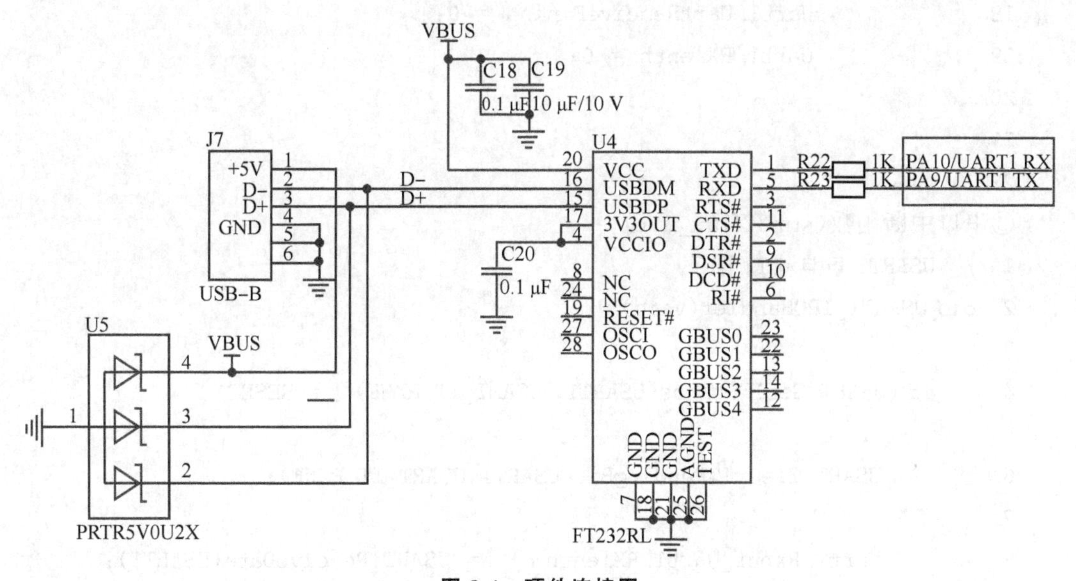

图 8-4　硬件连接图

五、实验原理

(1)软件设计

将 PA9、PA10 设置为 USART 功能,波特率设置为 115200、设置 8 位数据位、1 位停止位、无奇偶校验位、无流控制。在串口中断函数里接收数据,接收完成后打印“Data received”。

(2)程序分析

①主函数(main.c)。

```
1. int main(void)
2. {
3.     SysTick_Init();                    //  系统滴答定时器初始化
4.
5.     LED_GPIO_Configuration();
6.
7.     KEY_GPIO_Configuration();
8.
9.     UART1_Configuration();             //  USART1 配置
10.
11.
12.     while(1)
13.     {
14.
15.         if(Uart1.UartReceiveFinish == 1)      //  串口接收完成
16.         {
17.             printf("Data received\r\n");      //  打印"Data received"
18.             Uart1.UartReceiveFinish = 0;
19.             Uart1.RXlenth = 0;
20.         }
21.     }
22. }
```

②串口中断函数(stm32f10x_it.c)。

```
1. //  USART1 串口中断程序
2. void USART1_IRQHandler(void)
3. {
4.     if (USART_GetITStatus(USART1, USART_IT_RXNE) != RESET)
5.     {
6.         USART_ClearITPendingBit(USART1,USART_IT_RXNE);
7.
8.         Uart1.Rxbuf[Uart1.RXlenth++] = USART_ReceiveData(USART1);
                                          //  读取 USART1 接收到的数据
9.
10.         Uart1.Time = 3;
11.     }
12. }
```

六、实验步骤

(1)连线:将电源线连接好,并将 J-link 仿真器与试验箱 CPU 板和计算机连接。

(2)用 USB 线连接 DB 板和 PC,如图 8-5 所示。

图 8-5 USB 线连接图

(3)打开串口调试助手,波特率设置为 115200,设置 8 个数据位、1 个停止位、无校验位、无流控制。给 DB 板上电,双击实验程序文件夹"无人值守自动灌溉系统光盘 V2.0/3. 程序源代码/1. 物联网实训开发/1. 节点层实训/6. 串口实验/Project"中的 Test. uvproj,编译、下载程序。

(4)通过串口助手发送任意数据,MCU 将通过串口回复"Data received",如图 8-6 所示。

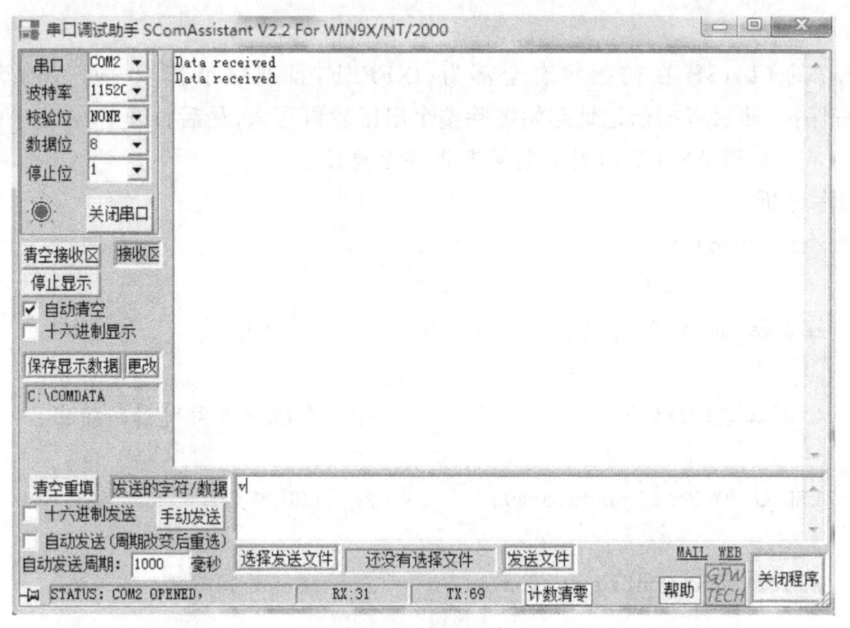

图 8-6 实验现象

七、思考题

(1)修改程序,通过串口助手发送任意数据,MCU将通过串口回复相同的数据。
(2)修改程序,通过串口助手发送“123”,MCU将通过串口回复“Data received”。

实验8.7 FLASH读写实验

一、实验目的

(1)了解STM32F103FALSH的使用及其相关的API函数;
(2)掌握STM32F103FALSH的使用方法。

二、实验内容

编程实现对FLASH的擦除和写入。

三、实验设备

(1)DB板、PC、J-link仿真器、USB线;
(2)PC操作系统Windows XP、Windows 7及Windows 10、Keil MDK5.17集成开发环境、J-link仿真调试驱动程序。

四、实验原理

(1)软件设计
STM32的FLASH在初始状态全部为0XFFFF,且双字节读取。写入前需先解锁FLASH写保护,然后以初始地址起始擦除整个扇区后再写入,最后打开FLASH写保护。
注意:使用的FLASH区域时必须避开代码存储区。
(2)程序分析

```
1. int main(void)
2. {
3.     u16 value = 0;
4.
5.     SysTick_Init();                    // 系统滴答定时器初始化
6.
7.     LED_GPIO_Configuration();          // LED初始化
8.
9.     Alarm_GPIO_Configuration();        // 按键外部中断
10.
```

```
11.     UART1_Configuration();              //  USART1 配置
12.
13.     while(1)
14.     {
15.         if(Alarm_flag)                  //  S1 按下
16.         {
17.             Alarm_flag = 0;
18.             flash_write(0X08008000, value, 0);    //  写入
19.             printf("flash data: %X\r\n",flash_read(0X08008000));
                                            //  读取并打印
20.             value++;
21.         }
22.     }
23. }
```

五、实验步骤

(1)连线:将电源线连接好,并将 J-link 仿真器与 DB 板和计算机连接。

(2)用 USB 线连接 DB 板和 PC。

(3)给 DB 板上电,双击实验程序文件夹"无人值守自动灌溉系统光盘 V2.0/3. 程序源代码/1. 物联网实训开发/1. 节点层实训/7. FLASH 实验/Project"中的 Test. uvproj,编译、下载程序,然后进入测试。

(4)打开串口助手,选择相应的串口,波特率设置为 115200。

(5)现象:按下 S1 按键,在 FALSH 指定位置写入一个 u16 数据,每按一次数值加 1。如图 8-7 所示。

图 8-7 实验现象

六、思考题

(1)结合实验 8.6,通过串口向 FALSH 指定位置写入数据。
(2)结合实验 8.2,按下按键 S1 向 FALSH 指定位置写入 LED 灯状态。

实验 8.8 LCD 实验

一、实验目的

(1)了解 STM32F103LCD 的及相关 API 函数的使用方法;
(2)掌握 STM32F103LCD 的使用方法。

二、实验内容

编程利用 STM32F103 控制 LCD 刷屏、显示字符、汉字和图片。

三、实验设备

(1)DB 板、PC、J-link 仿真器;
(2)PC 操作系统 Windows XP、Windows 7 和 Windows 10、Keil MDK5.17 集成开发环境、J-link 仿真调试驱动程序。

四、硬件连接图

硬件连接图如图 8-8 所示。

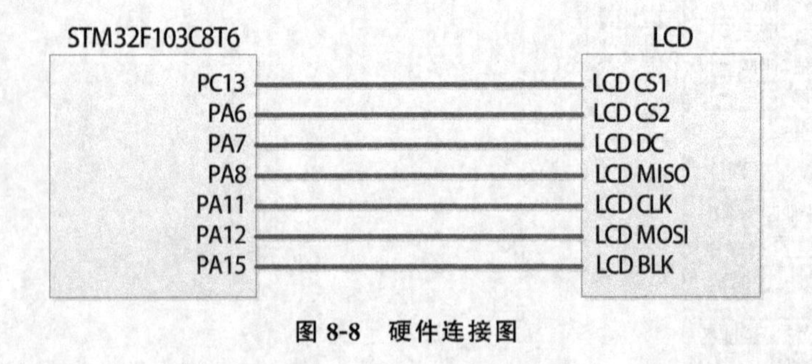

图 8-8 硬件连接图

五、实验原理

(1)软件设计流程:配置与 LCD 相关的硬件外设,然后调用 LCD 初始化函数,并调用函数显示字符、实现刷屏、显示图片。

(2)流程程序分析

```
1. int main(void)
2. {
3.     SysTick_Init();                         // 系统滴答定时器初始化
4.
5.     LED_GPIO_Configuration();               // LED 初始化
6.
7.     LCD_Init();                             // 初始化 LCD
8.     LCD_Clear(BLACK);                       // 清屏黑色
9.     POINT_COLOR = GREEN;                    // 画笔绿色
10.    LCD_DrawRectangle(5,5, 235, 315);       // 画矩形
11.    LCD_DrawRectangle(10,10, 230, 310);     // 画矩形
12.
13.    POINT_COLOR = RED;                      // 画笔红色
14.    LCD_ShowString(35, 0,"- -STM32 实验开发平台- -");
15.
16.    POINT_COLOR = WHITE;                    // 画笔白色
17.    LCD_ShowTitle(70, 25,"液晶实验");
18.
19.    delay_ms(1000);
20.
21.    LCD_Clear(RED);                         // 清屏红色
22.    delay_ms(1000);
23.
24.    LCD_Clear(GREEN);                       // 清屏绿色
25.    delay_ms(1000);
26.
27.    LCD_Clear(YELLOW);                      // 清屏黄色
28.    delay_ms(1000);
29.
30.    LCD_Clear(WHITE);                       // 清屏白色
31.    LCD_DrawPicture(gImage_1);              // 切换图片
32.
33.    while(1)
34.    {
35.    }
36. }
```

六、实验步骤

(1)连线:将电源线连接好,并将 J-link 仿真器与 DB 板和计算机连接。

(2)给 DB 板上电,双击实验程序文件夹“无人值守自动灌溉系统光盘 V2.0/3. 程序源代码/1. 物联网实训开发/1. 节点层实训/8. LCD 实验/Project”中的 Test. uvproj,编译、下载程序,然后进入测试。

(3)现象:

• 按下板子上的复位键 RESET,液晶上先显示字符和汉字。
• 刷屏,最后显示一幅图片。

七、思考题

(1)修改程序,实现在液晶上显示其它的字符和汉字。
(2)修改程序,实现在液晶在刷屏时上显示其它的颜色。
(3)修改程序,实现在液晶屏幕显示其它图片。

实验 8.9 UCOS-II 任务调度实验

一、实验目的

(1)学习 UCOS-II 任务创建和调度的方法;
(2)掌握 UCOS-II 创建任务以及如何检查创建的任务参数的方法。

二、实验内容

创建 3 个任务,用 3 个 LED 来指示任务在运行,并实时显示任务的参数。

三、实验设备

(1)DB 板、PC、J-link 仿真器、USB 线;
(2)PC 操作系统 Windows XP、Windows 7 及 Windows 10、Keil MDK5.17 集成开发环境、J-link 仿真调试驱动程序。

四、硬件连接图

硬件连接图如图 8-9 所示。

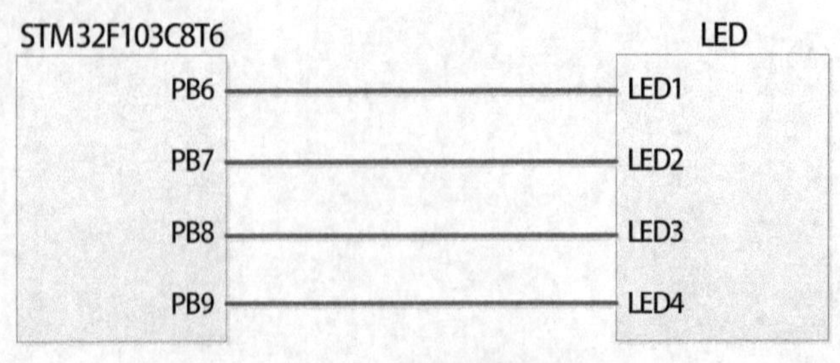

图 8-9 硬件连接图

五、实验原理

(1)首先,用 OSTaskCreateExt 创建主任务,设置任务优先级、任务堆栈等参数。其次,创建 3 个任务 TaskStart、task1 和 task2,分别用 3 个 LED 灯指示任务运行状态。最后,在主任务里定时打印任务的运行状态。

(2)程序分析

①任务 1(main. c)。

```
1. void Task1(void * p_arg)
2. {
3.     p_arg = p_arg;
4.
5.     printf("Task1 started. \r\n");
6.
7.     while(1)
8.     {
9.         LED2_ON;                        // 点亮 LED2
10.          OSTimeDlyHMSM(0, 0, 1, 0);    // 延时 1 s
11.
12.          LED2_OFF;                     // 熄灭 LED2
13.          OSTimeDlyHMSM(0, 0, 1, 0);    // 延时 1 s
14.      }
15. }
```

②任务 2(main. c)。

```
1. void Task2(void * p_arg)
2. {
3.     p_arg = p_arg;
4.
5.     printf("Task2 started. \r\n");
6.
7.     while(1)
8.     {
9.          LED3_ON;                      // 点亮 LED3
10.         OSTimeDlyHMSM(0, 0, 2, 0);    // 延时 2 s
11.
12.         LED3_OFF;                     // 熄灭 LED3
13.         OSTimeDlyHMSM(0, 0, 2, 0);    // 延时 2 s
14.     }
15. }
```

③主任务(main. c)。

```
1. static void TaskStart(void * parg)
2. {
3.   (void)parg;
4.
5.    BSP_Init();                                          // 系统硬件初始化;
6.
7. #if (OS_TASK_STAT_EN > 0)
8.
9.     OSStatInit();
10.
11. #endif
12.
13.     // 创建任务
14.     OSTaskCreateExt(Task1,                            // Task1 任务
15.                     NULL,                             // 输入参数
16.                     &TASK1_STK[TASK1_STK_SIZE - 1], // 堆栈首地址
17.                     TASK1_PRIO,                       // 任务优先级
18.                     TASK1_PRIO,                       // task's ID
19.                     &TASK1_STK[0],                    // 堆栈尾地址
20.                     TASK1_STK_SIZE,
21.                     NULL,
22.                     OS_TASK_OPT_STK_CHK | OS_TASK_OPT_STK_CLR
23.                     );
24.
25.     OSTaskCreateExt(Task2,                            // Task2 任务
26.                     NULL,                             // 输入参数
27.                     &TASK2_STK[TASK2_STK_SIZE - 1], // 堆栈首地址
28.                     TASK2_PRIO,                       // 任务优先级
29.                     TASK2_PRIO,                       // task's ID
30.                     &TASK2_STK[0],                    // 堆栈尾地址
31.                     TASK2_STK_SIZE,
32.                     NULL,
33.                     OS_TASK_OPT_STK_CHK | OS_TASK_OPT_STK_CLR
34.                     );
35.
36.     while(1)
37.     {
38.         LED1_ON;                                      //  点亮 LED3
```

```
39.         OSTimeDlyHMSM(0, 0, 0, 500);                  // 延时 500 ms
40.
41.         FindTaskRuningState();                        // 查看任务状态
42.
43.         LED1_OFF;                                     // 熄灭 LED3
44.         OSTimeDlyHMSM(0, 0, 0, 500);                  // 延时 500 ms
45.     }
46. }
```

六、实验步骤

(1)DB 板断电状态下,连接好 J-link 仿真器。

(2)用 USB 线连接 DB 板和 PC,打开串口调试助手,设置波特率为 115200、数据位为 8、停止位为 1、无校验、无流控。

(3)给 DB 板上电,双击实验程序文件夹"无人值守自动灌溉系统光盘 V2.0/3. 程序源代码/1. 物联网实训开发/1. 节点层实训/9. UCOS_Task"中的 UCOS_Task. uvproj,编译、下载程序,然后进入测试。

(4)按下板子上的复位键 RESET,观察板子 LED1、LED2、LED3 的变化和串口调试助手上输出的信息。

(5)实验现象

- LED1 主任务运行指示灯,500 ms 闪烁一次。
- LED2 task1 运行指示灯,1 s 闪烁一次。
- LED3 task2 运行指示灯,2 s 闪烁一次。
- 串口每隔 1 s 输出每个任务的状态和堆栈使用率。

七、注意事项

(1)UCOS-II 系统的延时函数不会占用 CPU 的使用权,延时没到任务处于挂起状态,此时可先执行别的任务。

(2)创建任务有两个函数 OSTaskCreate 和 OSTaskCreateExt,这两个函数的区别是前者不能进行任务堆栈检查,后者可以对任务的堆栈进行检查。

(3)创建任务时,需要给任务分配优先级、任务堆栈,同时注意处理器堆栈增长的方式。

(4)创建任务时需要查看 os_cfg. h 文件宏定义里面的 OS_MAX_TASKS 参数,必须保证自己创建的任务数小于该数值,否则系统无法运行。

(5)在中断函数里要使用 OS_ENTER_CRITICAL()和 OS_EXIT_CRITICAL()对系统临界状态进行保护,否则会导致系统异常。

(6)调试时利用调试串口输出调试信息,方便查找程序中存在的 bug。

(7)串口打印信息如图 8-10 所示。

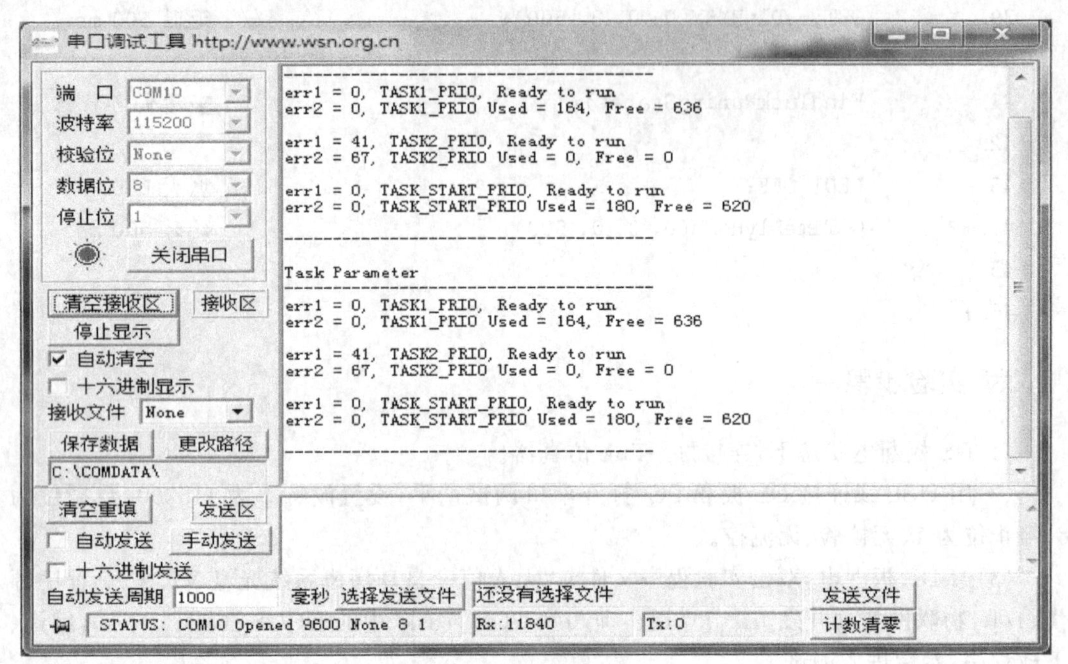

图 8-10 打印信息

八、思考题

(1)在程序中创建 task3,LED4 为 task3 运行指示灯,使其 500 ms 闪烁一次。

(2)在程序中创建 task3,使 MCU 通过串口发送一串数据。

实验 8.10 UCOS-II 信号量实验

一、实验目的

(1)学习信号量的使用方法;

(2)掌握 OSSemCreate、OSSemPost 和 OSSemPend 函数的用法。

二、实验内容

采用信号量的方式控制 LED 灯亮灭。

三、实验设备

(1)DB 板、PC、J-link 仿真器、USB 线;

(2)PC 操作系统 Windows XP、Windows 7 及 Windows 10、Keil MDK5. 17 集成开发环境、J-link 仿真调试驱动程序。

四、硬件连接图

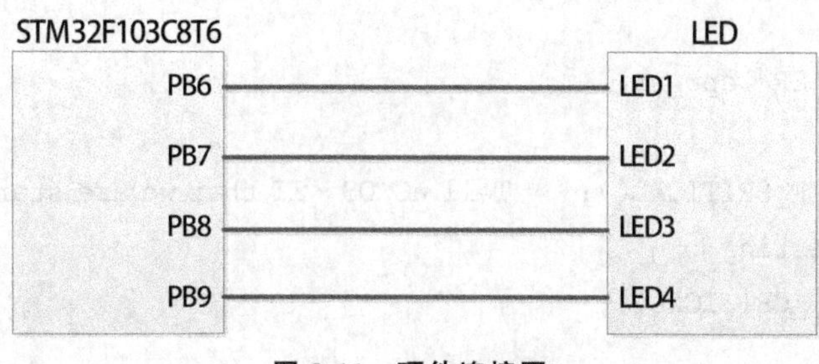

图 8-11 硬件连接图

五、实验原理

(1)首先创建一个信号量,在按键 S1 按下时,发送打开 LED 灯的信号量,任务收到信号量后执行开灯操作。

(2)程序分析

①任务 1(main.c)。

```
1. void Task1(void * p_arg)
2. {
3.     u8 err;
4.     p_arg = p_arg;
5.
6.     printf("Task1 started.\r\n");
7.
8.     while(1)
9.     {
10.         OSSemPend (Led_ON, 0, &err);          //  等待点亮 LED 灯信号量
11.
12.         if (err == OS_ERR_NONE)
13.         {
14.             printf("Post sem.\r\n");
15.
16.             LED2_ON;
17.
18.             OSTimeDly(500);
19.
20.             LED2_OFF;
21.         }
22.     }
23. }
```

②按键中断函数(stm32f10x_it.c)。

```
1. void EXTI4_IRQHandler(void)
2. {
3.     OS_CPU_SR  cpu_sr;
4.
5.     OS_ENTER_CRITICAL();/* Tell uC/OS-II that we are starting an ISR */
6.     OSIntNesting++;
7.     OS_EXIT_CRITICAL();
8.
9.     if (EXTI_GetITStatus(EXTI_Line4) != RESET)
10.     {
11.         //  Clear the  EXTI line 1 pending bit
12.         EXTI_ClearITPendingBit(EXTI_Line4);
13.
14.         //发送信号量
15.         OSSemPost(Led_ON);
16.     }
17.
18.     OSIntExit();/* Tell uC/OS-II that we are leaving the ISR */
19. }
```

六、实验步骤

(1)DB 板断电状态下,连接好 J-link 仿真器。

(2)用 USB 线连接 DB 板和 PC,打开串口调试助手,设置波特率为 115200、数据位为 8、停止位为 1、无校验、无流控。

(3)给 DB 板上电,双击实验程序文件夹"无人值守自动灌溉系统光盘 V2.0/3. 程序源代码/1. 物联网实训开发/1. 节点层实训/10. UCOS_Sem"中的 UCOS_Sem.uvproj,编译、下载程序,然后进入测试。

(4)按下板上的复位键 RESET,观察板子上 LED 灯的变化。

(5)实验现象

①LED1 主任务运行指示灯,500 ms 闪烁一次;

①按下 S1 打印信号量发送信息并点亮 LED2,500 ms 后熄灭;

七、注意事项

(1)信号量分两种:普通信号量和互斥信号量。在任务独占 1 个资源时,使用普通信号量。多个任务共享 1 个资源时,使用互斥信号量。

(2)使用信号量时需查看 os_cfg.h 文件宏定义里的 OS_SEM_EN 参数,必须将该参数设置为 1,才能使用信号量。

(3)使用互斥信号量时需查看 os_cfg.h 文件宏定义里面的 OS_MUTEX_EN 参数,必须将该参数设置为 1,才能使用互斥信号量。

(4)为方便查找程序中存在的 bug,调试时常用调试串口输出调试信息。串口打印信息如图 8-12 所示。

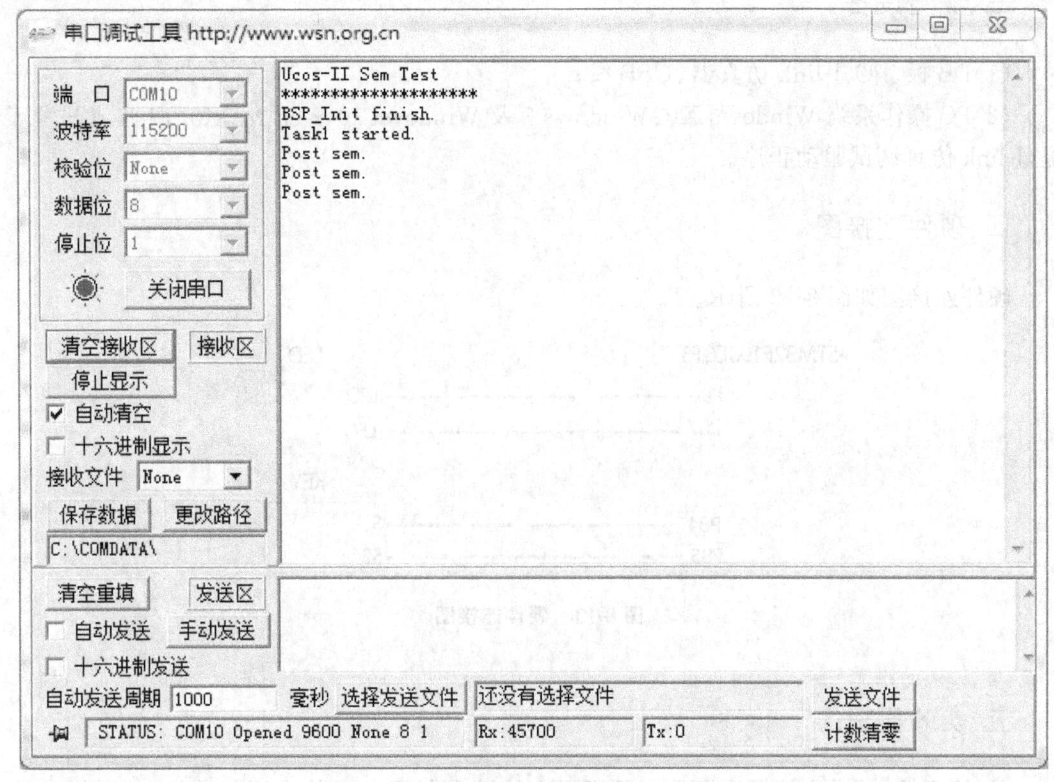

图 8-12　打印信息

八、思考题

(1)尝试创建两个信号量,检测到按键 S1 按下时,发送打开 LED 灯的信号量。检测到按键 S2 按下时,发送关闭 LED 灯的信号量。

(2)尝试创建两个信号量,串口接收到"ON"时,发送打开 LED 灯的信号量。串口接收到"OFF"时,发送关闭 LED 灯的信号量。

实验 8.11　UCOS-II 邮箱实验

一、实验目的

(1)学习邮箱的使用方法;

(2)掌握 OSMboxCreate、OSMboxPost 和 OSMboxPend 函数的用法。

二、实验内容

采用邮箱的方式控制 LED 灯亮灭。

三、实验设备

(1)DB 板、PC、J-link 仿真器、USB 线;

(2)PC 操作系统 Windows XP、Windows 7 及 Windows 10,Keil MDK5.17 集成开发环境,J-link 仿真调试驱动程序。

四、硬件连接图

硬件连接图如图 8-13 所示。

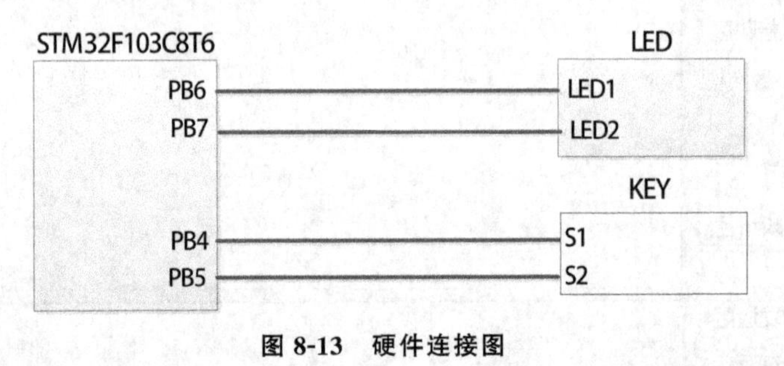

图 8-13 硬件连接图

五、实验原理

(1)按下按键,进入按键中断服务函数。在按键中断服务函数中用邮箱发送数据“1”给任务,任务收到邮箱以后判断邮箱里面的数据为“1”,则点亮 LED2 500 ms。

(2)程序分析

①任务 1(main.c)。

```
1. void Task1(void * p_arg)
2. {
3.     u8 err;
4.     u8 * ptr;
5.
6.     p_arg = p_arg;
7.
8.     printf("Task1 started.\r\n");
9.
10.     while(1)
11.     {
12.         ptr = OSMboxPend (Led_State, 0, &err);     //  等待邮箱
```

```
13.          {
14.              if ( * ptr == 1)
15.              {
16.                  printf("Post box.\r\n");
17.
18.                  LED2_ON;
19.
20.                  OSTimeDly(500);
21.
22.                  LED2_OFF;
23.              }
24.          }
25.      }
26. }
```

②按键中断函数(stm32f10x_it.c)。

```
1. void EXTI4_IRQHandler(void)
2. {
3.     OS_CPU_SR  cpu_sr;
4.
5.     OS_ENTER_CRITICAL();/ * Tell uC/OS - II that we are starting an ISR
* /
6.     OSIntNesting++;
7.     OS_EXIT_CRITICAL();
8.
9.     if (EXTI_GetITStatus(EXTI_Line4) != RESET)
10.     {
11.         //  Clear the  EXTI line 1 pending bit
12.         EXTI_ClearITPendingBit(EXTI_Line4);
13.
14.         if (KEY_S1_READ == 0)
15.         {
16.             DataBuf[0] = 1;
17.             OSMboxPost(Led_State, DataBuf);  //  发送邮箱
18.         }
19.     }
20.
21.      OSIntExit();       / * Tell uC/OS - II that we are leaving the ISR * /
22. }
```

六、实验步骤

(1)DB 板断电状态下，连接好 J-link 仿真器。

(2)用 USB 线连接 DB 板和 PC，打开串口调试助手，设置波特率为 115200、数据位为 8、停止位为 1、无校验、无流控。

(3)给 DB 板上电，双击实验程序文件夹"无人值守自动灌溉系统光盘 V2.0/3. 程序源代码/1. 物联网实训开发/1. 节点层实训/11. UCOS_Box"中的 UCOS_Box. uvproj，编译、下载程序后进入测试。

(4)按下板子上的复位键 RESET，观察板子上 LED1、LED2、LED3 的变化。

七、实验现象

- LED1 主任务运行指示灯，500 ms 闪烁一次。
- 按下 S1 打印邮箱发送信息并点亮 LED2，500 ms 后熄灭。

八、注意事项

(1)实际应用中往邮箱发送数据时需要判断返回值。

(2)使用邮箱时需要查看 os_cfg. h 文件宏定义里面的 OS_MBOX_EN 参数，必须将该参数设置为 1，才能使用邮箱。

(3)为方便查找程序中存在的 bug，常利用调试串口输出调试信息。串口打印信息如图 8-14 所示。

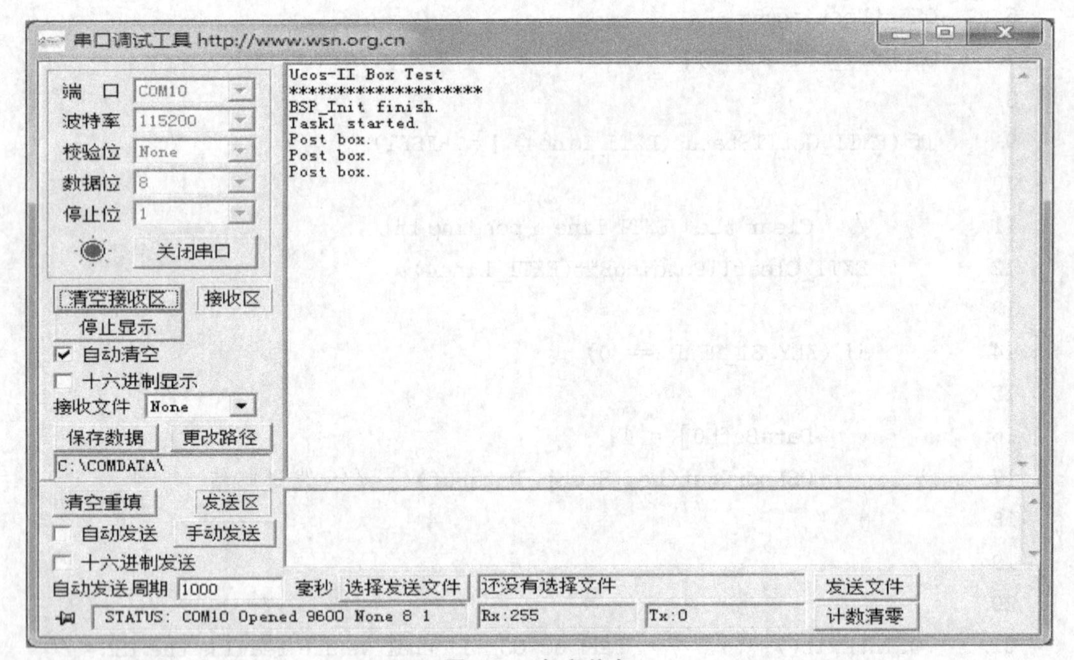

图 8-14 打印信息

九、思考题

(1)尝试创建1个邮箱,在按键S1中断里,用邮箱发送点亮LED灯的数据给任务。在按键S2中断里,用邮箱发送熄灭LED灯的数据给任务,任务收到邮箱以后判断邮箱里面的数据,然后执行相关的操作。

(2)尝试创建1个邮箱,将串口接收到的数据通过信号量发送任务,从而实现打开或关闭LED灯的功能。

实验8.12 UCOS-II消息队列实验

一、实验目的

(1)学习消息队列的使用方法;
(2)掌握OSQCreate、OSQPost和OSQPend函数的用法。

二、实验内容

采用消息队列的方式控制LED灯闪烁。

三、实验设备

(1)DB板、PC、J-link仿真器、USB线;
(2)PC操作系统:Windows XP、Windows 7及Windows 10,Keil MDK5.17集成开发环境、J-link仿真调试驱动程序。

四、硬件连接图

硬件连接图如图8-15所示。

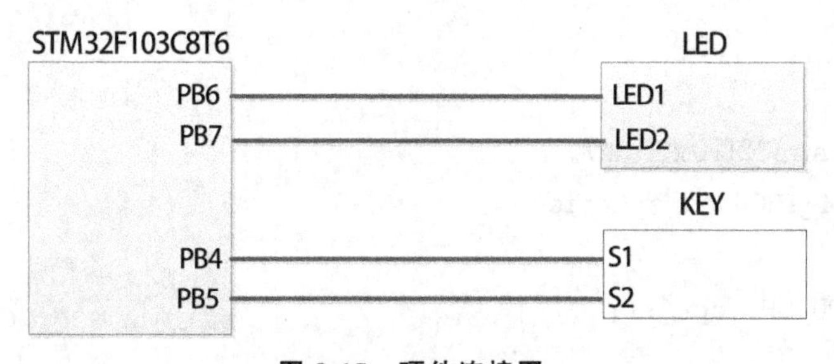

图8-15 硬件连接图

五、实验原理

(1)首先创建1个消息队列,然后在按键中断里用消息队列发送点亮和熄灭LED灯的数据,在另外一个任务里收到消息队列后,判断消息队列里面的数据,最后执行相关的操作。

(2)程序分析

①任务1(main.c)。

```
1. void Task1(void * p_arg)
2. {
3.      u8 err;
4.      u8 * ptr;
5.
6.      p_arg = p_arg;
7.
8.      printf("Task1 started.\r\n");
9.
10.     while(1)
11.     {
12.         ptr = OSQPend (Q_Receive, 0, &err);   //  等待消息队列
13.
14.         if ( * ptr == 1)
15.         {
16.             printf("Post QSQ.\r\n");
17.
18.             LED2_ON;                          //  LED2 点亮 500 ms
19.
20.             OSTimeDly(500);
21.
22.             LED2_OFF;
23.         }
24.     }
25. }
```

②按键中断(stm32f10x_it.c)。

```
1. void EXTI4_IRQHandler(void)
2. {
3.     OS_CPU_SR  cpu_sr;
4.
5.     OS_ENTER_CRITICAL();/ *  Tell uC/OS - II that we are starting an ISR  * /
6.     OSIntNesting++;
7.     OS_EXIT_CRITICAL();
```

```
8.
9.      if (EXTI_GetITStatus(EXTI_Line4) != RESET)
10.     {
11.         //  Clear the  EXTI line 1 pending bit
12.         EXTI_ClearITPendingBit(EXTI_Line4);
13.
14.         if (KEY_S1_READ == 0)
15.         {
16.             SendDataBuf[0] = 1;
17.             OSQPost(Q_Receive, SendDataBuf); //  发送消息队列
18.         }
19.     }
20.
21.     OSIntExit(); /* Tell uC/OS-II that we are leaving the ISR */
22. }
```

六、实验步骤

(1)DB 板断电状态下,连接好 J-link 仿真器。

(2)用 USB 线连接 DB 板和 PC,打开串口调试助手,设置波特率为 115200、数据位为 8、停止位为 1 、无校验、无流控。

(3)给 DB 板上电,双击实验程序文件夹"无人值守自动灌溉系统光盘 V2.0/3. 程序源代码/1. 物联网实训开发/1. 节点层实训/12. UCOS_QSQ"中的 UCOS_QSQ. uvproj,编译、下载程序,然后进入测试。

(4)按下板子上的复位键 RESET,观察板子上 LED1、LED2、LED3 的变化。

(5)实验现象:

①LED1 主任务运行指示灯,500 ms 闪烁一次。

②按下 S1 打印消息队列发送信息并点亮 LED2,500 ms 后熄灭。

七、注意事项

(1)实际应用中往消息队列里面发送消息时,需要判断返回值,根据返回值来判断数据是否发送到消息队列里面。

(2)使用消息队列的时候需要查看 os_cfg. h 文件宏定义里面的 OS_Q_EN 参数,必须将该参数设置为 1,才能使用消息队列。

(3)为方便查找程序中存在的 bug,调试时利用常用调试串口输出调试信息。串口打印信息如图 8-16 所示。

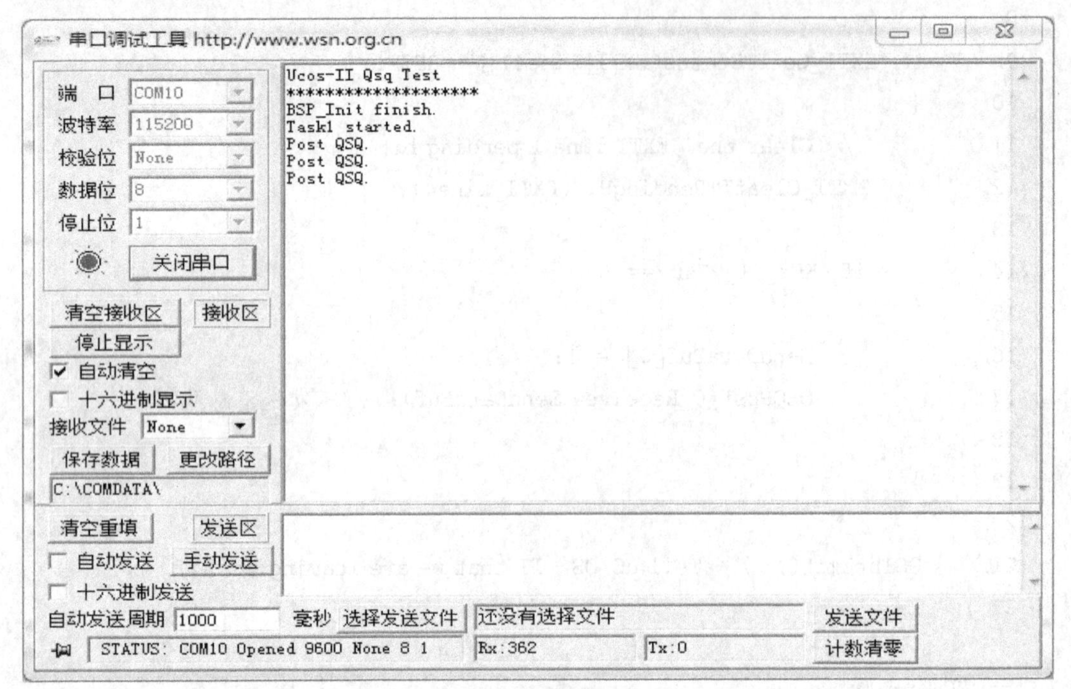

图 8-16 打印信息

八、思考题

(1)尝试创建一个消息队列，在按键 S1 中断里，用消息队列发送点亮 LED 灯的数据给任务，在按键 S2 中断里，用消息队列发送熄灭 LED 灯的数据给任务，任务收到消息队列以后判断邮箱里面的数据，然后执行相关的操作。

(2)尝试创建一个消息队列，将串口接收到的数据通过消息队列发送任务，从而实现打开或者关闭 LED 灯的功能。

实验 8.13 UCOS-II 事件标志组实验

一、实验目的

(1)学习事件标志组的使用方法；

(2)掌握 OSFlagCreate、OSFlagPost 和 OSFlagPend 函数的用法。

二、实验内容

采用事件标志组的方式控制 LED 灯点亮。

三、实验设备

(1)DB板、PC、J-link仿真器、USB线;

(2)PC操作系统Windows XP、Windows 7及Windows 10、Keil MDK5.17集成开发环境、J-link仿真调试驱动程序。

四、硬件连接图

硬件连接图如图8-17所示。

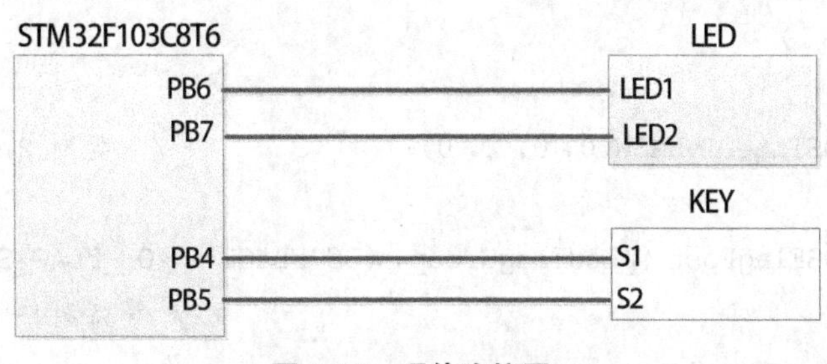

图8-17 硬件连接图

五、实验原理

(1)创建1个任务发送事件标志位的1位信号,创建另1个任务发送事件标志位的另1位信号。在主任务里面等待事件信号,当两位信号同时满足时点亮LED,LED灯延时500 ms后熄灭。

(2)程序分析

①任务1(main.c)。

```
1. void Task1(void * p_arg)
2. {
3.     u8 err;
4.
5.     p_arg = p_arg;
6.
7.     printf("Task1 started.\r\n");
8.
9.     while(1)
10.     {
11.         OSTimeDlyHMSM(0, 0, 0, 500);           //  延时 500 ms
12.
13.         OSFlagPost (pLedFlagGroup, (OS_FLAGS)1, OS_FLAG_SET, &err);
                                                   //发送事件标志组 1 位信号
14.     }
15. }
```

②任务 2(main. c)。

```
1. void Task2(void * p_arg)
2. {
3.     u8 err;
4.
5.     p_arg = p_arg;
6.
7.     printf("Task2 started. \r\n");
8.
9.     while(1)
10.    {
11.        OSTimeDlyHMSM(0, 0, 2, 0);                // 延时 2 s
12.
13.        OSFlagPost (pLedFlagGroup, (OS_FLAGS)6, OS_FLAG_SET, &err);
                                                   //等待事件标志组另 1 位信号
14.    }
15. }
```

③主任务(main. c)。

```
1. static void TaskStart(void * parg)
2. {
3.     u8 err;
4.     OS_FLAGS flagReturn;
5.
6.     (void)parg;
7.
8.     BSP_Init();                                 // 系统硬件初始化
9.
10. #if (OS_TASK_STAT_EN > 0)
11.
12.     OSStatInit();
13.
14. #endif
15.
16.     //创建信号量
17.     pLedFlagGroup = OSFlagCreate(0, &err);    // 创建点亮 LED 灯信号量
18.
19.     //创建任务
20.     OSTaskCreateExt(Task1,                     // Task1 任务
21.                     NULL,                      // 输入参数
```

```
22.                 &TASK1_STK[TASK1_STK_SIZE - 1],  // 堆栈首地址
23.                 TASK1_PRIO,                      // 任务优先级
24.                 TASK1_PRIO,                      // task's ID
25.                 &TASK1_STK[0],                   // 堆栈尾地址
26.                 TASK1_STK_SIZE,
27.                 NULL,
28.                 OS_TASK_OPT_STK_CHK | OS_TASK_OPT_STK_CLR
29.                 );
30.
31.     OSTaskCreateExt(Task2,                        // Task2 任务
32.                 NULL,                            // 输入参数
33.                 &TASK2_STK[TASK2_STK_SIZE - 1],  // 堆栈首地址
34.                 TASK2_PRIO,                      // 任务优先级
35.                 TASK2_PRIO,                      // task's ID
36.                 &TASK2_STK[0],                   // 堆栈尾地址
37.                 TASK2_STK_SIZE,
38.                 NULL,
39.                 OS_TASK_OPT_STK_CHK | OS_TASK_OPT_STK_CLR
40.                 );
41.
42.     while(1)
43.     {
44.         // 等待事件信号
45.         flagReturn = OSFlagPend (pLedFlagGroup,
46.                                  (OS_FLAGS)7,
47.                                  OS_FLAG_WAIT_SET_ALL + OS_FLAG_CONSUME,
48.                                  0,
49.                                  &err);
50.
51.         if (flagReturn == (OS_FLAGS)7)
52.         {
53.             LED1_ON;
54.             LED2_ON;
55.             LED3_ON;
56.         }
57.
58.         OSTimeDlyHMSM(0, 0, 0, 500);                 //  延时 500 ms
59.
60.         LED1_OFF;
```

```
61.         LED2_OFF;
62.         LED3_OFF;
63.     }
64. }
```

六、实验步骤

(1)DB板断电状态下,连接好J-link仿真器。

(2)用USB线连接DB板和PC,打开串口调试助手,设置波特率为115200、数据位为8、停止位为1、无校验、无流控。

(3)给DB板上电,双击实验程序文件夹“无人值守自动灌溉系统光盘V2.0/3.程序源代码/1.物联网实训开发/1.节点层实训/13.UCOS_Flag”中的UCOS_Flag.uvproj,编译、下载程序,然后进入测试。

(4)全速运行程序,观察板子上LED1、LED2、LED3的变化。

(5)实验现象:

• LED1、LED2、LED3点亮500 ms,熄灭1500 ms。

七、注意事项

(1)使用时间标志组时需要查看os_cfg.h文件宏定义里面的OS_FLAG_EN参数,必须将该参数设置为1,才能使用时间标志组。

(2)为方便查找程序中存在的bug,调试时利用常用调试串口输出调试信息。串口打印信息如图8-18所示。

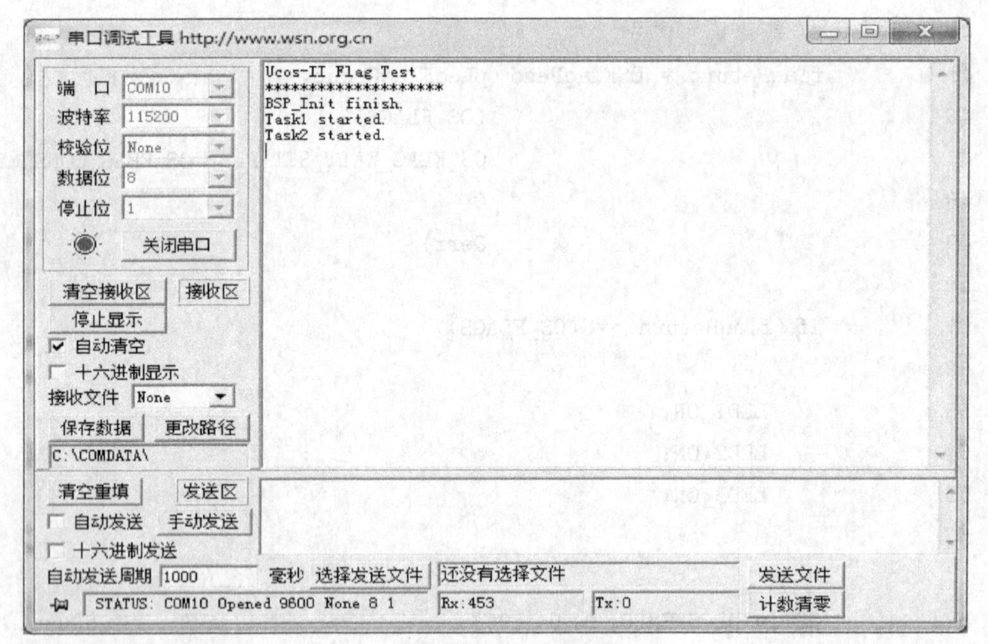

图8-18 打印信息

八、思考题

(1)创建1个事件标志组,在按键S1中断里发送事件标志位的一个信号,在按键S2中断里发送事件标志位的另一个信号,当两个信号同时满足条件(条件为两个信号的二进制进行或运算与等待的信号相等)时点亮LED1,延时1 s后LED1会自动熄灭。

(2)创建1个事件标志组,将串口接收到的数据通过事件标志组发送任务,当信号同时满足时点亮LED1,延时1 s后LED1会自动熄灭。

实验8.14 温湿度采集实验

一、实验目的

(1)通过实验掌握STM32F103的IO口作为输入和输出来回切换的使用方法;

(2)通过实验掌握温湿度传感器DHT11读取温湿度的方法。

二、实验内容

在液晶屏上显示读取到温湿度值。

三、实验设备

(1)实验平台、PC、J-link仿真器;

(2)PC操作系统Windows XP、Windows 7及Windows 10、Keil MDK5.17集成开发环境、J-link仿真调试驱动程序。

(3)硬件设备如图8-19所示。

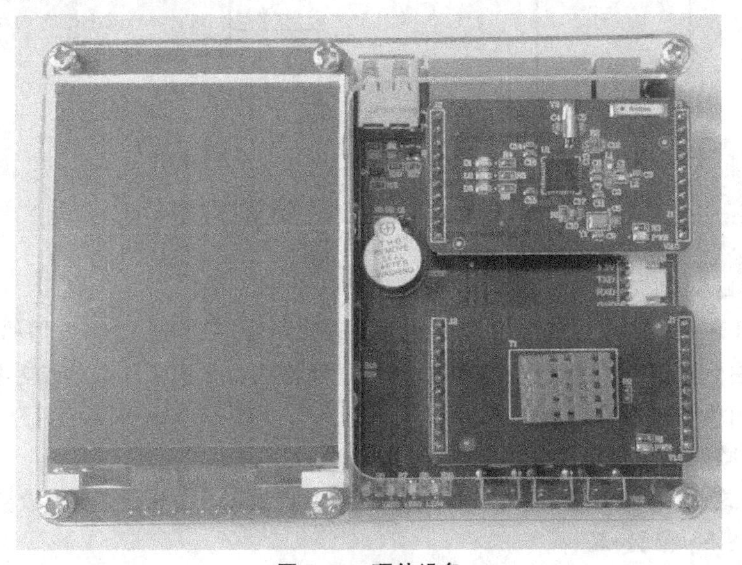

图8-19 硬件设备

四、硬件连接图

硬件连接图如图 8-20 所示。

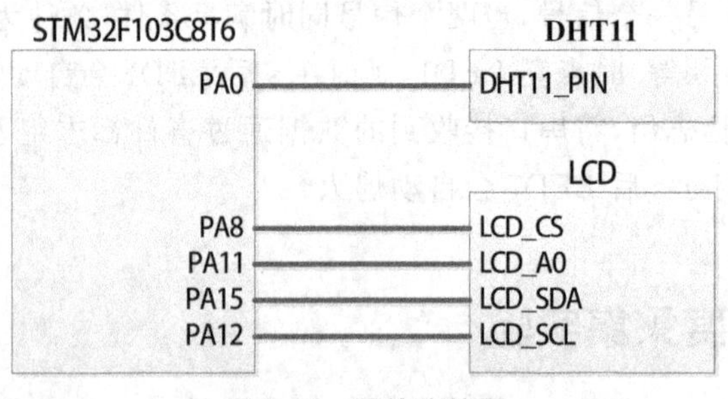

图 8-20 硬件连接图

五、实验原理

(1)传感器工作原理

本实验使用 DHT11 数字温湿度传感器。该传感器包括一个电阻式感湿元件、一个 NTC 测温元件,其中的 NTC 测温元件直接与一个高性能 8 位单片机相连接。

1)接口说明

建议连接线长度短于 20 m 时用 5 kΩ 上拉电阻,大于 20 m 时根据实际情况是用合适的上拉电阻。

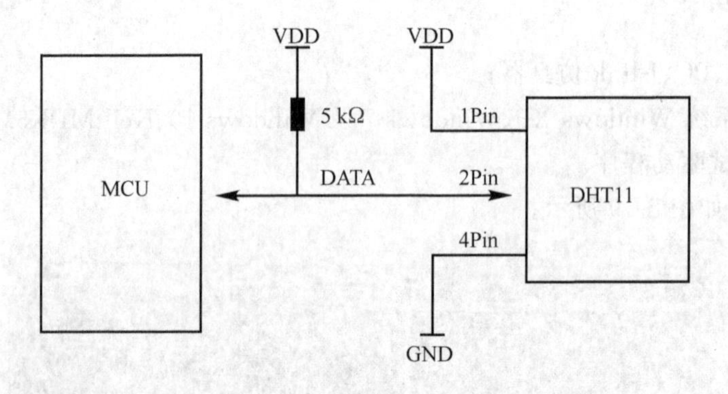

图 8-21 典型应用电路图

2)串行接口(单线双向)

DATA 用于微处理器与 DHT11 之间的通信和同步,采用单总线数据格式,一次通信时间 4 ms 左右。数据分小数部分和整数部分,具体格式如下面说明。当前小数部分用于以后扩展,现读出为零。操作流程如下。

①一次完整的数据传输为 40 bit,高位先出。

②数据格式:8 bit 湿度整数数据+8 bit 湿度小数数据+8 bit 温度整数数据+8 bit 温度小数数据+8 bit 校验和。

③数据传送正确时校验和数据值＝“8 bit 湿度整数数据＋8 bit 湿度小数数据＋8 bit 温度整数数据＋8 bit 温度小数数据”所得结果的末 8 位。

④用户 MCU 发送一次开始信号，DHT11 从低功耗模式转换到高速模式，等待主机开始信号结束，DHT11 发送响应信号，送出 40 bit 的数据，并触发一次信号采集，用户可选择读取部分数据。DHT11 接收到开始信号触发一次温湿度采集，如果没有接收到主机发送开始信号，DHT11 不会主动进行温湿度采集。采集数据后转换到低速模式。通信过程如图 8-22 所示。

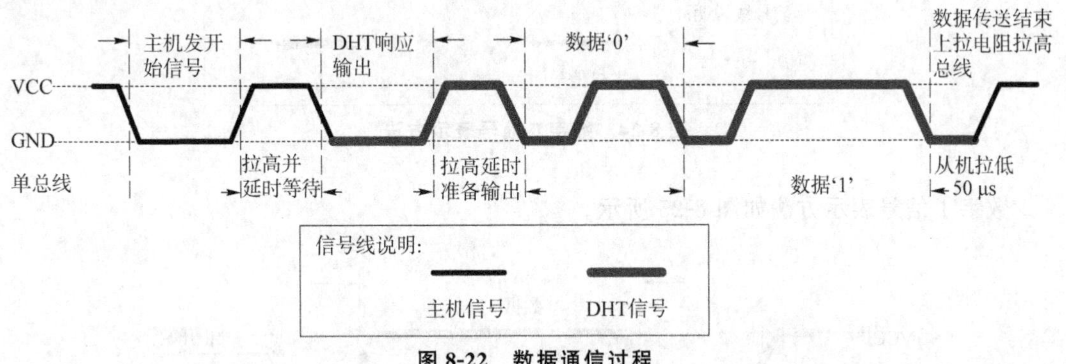

图 8-22 数据通信过程

➢主机开始信号

总线空闲状态为高电平，主机把总线拉低等待 DHT11 响应，主机把总线拉低必须大于 18 ms，保证 DHT11 能检测到起始信号。主机发送开始信号后，延时等待 20～40 μs 后，读取 DHT11 的响应信号，主机发送开始后，可以切换到输入模式，或者输出高电平均可，总线由上拉电阻拉高。

➢DHT11 响应信号

DHT11 接收到主机的开始信号后，等待主机开始信号结束，然后发送 80 μs 低电平响应信号。DHT11 发送响应信号后，再把总线拉高 80 μs，准备发送数据。

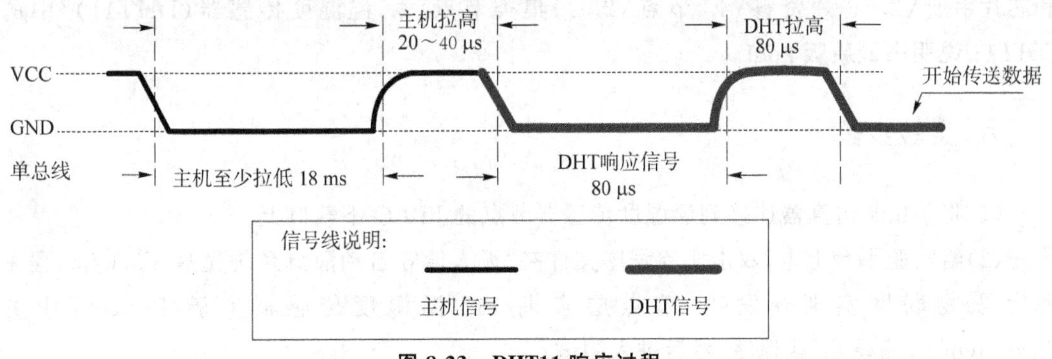

图 8-23 DHT11 响应过程

➢数据

每一 bit 数据都以 50 μs 低电平时隙开始，高电平的长短定了数据位是 0 还是 1。如果读取响应信号为高电平，则 DHT11 没有响应，请检查线路是否连接正常。当最后一 bit 数据传送完毕后，DHT11 拉低总线 50 μs，随后总线由上拉电阻拉高进入空闲状态。

数字 0 信号表示方法如图 8-24 所示。

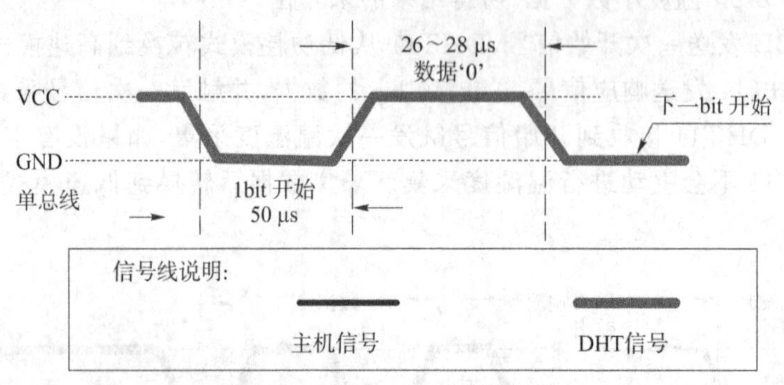

图 8-24　数字 0 信号表示方法

数字 1 信号表示方法如图 8-25 所示。

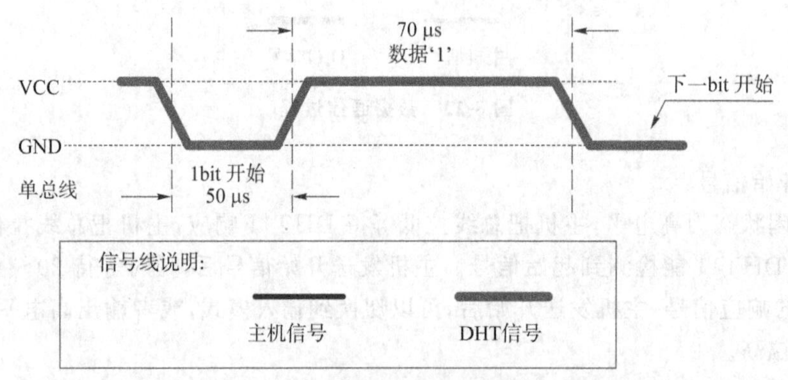

图 8-25　数字 1 信号表示方法

关于 DHT11 的详细讲解请参考文件夹"无人值守自动灌溉系统光盘 V2.0/2. 原理图和芯片手册\2. 芯片资料\4. 节点\2. 采集类节点\4. 温湿度传感器(DHT11)"中的 DHT11 说明书最新版.pdf。

六、实验步骤

(1)将 J-link 仿真器连接到温湿度传感器节点的 JTAG 下载口上。

(2)给实验平台上电,双击实验程序文件夹"无人值守自动灌溉系统光盘 V2.0/3. 程序源代码/物联网实训开发/1. 节点层实训/14. 温湿度传感器实验/Project"中的 Test.uvproj,编译、下载程序,然后进入测试。

(3)实验现象

①按下板子上的复位键 RESET。观察液晶屏上显示的信息。

②用手摸住温湿度传感器,一段时间后液晶上的数据会变化。

七、思考题

(1)结合实验 8-6,将采集到的温湿度值通过串口打印出来。

(2)结合实验 8-7,按下按键 S1 后将采集到的温湿度值存储到 Flash 中。

(3)温度大于 32 ℃时,点亮 LED2;温度小于 28 ℃时,熄灭 LED2。

湿度大于 40%时,点亮 LED3;湿度小于 35%时,熄灭 LED3。

第9章 协议栈组网实验

Zstack协议栈是TI公司于2007年4月推出的Zigbee无线通信协议，属于半开源式的协议栈。历经多年发展，功能不断完善。Zstack中的很多关键代码以库文件的形式给出，用户不能了解这些代码的真实内容。msstatePAN协议栈、freakz协议栈是真正开源的Zigbee协议栈。同这些协议栈相比，Zstack的真正优势是其搭载的硬件平台、TI的Zigbee无线通信芯片CC2520、CC2530等。

协议栈是将各个层定义的协议集合起来，以函数的形式给用户提供相关API函数用以调用。

(1)协议栈体系分层结构与协议栈代码文件夹对应表如下：

协议栈体系分层架构	协议栈代码文件夹
物理层(PHY)	硬件层目录(HAL)
介质接入控制子层(MAC)	链路层目录(MAC和Zmac)
网络层(NWK)	网络层目录(NWK)
应用支持层(APS)	网络层目录(NWK)
应用程序框架(AF)	配置文件目录(Profile)和应用程序(sapi)
ZigBee设备对象(ZDO)	设备对象目录(ZDO)

(2)协议栈的代码架构如图9-1所示。

(3)了解与应用层开发者密切相关的App层，如图9-2所示。

Z-Stack由main()函数开始执行，main()中Zmain.c函数共完成了两件事：一是系统初始化；另外是开始执行轮训查询式操作系统。OnBoard.c中则包含了对硬件开发平台各类外设进行控制的接口函数。

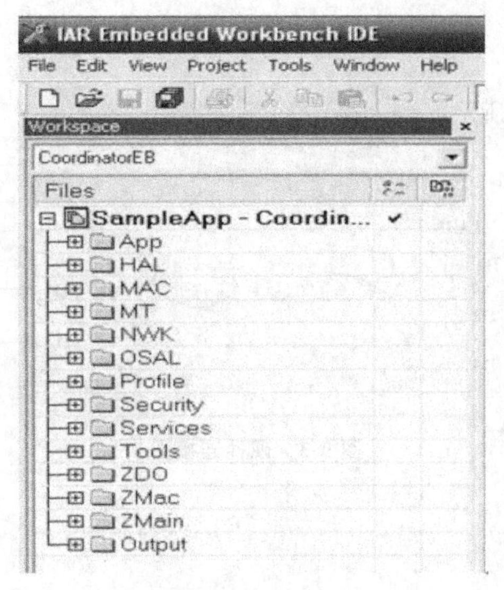

图 9-1 代码架构

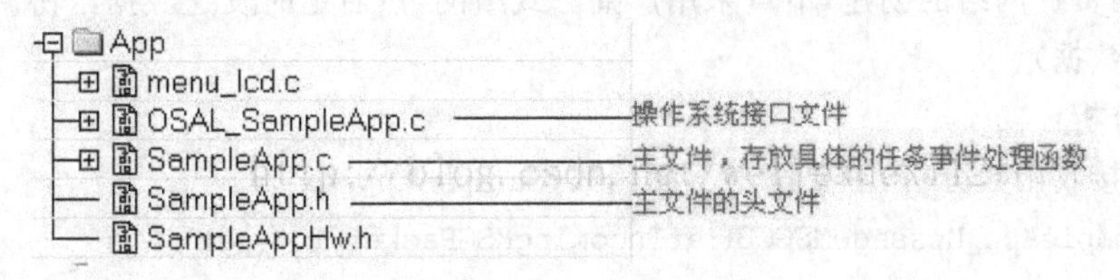

图 9-2 APP 层

实验 9.1 Zstack 协议栈广播方式组网实验

一、实验目的

(1)通过实验掌握 CC2530 的 GPIO 使用方法；
(2)通过实验掌握协调器和节点通信的过程；
(3)通过实验掌握广播方式组网和通信的实现方法。

二、实验内容

采用广播的方式实现组网,节点定时给协调器发送数据。

三、实验设备

(1)MPTS 实验平台、PC、CC2530 仿真器(1 套)、串口线。
(2)PC 操作系统 Windows XP、Windows 7 及 Windows 10,IAR 8.10 集成开发环境。

四、硬件连接图

硬件连接图如图 9-3 所示。

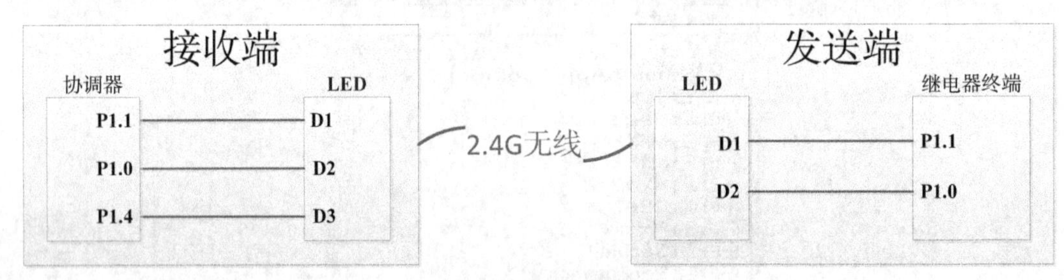

图 9-3　硬件连接图

五、实验原理

(1)协调器和节点实现无线网络的通信,节点定时给协调器发送数据。

(2)协调器负责网络的创建,节点采用广播方式组网,然后定时发送数据给协调器(采用广播方式发送数据)。

(3)程序分析:

①协调器接收函数分析,主要调用下面函数(SampleApp. c)

```
1. void SampleApp_MessageMSGCB( afIncomingMSGPacket_t * pkt )
2. {
3.     switch ( pkt->clusterId )
4.     {
5.         //  广播数据
6.         case    SAMPLEAPP_PERIODIC_CLUSTERID:
7.                 if ((uint8)pkt->cmd.Data[0] == 0)  //  点亮 LED 灯命令
8.                 {
9.                     P1_0 = 1;
10.                    P1_4 = 1;
11.                }
12.                else if ((uint8)pkt->cmd.Data[0] == 1)
                                                       //  熄灭 LED 灯命令
13.                {
14.                    P1_0 = 0;
15.                    P1_4 = 0;
16.                }
17.
18.                break;
19.
```

```
20.         //  组播数据
21.         case    SAMPLEAPP_FLASH_CLUSTERID:
22.                 break;
23.
24.         //  点播数据
25.         case    SAMPLEAPP_P2P_CLUSTERID:
26.                 break;
27.     }
28.}
```

②节点发送函数分析,主要调用 AF_DataRequest()函数(SampleApp.c)

```
1. AF_DataRequest( &SampleApp_Periodic_DstAddr,          //广播地址
2.                 &SampleApp_epDesc,                    //源地址
3.                 SAMPLEAPP_PERIODIC_CLUSTERID,         //簇 ID
4.                 1,                                    //数据长度
5.                 &temp,                                //数据
6.                 &SampleApp_TransID,                   //任务 ID 号
7.                 AF_DISCV_ROUTE,                       //有效位掩码
8.                 AF_DEFAULT_RADIUS );                  //传送调数
```

六、实验步骤

(1)连线:将实验平台电源线连接好,将2530仿真器与协调器模块和计算机连接。

(2)双击IAR,通过菜单file—open-workspace打开实验程序文件夹"无人值守自动灌溉系统光盘V2.0/3.程序源代码/1.物联网开发实训/2.协议栈组网实训/1.广播方式组网实验/1.协调器程序/ZStack-2.5.1a/Projects/zstack/Samples/SampleApp/CC2530DB"中的SampleApp.eww文件打开工程;然后将程序下载到协调器模块里。

(3)双击IAR,依次打开菜单file→open→workspace,打开实验程序文件夹"无人值守自动灌溉系统光盘V2.0/3.程序源代码/1.物联网开发实训/2.协议栈组网实训/1.广播方式组网实验/2.节点程序/ZStack-2.5.1a/Projects/zstack/Samples/SampleApp/CC2530DB"中的SampleApp.eww文件,打开工程后将程序下载到节点板内。

(4)首先复位协调器板,然后在复位节点板。

(5)现象:

①协调器板上的D1点亮表示网络创建成果。

②节点板上的D1点亮,表示入网成功。

③节点每隔1 s发送数据包给协调器,现象为节点上的D2灯秒闪烁;

④协调器接收到节点的数据后,执行点亮和熄灭LED灯的动作。表现为收到点亮命令,D2和D3点亮;收到熄灭命令,D2和D3熄灭。

⑤断开节点电源,协调器上的D2和D3应该停止闪烁。

注意:网络号和通道号在程序中为宏定义的PAN_ID和RF_CHANNEL,修改这两个值可以修改网络号和通道号。

实验 9.2 Zstack 协议栈组播方式组网实验

一、实验目的

(1)通过实验掌握 CC2530 的 GPIO 使用方法;

(2)通过实验掌握协调器和节点通信的过程;

(3)通过实验掌握组播方式组网和通信的实现方法。

二、实验内容

采用组播的方式实现组网,节点定时给协调器发送数据。

三、实验设备

(1)MPTS 实验平台、PC、CC2530 仿真器(1 套)、串口线。

(2)PC 操作系统 Windows XP、Windows 7 及 Windows 10、IAR 8.10 集成开发环境。

四、硬件连接图

硬件连接图如图 9-4 所示。

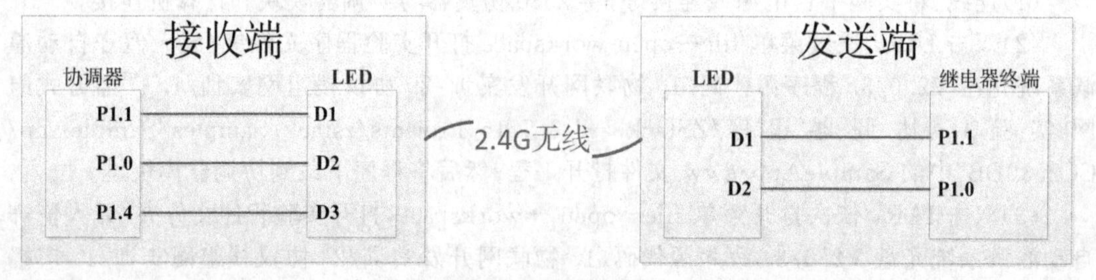

图 9-4 硬件连接图

五、实验原理

(1)协调器和节点实现无线网络通信,节点定时给协调器发送数据。

(2)协调器负责网络的创建,节点采用组播方式组网,然后定时,发送数据给协调器(采用组播方式发送数据)。

(3)程序分析:

①协调器接收函数分析,主要调用下面函数(SampleApp.c)。

```
1. void SampleApp_MessageMSGCB( afIncomingMSGPacket_t * pkt )
2. {
3.      switch ( pkt->clusterId )                          //判断簇 ID
```

```
4. {
5.   //  广播数据
6.   case    SAMPLEAPP_PERIODIC_CLUSTERID:
7.           break;
8.
9.   //  组播数据
10.  case    SAMPLEAPP_FLASH_CLUSTERID:
11.          if ((uint8)pkt->cmd.Data[0] == 0) //点亮 LED 灯命令
12.          {
13.              P1_0 = 1;
14.              P1_4 = 1;
15.          }
16.          else if ((uint8)pkt->cmd.Data[0] == 1)
                                          //熄灭 LED 灯命令
17.          {
18.              P1_0 = 0;
19.              P1_4 = 0;
20.          }
21.          break;
22.
23.    //  点播数据
24.  case     SAMPLEAPP_P2P_CLUSTERID:
25.
26.          break;
27.    }
28.}
```

②节点发送函数分析,主要调用 AF_DataRequest()函数(SampleApp.c)。

```
1. AF_DataRequest( &SampleApp_Flash_DstAddr,          //组播地址
2.                 &SampleApp_epDesc,                 //源地址
3.                 SAMPLEAPP_FLASH_CLUSTERID,         //簇 ID
4.                 1,                                 //数据长度
5.                 &temp,                             //数据
6.                 &SampleApp_TransID,                //任务 ID 号
7.                 AF_DISCV_ROUTE,                    //有效位掩码
8.                 AF_DEFAULT_RADIUS );               //传送调数
```

六、实验步骤

(1)首先将实验平台电源线连接上,然后将 2530 仿真器与协调器模块和计算机连接。

(2)双击 IAR,通过菜单 file→open→workspace,打开实验程序文件夹"无人值守自动灌溉系统光盘 V2.0/3. 程序源代码/1. 物联网开发实训/2. 协议栈组网实训/2. 组播方式组网实验/1. 协调器程序/ZStack-2.5.1a/Projects/zstack/Samples/SampleApp/CC2530DB"中的 SampleApp.eww 文件,打开工程后将程序下载到协调器模块。

(3)双击 IAR,通过菜单 file→open→ workspace 打开实验程序文件夹"无人值守自动灌溉系统光盘 V2.0/3. 程序源代码/1. 物联网开发实训/2. 协议栈组网实训/2. 组播方式组网实验/2. 节点程序/ZStack-2.5.1a/Projects/zstack/Samples/SampleApp/CC2530DB"中的 SampleApp.eww 文件,打开工程后将程序下载到节点板里。

(4)首先复位协调器板,然后复位节点板。

(5)现象:

①协调器板子上的 D1 点亮表示网络创建成果。

②节点板子上的 D1 点亮,表示入网成功。

③节点每隔 1 s 发送数据包给协调器,现象为节点上的 D2 灯秒闪烁。

④协调器接收到节点的数据后执行点亮和熄灭 LED 灯的动作,现象为:收到点亮命令 D2 和 D3 点亮,收到熄灭命令 D2 和 D3 熄灭。

⑤修改 SampleApp.h 文件中 # define SAMPLEAPP_FLASH_GROUP 的值,然后重新编译下载节点程序,节点将无法加入之前的协调器网络,同时协调器也无法接收节点发送过来的数据,表现为协调器板子上的 D2 和 D3 不闪烁,而节点上的 D1 灯不亮。

实验 9.3 Zstack 协议栈点播方式组网实验

一、实验目的

(1)通过实验掌握 CC2530 的 GPIO 使用方法;

(2)通过实验掌握协调器和节点通信的过程;

(3)通过实验掌握广播方式组网和通信的实现方法。

二、实验内容

采用广播的方式实现组网,节点定时给协调器发送数据。

三、实验设备

(1)MPTS 实验平台、PC、CC2530 仿真器(1 套)、串口线。

(2)PC 操作系统 Windows XP、Windows 7 及 Windows 10、IAR 8.10 集成开发环境。

四、硬件连接图

硬件连接图如图 9-5 所示。

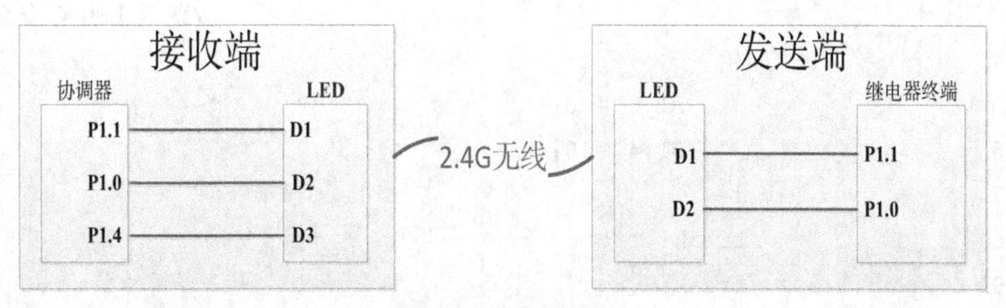

图 9-5 硬件连接图

五、实验原理

(1)协调器和节点实现无线网络通信,节点定时给协调器发送数据。

(2)协调器负责网络的创建,节点采用广播组网的方式加入网络,然后定时发送数据给协调器(采用广播方式发送数据)。

(3)程序分析:

①协调器接收函数分析,主要调用下面函数(SampleApp.c)。

```
1. void SampleApp_MessageMSGCB( afIncomingMSGPacket_t * pkt )
2. {
3.     switch ( pkt->clusterId )                          //判断簇 ID
4.     {
5.       //  广播数据
6.       case    SAMPLEAPP_PERIODIC_CLUSTERID:
7.
8.
9.               break;
10.
11.        //  组播数据
12.        case    SAMPLEAPP_FLASH_CLUSTERID:
13.
14.                break;
15.
16.        //  点播数据
17.        case    SAMPLEAPP_P2P_CLUSTERID:
18.                if ((uint8)pkt->cmd.Data[0] == 0) //点亮 LED 灯命令
19.                {
20.                    P1_0 = 1;
21.                    P1_4 = 1;
22.                }
23.                else if ((uint8)pkt->cmd.Data[0] == 1)
```

```
                                                   //熄灭 LED 灯命令
24.                  {
25.                       P1_0 = 0;
26.                       P1_4 = 0;
27.                  }
28.                  break;
29.                  break;
30.         }
31. }
```

②节点发送函数分析，主要调用 AF_DataRequest()函数(SampleApp.c)。

```
1. AF_DataRequest( &SampleApp_P2P_DstAddr,              //点播地址
2.                  &SampleApp_epDesc,                  //源地址
3.                  SAMPLEAPP_P2P_CLUSTERID,            //簇 ID
4.                  1,                                  //数据长度
5.                  &temp,                              //数据
6.                  &SampleApp_TransID,                 //任务 ID 号
7.                  AF_DISCV_ROUTE,                     //有效位掩码
8.                  AF_DEFAULT_RADIUS );                //传送调数
```

六、实验步骤

(1)首先将实验平台电源线连接，然后将 2530 仿真器与陀螺仪模块和计算机连接。

(2)双击 IAR，通过菜单 file→open→workspace 打开实验程序文件夹“无人值守自动灌溉系统光盘 V2.0/3. 程序源代码/1. 物联网开发实训/2. 协议栈组网实训/3. 点播方式组网实验/1. 协调器程序/ZStack － 2.5.1a/Projects/zstack/Samples/SampleApp/CC2530DB”中的 SampleApp.eww 文件打开工程后，将程序下载到协调器模块里。

(3)双击 IAR，通过菜单 file→open →workspace 打开实验程序文件夹“无人值守自动灌溉系统光盘 V2.0/3. 程序源代码/1. 物联网开发实训/2. 协议栈组网实训/3. 点播方式组网实验/2. 节点程序/Zstack－2.5.1a/Projects/zstack/Samples/SampleApp/CC2530DB”中的 SampleApp.eww 文件打开工程；然后将程序下载到节点板子内。

(4)先复位协调器板，后复位节点板。

(5)现象：

①协调器板上的 D1 点亮，表示网络创建成功。

②节点板上的 D1 点亮，表示入网成功。

③节点每隔 1 s 发送数据包给协调器，表现为节点上的 D2 灯秒闪烁；

④协调器接收到节点的数据后，执行点亮和熄灭 LED 灯的动作。表现为收到点亮命令，D2 和 D3 点亮，收到熄灭命令，D2 和 D3 熄灭。

⑤断开节点的电源，协调器上的 D2 和 D3 停止闪烁。

第10章 无人值守自动灌溉系统综合实验

10.1 无人值守自动灌溉系统学习路线图

无人值守自动灌溉系统

10.1.1 传感网络层学习路线图

传感网络层具备传感器数据的采集、传输、组网能力，能够构建传感网络。传感网络层的学习路线图如图10-1所示。

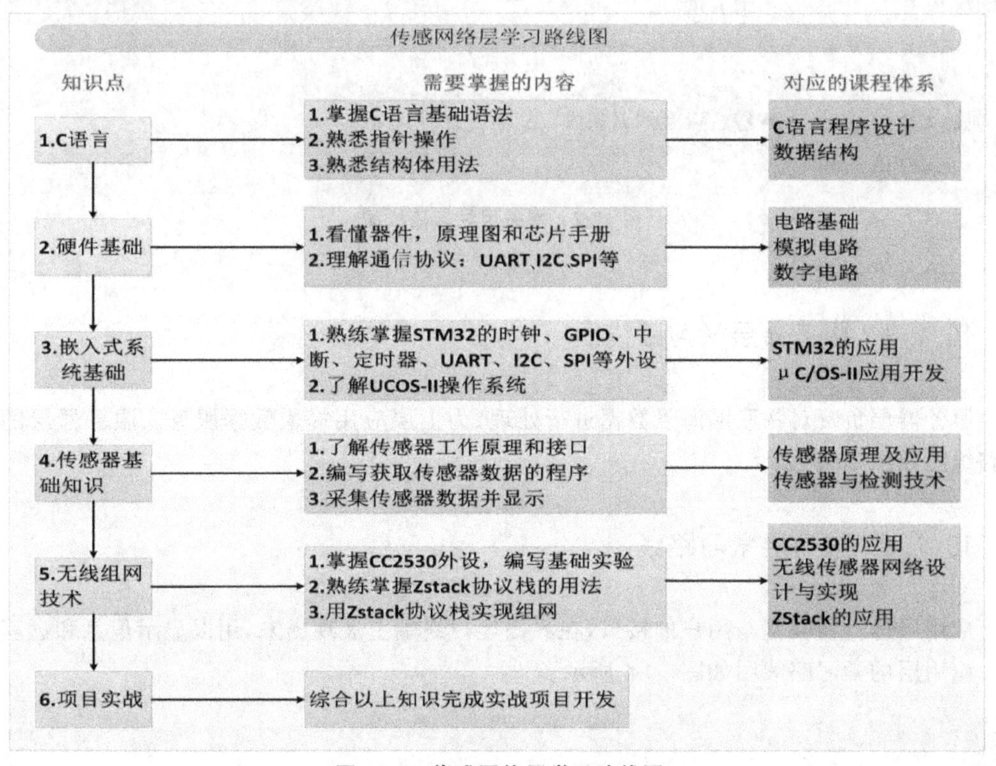

图10-1 传感网络层学习路线图

10.1.2 网关层学习路线图

网关实现传感网与互联网的数据联通，支付 Zigbee、LoRa 协议的数据解析。网关层的学习路线图如图 10-2 所示。

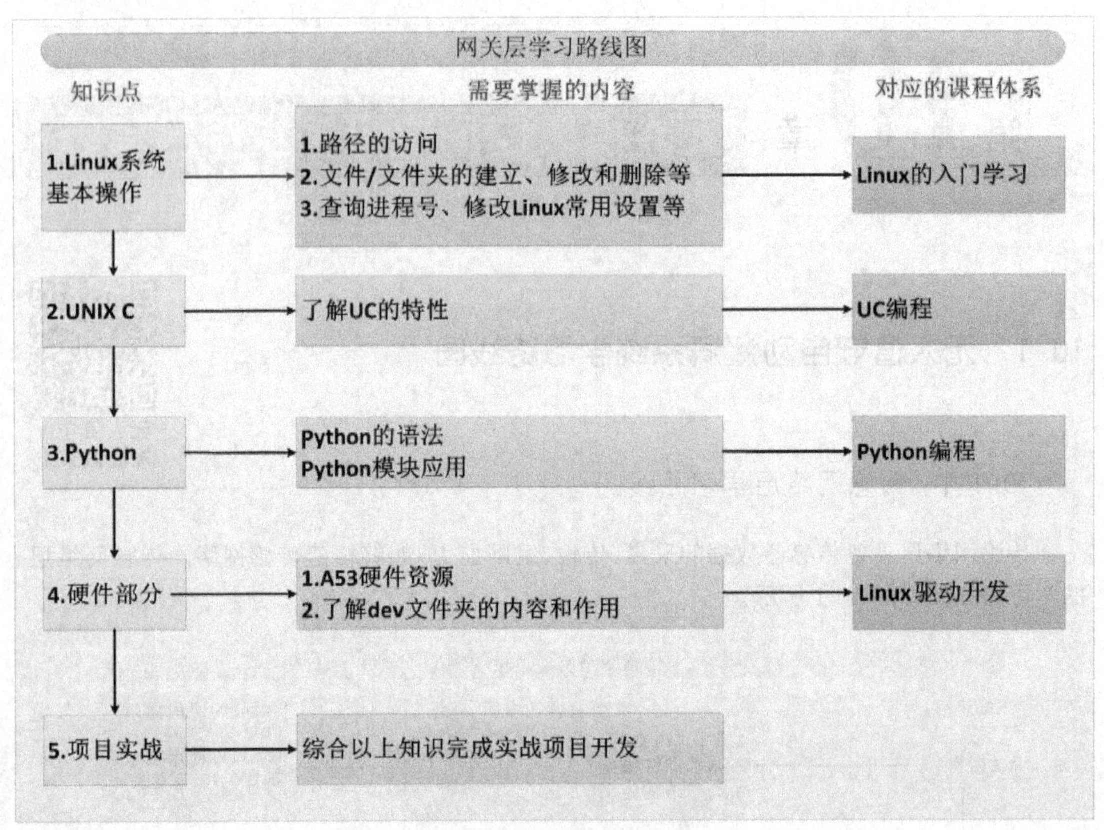

图 10-2 网关层学习路线图

10.1.3 服务器层学习路线图

服务器层负责对物联网海量数据进行处理，为上层应用提供数据服务。服务器层的学习路线图如图 10-3 所示。

10.1.4 应用层学习路线图

应用层运行物联网与用户的接口，在界面客户终端上展现出来，用以显示信息和远程控制。应用层的学习路线图如图 10-4 所示。

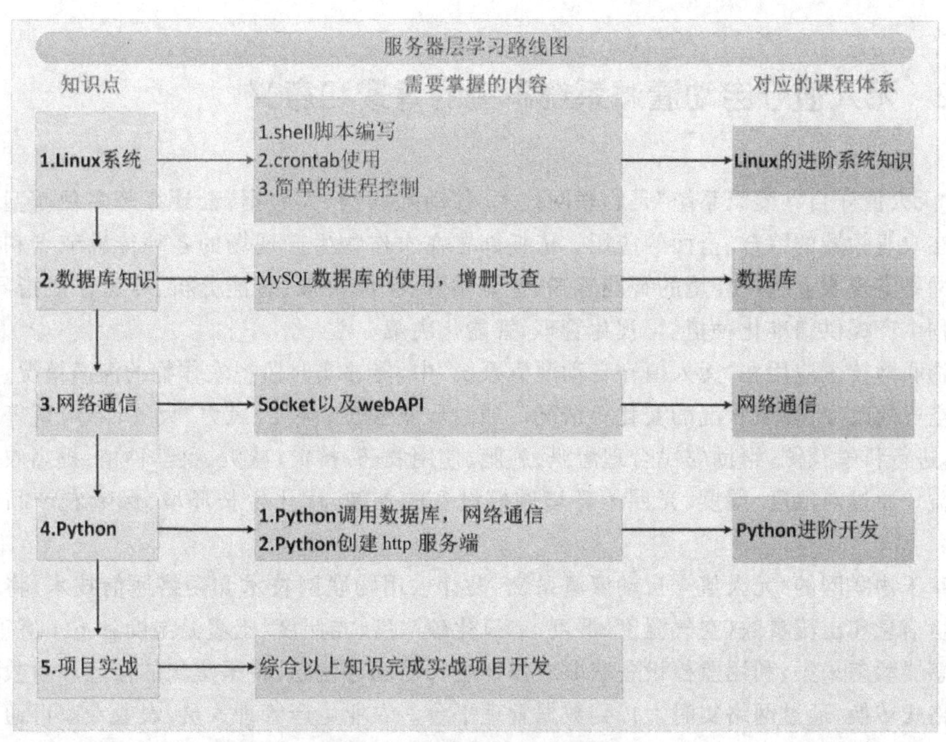

图 10-3 服务器层学习路线图

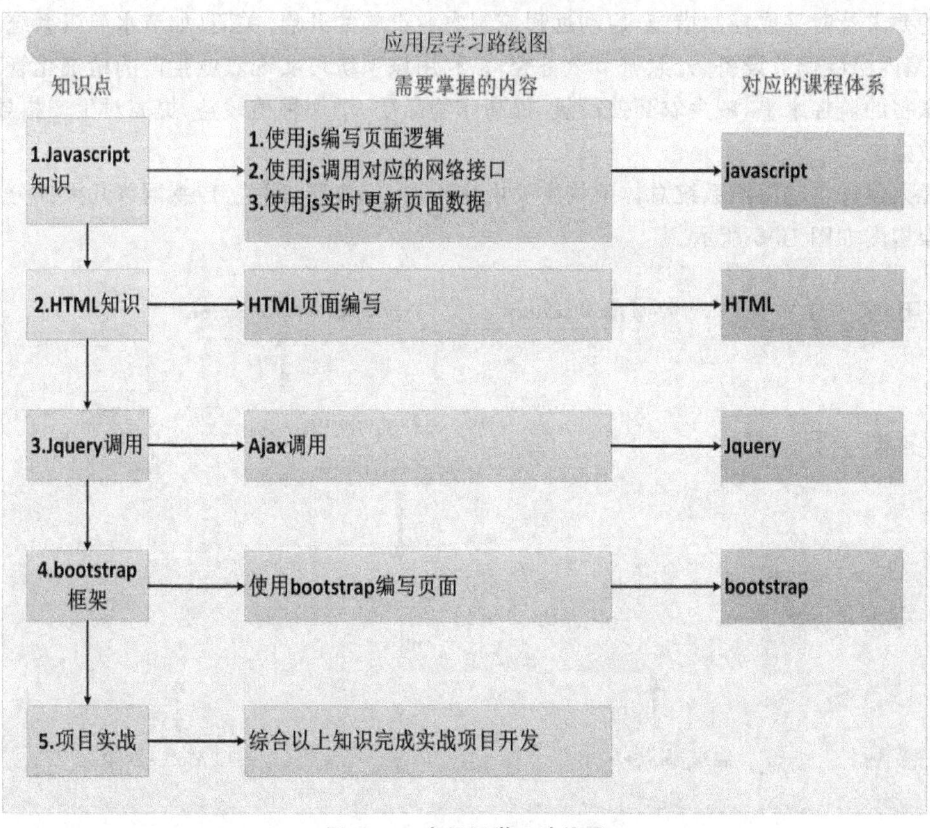

图 10-4 应用层学习路线图

10.2 无人值守自动灌溉系统研究的背景和意义

“无人值守自动灌溉系统”是物联网技术、移动互联网、大数据、云计算等多种新型信息技术在农业领域的综合、全面的应用。依托部署在农作物生产现场的各种传感节点和无线通信网络实现农业生产环境的智能感知、智能预警、智能决策、智能分析、专家在线指导，为农作物生产提供精准化种植、可视化管理、智能化决策。

物联网技术应用在“无人值守自动灌溉系统”中，能够实时监视农作物的灌溉情况、监测土壤空气的改变、环境状况的变化等情况。通过收集温度、湿度、风力、大气、降雨量等数据信息，进行科学预测，帮助农民合理灌溉、施肥、使用农药、抗灾、减灾、科学种植、提高农业综合效益。通过对温度、湿度、光照等环境调控设备的控制，优化生长环境，保障农产品健康生长。

基于物联网的“无人值守自动灌溉系统”设计采用物联网技术和网络通信技术，将农作物环境信息和土壤参数(空气温度、湿度、二氧化碳浓度、光照度、土壤温湿度和 pH 值等)通过传感器动态采集，利用监控设备获取农作物生长情况等信息，将采集到的信息和参数进行数据格式转换，通过网络实时上传到数据管理平台。农业生产管理人员、农业专家可通过计算机、手机或其它远程终端设备时刻了解农作物生长环境和生长状态，并根据农作物生长各指标的要求及时采取控制措施，启动远程控制农业设施的开启/关闭(如节水灌溉系统、通风设备、室内温度调节设备、光照调节设备等)。利用该系统可实现农业生产的精细化管理，提高病虫害的监控水平，减少农药使用量，提高作物品质，增加种植效益，提高对生产指导和管理的效益。

无人值守自动灌溉系统总体架构主要由应用层、服务器、网关、传感网络几大部分组成，系统架构图如图 10-5 所示。

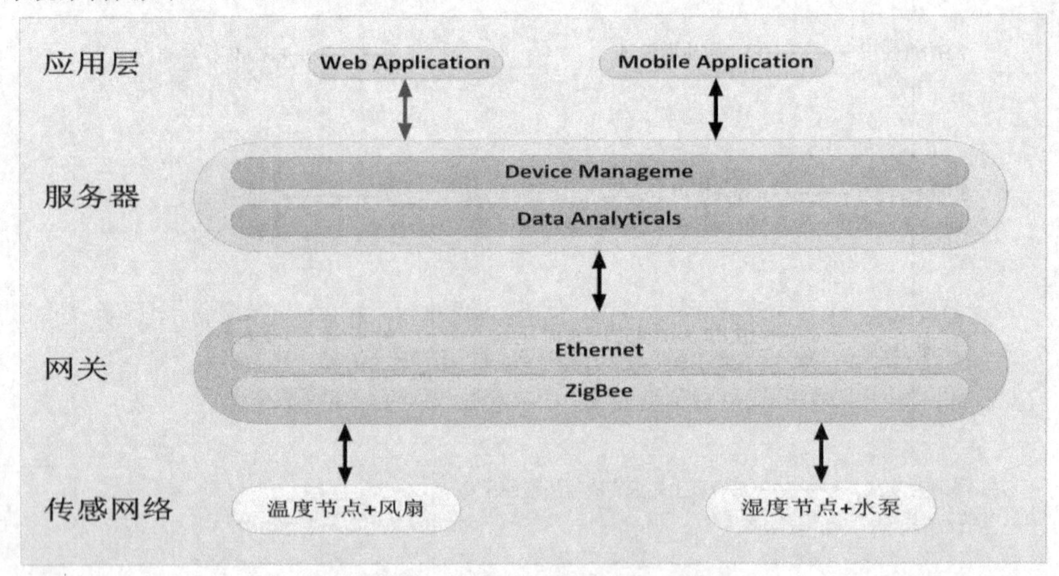

图 10-5 无人值守自动灌溉系统架构图

全部系统分为现场数据采集及设备控制、网络传输、数据管理平台和展示等4层架构。

数据采集和设备控制主要负责现场农作物生长环境信息的采集和现场控制设备的执行。现场传感器节点和设备控制节点采用ZigBee协议，通过无线自组网，支持多级路由，构成分布式无线监控网络。传感器节点将采集到的数据通过ZigBee发送模块传送到无线网关。无线网关是现场采集控制部分的核心，负责将无线传感器节点的数据封装并发送数据到平台的业务管理系中。手机、PC等终端设备，通过业务管理系统下发的控制指令，可通过无线网关传送到对应的现场设备控制节点。灵活控制各个农业生产执行设备，包括喷水灌溉系统、空气调节系统、光照调节系统等。视频监控节点可采用网络摄像机，通过WiFi直接将视频信息发送至业务管理系统。网络传输通过Wi-Fi、GPRS、4G等多种远程传输方式将无线网关中的数据信息传输到Internet中，同时支持远程网络访问和监控。

10.3　无人值守自动灌溉系统的功能

无人值守自动灌溉系统，实时采集温湿度以实现自动灌溉。该系统可以通过计算机远程查看实时环境数据，包括温度和湿度。也可远程手动或者自动控制环境设备，包括风扇和水泵，实现信息化、智能化的远程管理。

无人值守自动灌溉系统功能如图10-6所示。

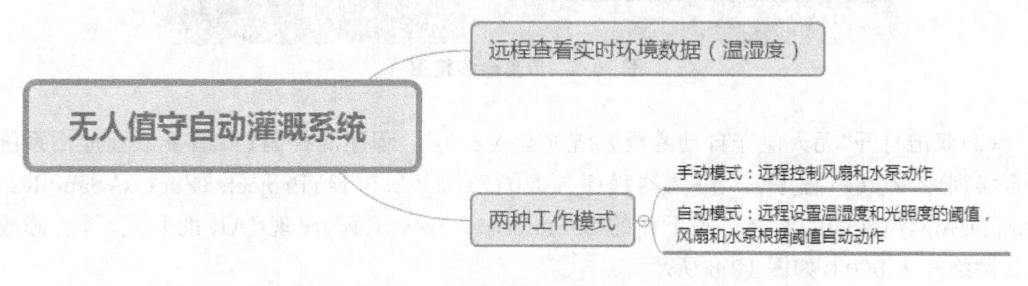

图10-6　无人值守自动灌溉系统功能

10.4　无人值守自动灌溉系统演示步骤

10.4.1　Zigbee程序烧写及网络号修改

Zigbee终端参数出厂默认配置表如下。

名称	网络号
协调器	5003
温度节点	5003
湿度节点	5003

智能农业应用系统中共有1个协调器和2个节点，出厂时已经烧写好程序并将网络号配置为5003。若Zigbee终端程序已被修改，则需要重新烧写程序并修改网络号，具体方法请参考本节以下内容。

10.4.2 烧写Zigbee协调器程序

(1)用SmartRF04EB仿真器，连接计算机和网关板子上的协调器，如图10-7所示。

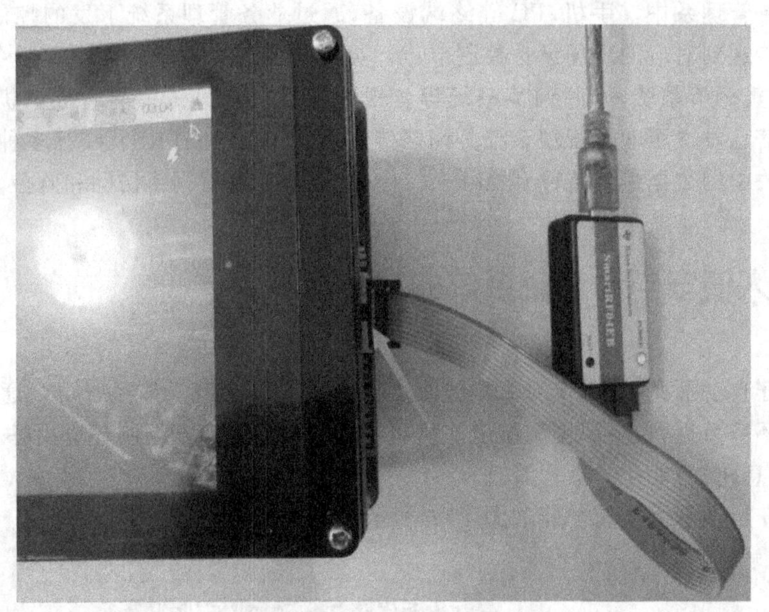

图10-7 仿真器连接图

(2)双击打开"无人值守自动灌溉系统光盘V2.0/3.程序源代码\2.智能农业应用系统综合实训\2.Zigbee程序\1.协调器程序V3.0\Zstack-2.5.1a\Projects\Zstack\Samples\SampleApp\CC2530DB"文件夹下面的SampleApp.eww工程，出现IAR的开发环境，修改默认网络号为5003，如图10-8所示。

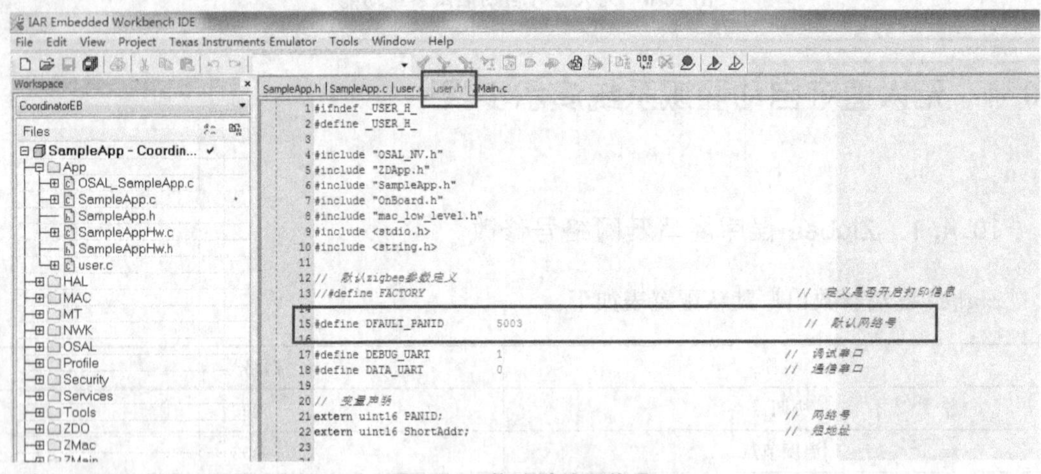

图10-8 修改默认网络号

(3)依次单击→编译→Make→下载按钮,如图 10-9 所示。

(**注意**:若 IAR 开发环境出现闪退现象,是因为工程路径太深,需要把程序复制出来烧写)

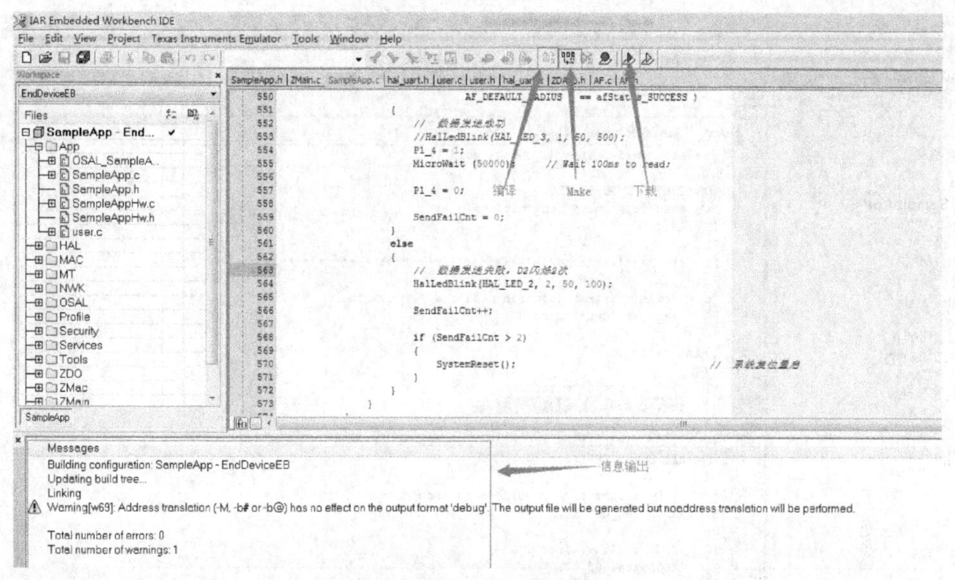

图 10-9　IAR 开发环境

(4)注意:如果出现如图 10-10 所示的错误提示,按下烧写器上 Reset 按钮,同时检查连线有没有问题。

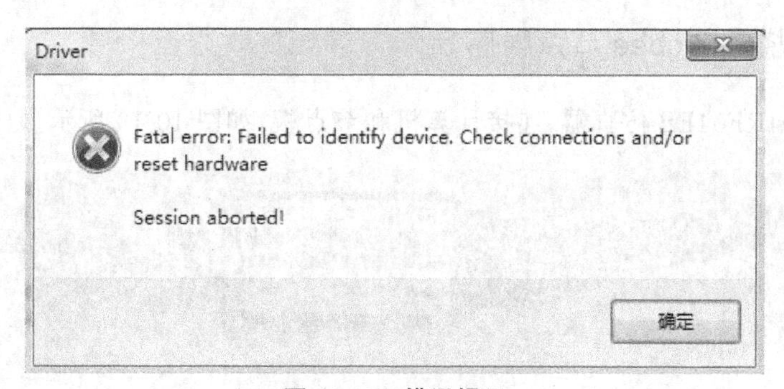

图 10-10　错误提示

(5)出现如图 10-11 所示的窗口,单击"Skip"按钮。

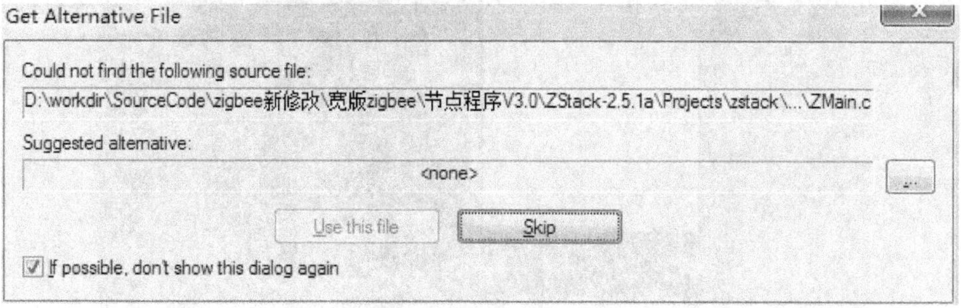

Get Alternative File

Could not find the following source file:

D:\workdir\SourceCode\zigbee新修改\宽版zigbee\节点程序V3.0\ZStack-2.5.1a\Projects\zstack\...\ZMain.c

Suggested alternative:

<none>

Use this file　Skip

If possible, don't show this dialog again

图 10-11　Skip 窗口

(6)单击图 10-12 框中所示的按键(Go),让程序运行。单击 X(Stopping Debug),则退出调试模式。

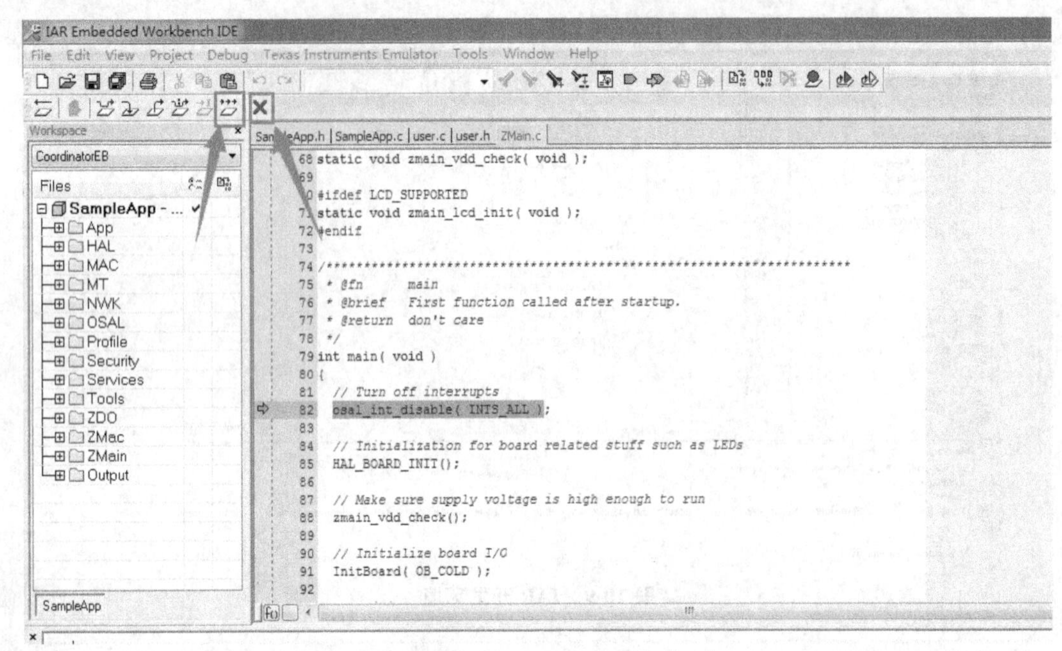

图 10-12 退出调试模式

10.4.3 烧写 Zigbee 节点程序

(1)用 SmartRF04EB 仿真器,连接计算机和节点板,如图 10-13 所示。

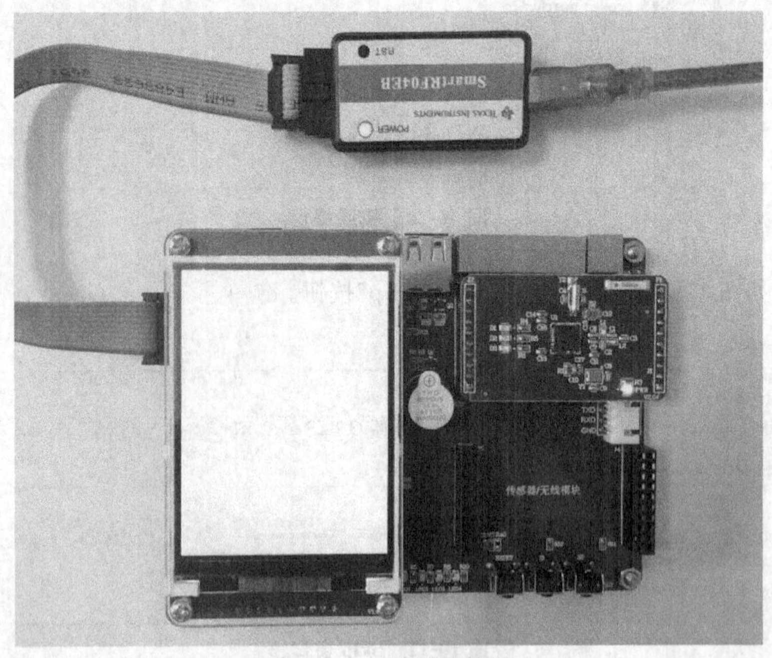

图 10-13 仿真器连接图

(2)双击打开“无人值守自动灌溉系统光盘 V2.0/3. 程序源代码\2. 智能农业应用系统综合实训\2. Zigbee 程序\2. 节点程序 V3.0\Zstack-2.5.1a\Projects\Zstack\Samples\SampleApp\CC2530DB”文件夹下面的 SampleApp.eww 工程；出现 IAR 的开发环境，修改默认网络号为 5003，如图 10-14 所示。

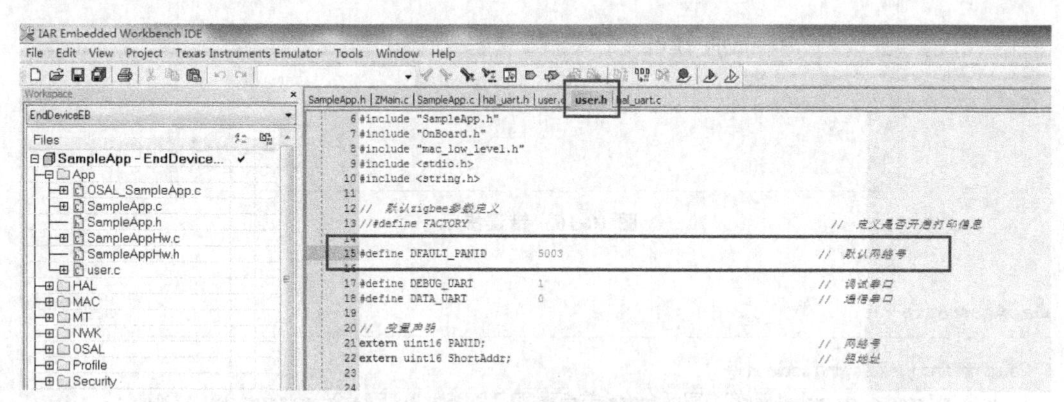

图 10-14 修改默认网络号

(3)依次单击编译按钮、Make 按钮、下载按钮，如图 10-15 所示。

(注意：若 IAR 开发环境出现闪退现象，是因为工程路径太深，需要把程序复制出来烧写。)

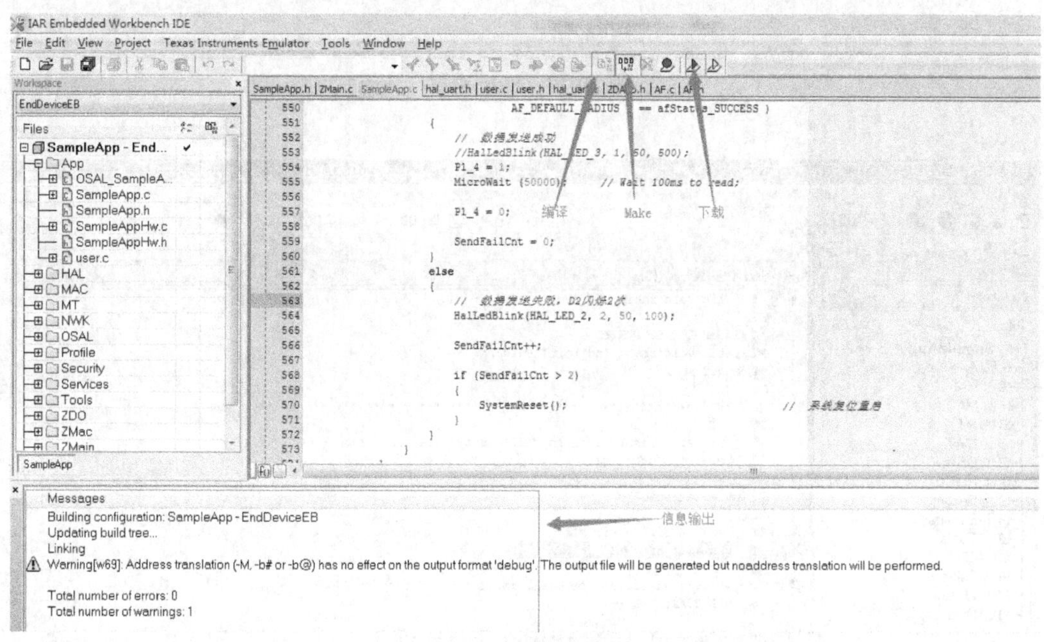

图 10-15 IAR 开发环境

(4)注意：如果出现如图 10-16 所示的错误提示，按下 SmartRF04EB 上的 Reset 按钮，同时检查连线有没有问题。

(5)出现如图 10-17 所示的窗口，单击“Skip”按钮。

(6)单击图 10-17 框中所示的按(Go)，让程序运行。单击 X(Stopping Debug)，则退出调试模式。

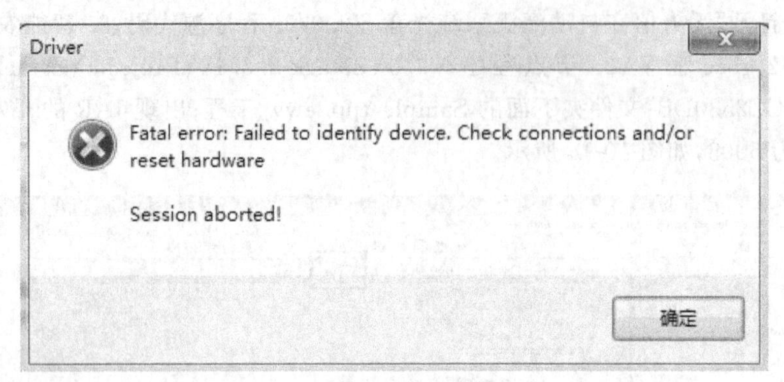

图 10-16 错误提示

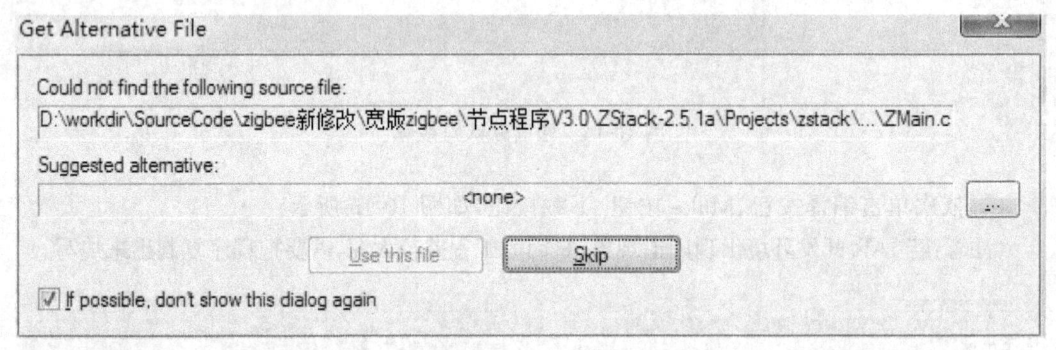

图 10-17 Skip 窗口

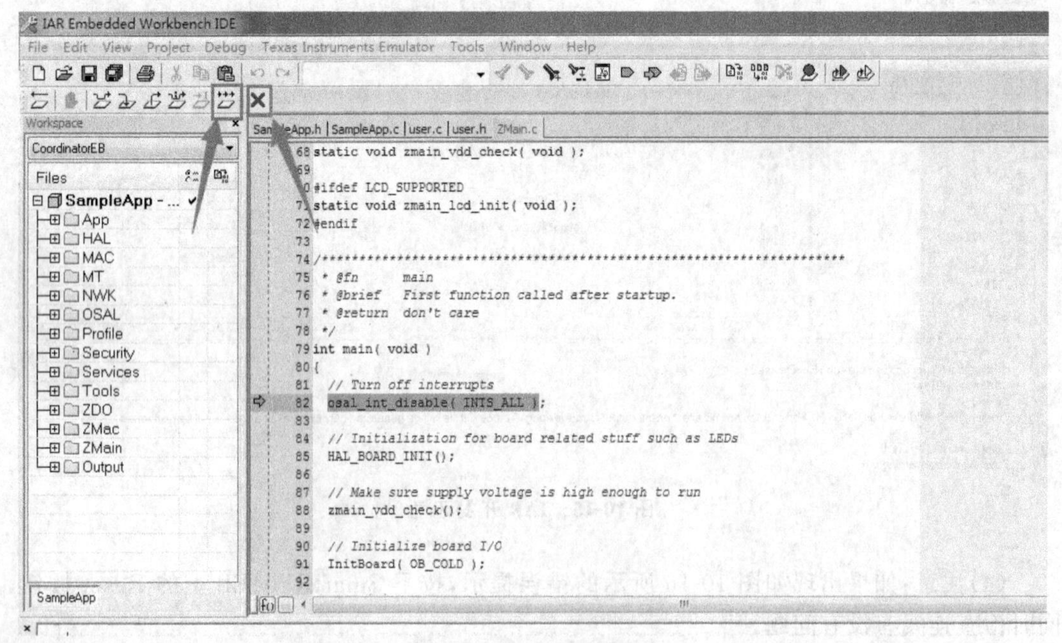

图 10-18 退出调试模式

10.4.4　烧写节点程序

1. 烧写温度节点

(1)将 J-link 仿真器连接到温度节点的 JTAG 下载口上,如图 10-19 所示。

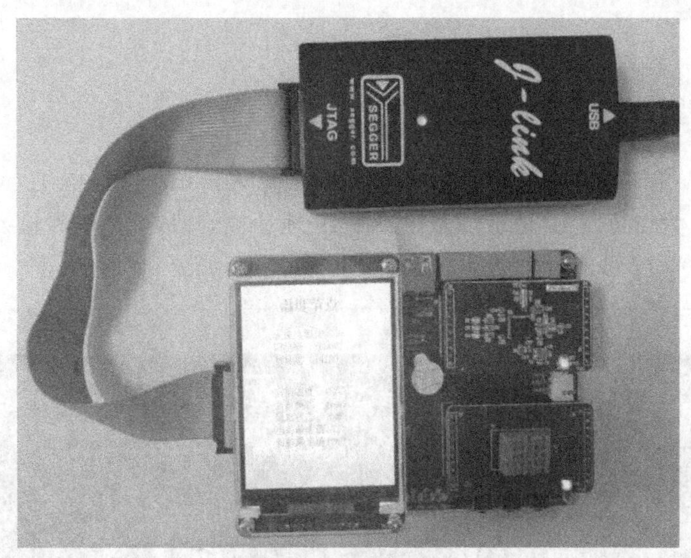

图 10-19　温度节点

(2)打开“无人值守自动灌溉系统光盘 V2.013. 程序源代码/2. 无人值守自动灌溉系统综合实训/3. 节点程序/1. 温度节点”文件夹下面的程序烧写在温度节点板子里。

2. 烧写湿度节点

(1)将 J-link 仿真器连接到湿度节点的 JTAG 下载端口上,如图 10-20 所示。

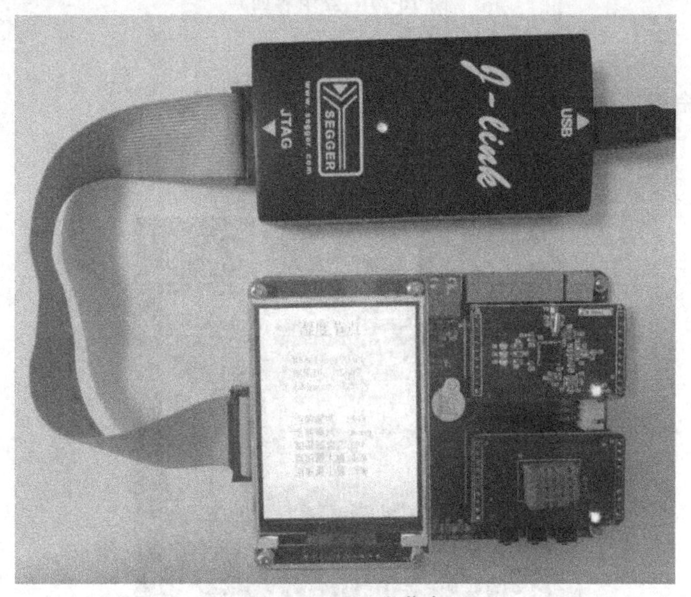

图 10-20　湿度节点

(2)打开“无人值守自动灌溉系统光盘 V2.0/3. 程序源代码/2. 无人值守自动灌溉系统综合实训/3. 节点程序/2. 湿度节点”文件夹下面的程序烧写在湿度节点板子里。

10.5 无人值守自动灌溉系统实验结果

10.5.1 登录

在 PC 端打开 Chrome 浏览器，在地址栏输入：http://192.168.3.181/ifamily/(192.168.3.181 为树莓派 IP 地址。若树莓派 IP 地址被修改，则地址栏输入的网址需要与之对应进行修改)，按 Enter 键，进入设备管理平台界面，如图 10-21 所示。

图 10-21 登录界面

10.5.2 资料下载

无人值守自动灌溉系统资料下载如图 10-22 所示。

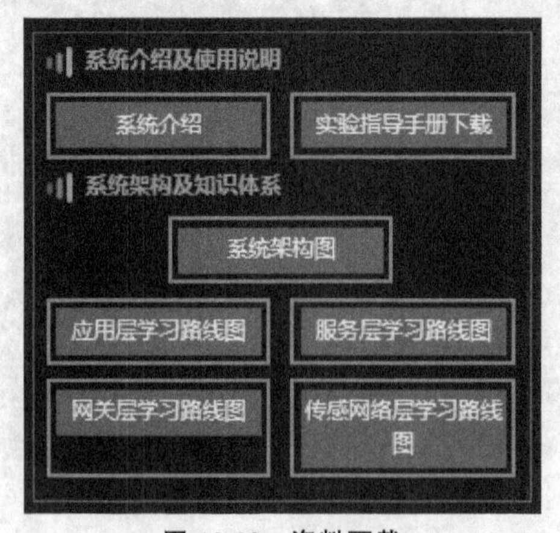

图 10-22 资料下载

10.5.3 功能介绍

(1)在 PC 软件界面上实时显示温度值、湿度值,如图 10-23 所示。

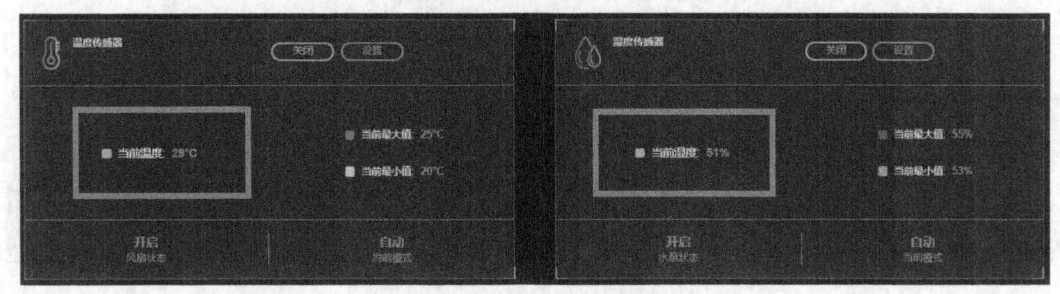

图 10-23 显示采集值

(2)用户可以手动开启/关闭风扇、水泵,当前模式切换设置为手动,如图 10-24 所示。

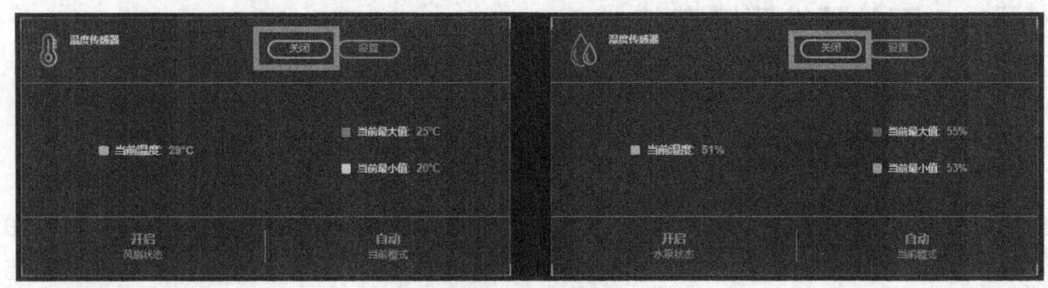

图 10-24 手动模式

(3)用户可根据需要设置温湿度的阈值,分别实现自动联动风扇、水泵动作,当前模式切换设置为自动,如图 10-25 所示。

①当前温度值大于最大值时,风扇开启;小于最小值时,风扇关闭。

②当前湿度值小于最小值时,水泵开启;大于最大值时,水泵关闭。

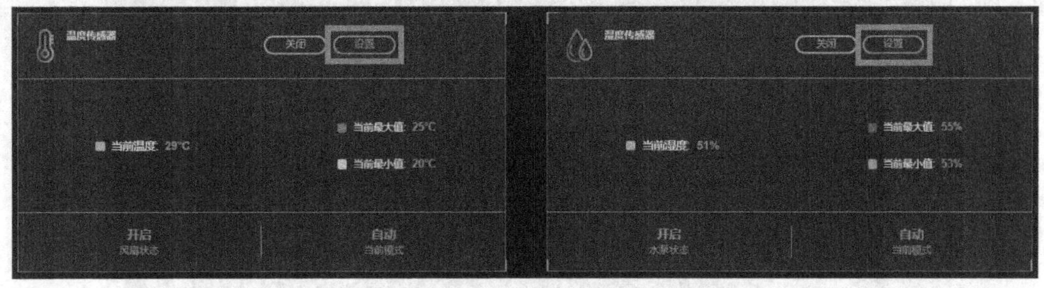

图 10-25 自动模式

附录 系统开发环境安装和使用说明

附录 A 网关开发环境安装

A.1 安装烧写镜像的工具

(1)安装 balenaEtcher:balenaEtcher 是一个跨平台的、用户可烧写镜像到 SD 卡和 USB 设备的工具。一般用于烧写树莓派的镜像到 SD 卡。该工具位于“无人值守自动灌溉系统光盘 V2.0/5. 软件工具/2. 网关开发环境安装/balenaEtcher-Setup-1.4.8-x64.exe”,右击“balenaEtcher-Setup-1.4.8-x64.exe”,以管理员身份运行,接受用户协议即可开始安装。安装完成,程序会自动运行,如图 A-1 所示。

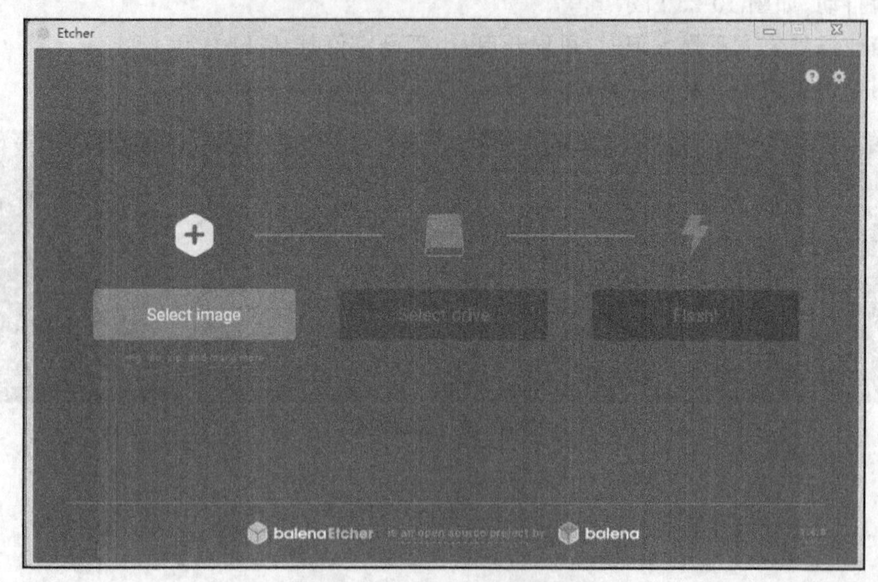

图 A-1 balenaEtcher 运行界面

(2)安装 win32diskimager：win32diskimager 用于而 SD 卡写入或读取镜像，是读写树莓派镜像的一个有力工具。该工具位于“无人值守自动灌溉系统光盘 V2.0/5. 软件工具/2. 网关开发环境安装/win32diskimager-1.0.0-install.exe”，右击“win32diskimager-1.0.0-install.exe”，以管理员身份运行，接受用户协议。选择安装路径，单击“下一步”按钮。安装完成后，勾选“Launch Win32DiskImager”，单击“Finish”按钮，自动弹出“Win32 磁盘影像工具”，如图 A-2 和 A-3 所示。

图 A-2　安装完成界面

图 A-3　Win32 磁盘映像工具

A.2 获取树莓派镜像

Raspbian 是专为树莓派设计的，它基于 Debian 操作系统，官方下载地址为：https://www.raspberrypi.org/downloads/raspbian/，用户根据需要选择合适的下载版本。这里提供的 Raspbian 镜像是包含了基于实验箱应用程序的镜像，可直接使用。树莓派镜像位于“无人值守自动灌溉系统光盘 V2.0/5. 软件工具/2. 网关开发环境安装/系统镜像/A53_raspbian.img”。

A.3 树莓派烧写镜像

(1)准备工作：Raspbian 镜像、SD 卡读卡器、大于 8 GB 的 SD 卡和安装 balenaEtcher 的 PC。把待烧镜像的 SD 卡插入读卡器，读卡器插入安装有镜像烧写工具的 PC 上。打开镜像烧写工具 balenaEtcher。

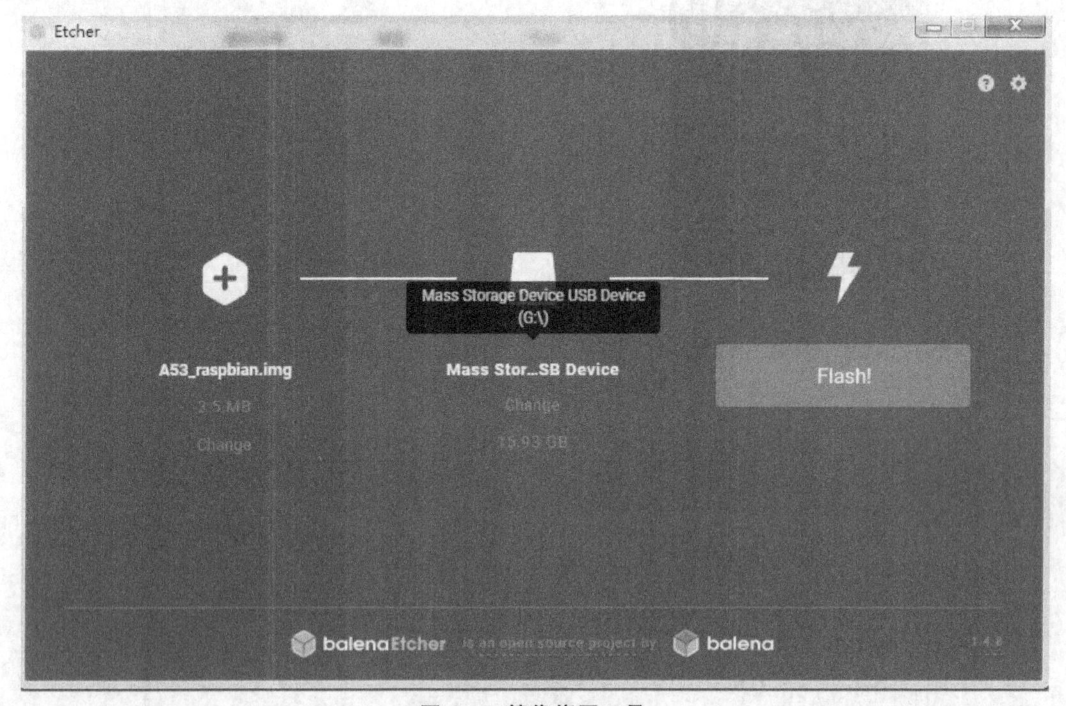

图 A-4 镜像烧写工具

(2)单击“Select”按钮选择镜像，它位于“无人值守自动灌溉系统光盘 V2.0/5. 软件工具/2. 网关开发环境安装/系统镜像/A53_raspbian.img”，然后选择“Flash”按钮，出现写 SD 卡的界面，如图 4-5 所示。

(3)烧写完成以后，再等待校验过程完成，然后把 SD 卡从读卡器里拿出来，插在树莓派的卡槽里，给树莓派上电，便可启动系统了，如图 A-6 所示。

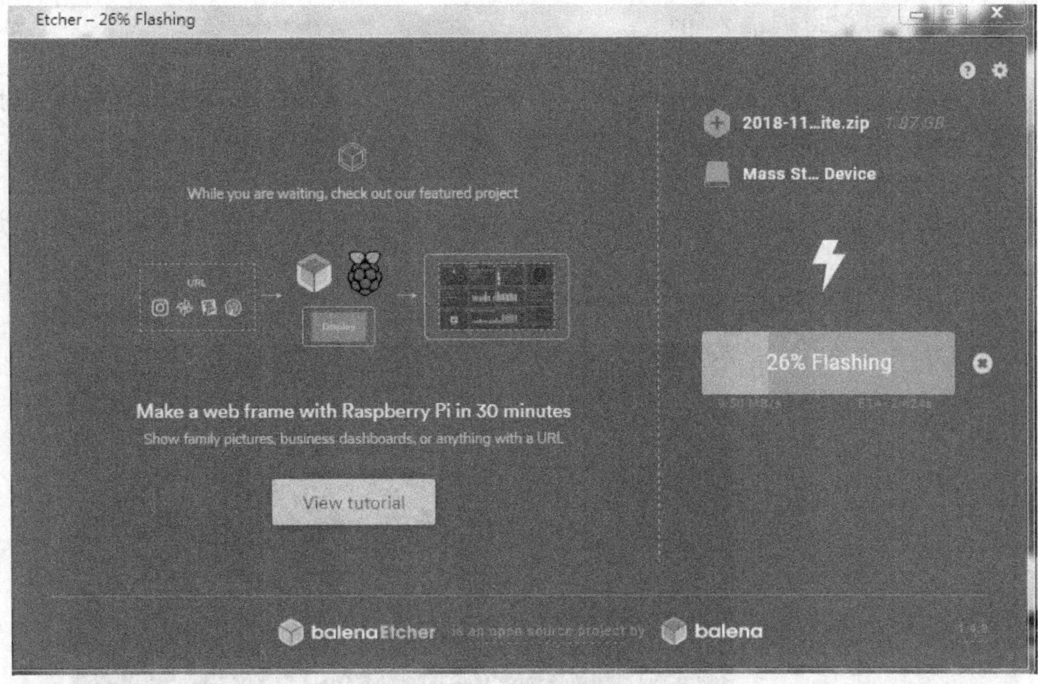

图 A-5　写 SD 卡界面

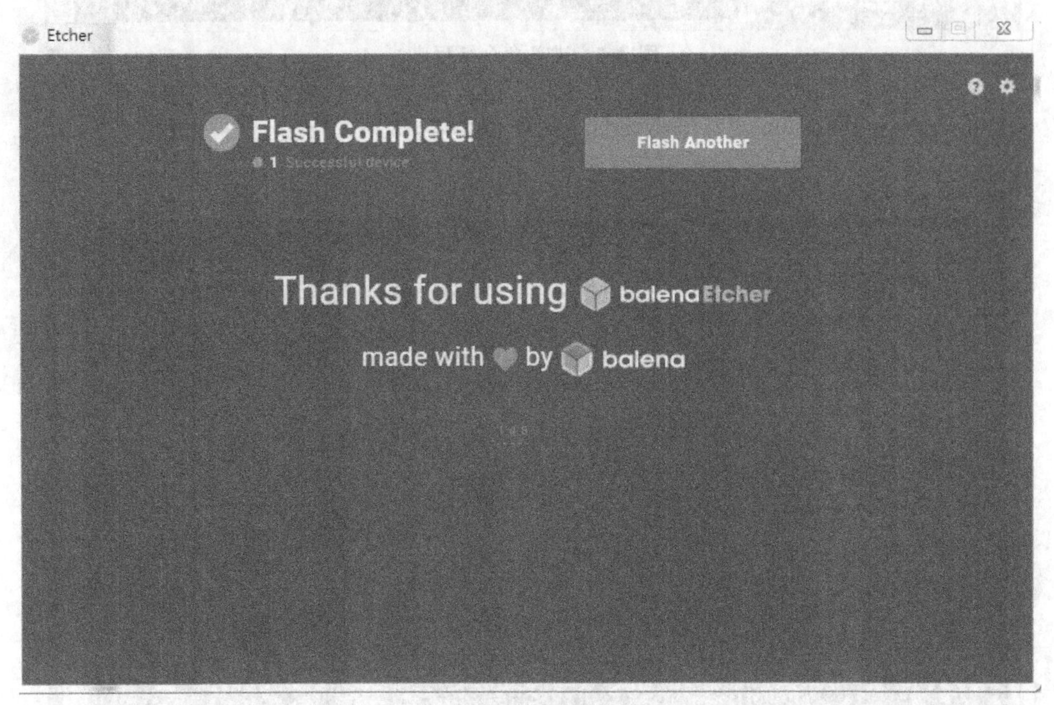

图 A-6　烧写完成界面

A.4 设置树莓派静态 IP

（1）准备工作：烧写好镜像的树莓派、鼠标键盘（自备）、网线、PC。将鼠标键盘连接在树莓派的 USB 口上，连接好网线。

（2）PC 端查看 IP 地址是否被占用：

①单击左下角的微软图标，输入 cmd，按 Enter 键，弹出 cmd.exe 对话框，如图 A-7 所示。

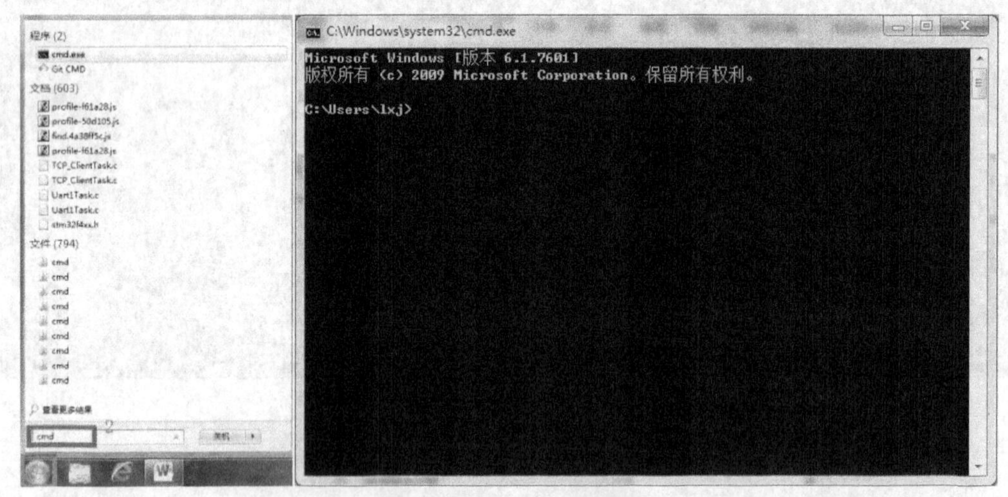

图 A-7 进入命令行程序

②输入 ping 192.168.3.2，输出如图 A-8 所示内容，说明 IP 地址已被占用。

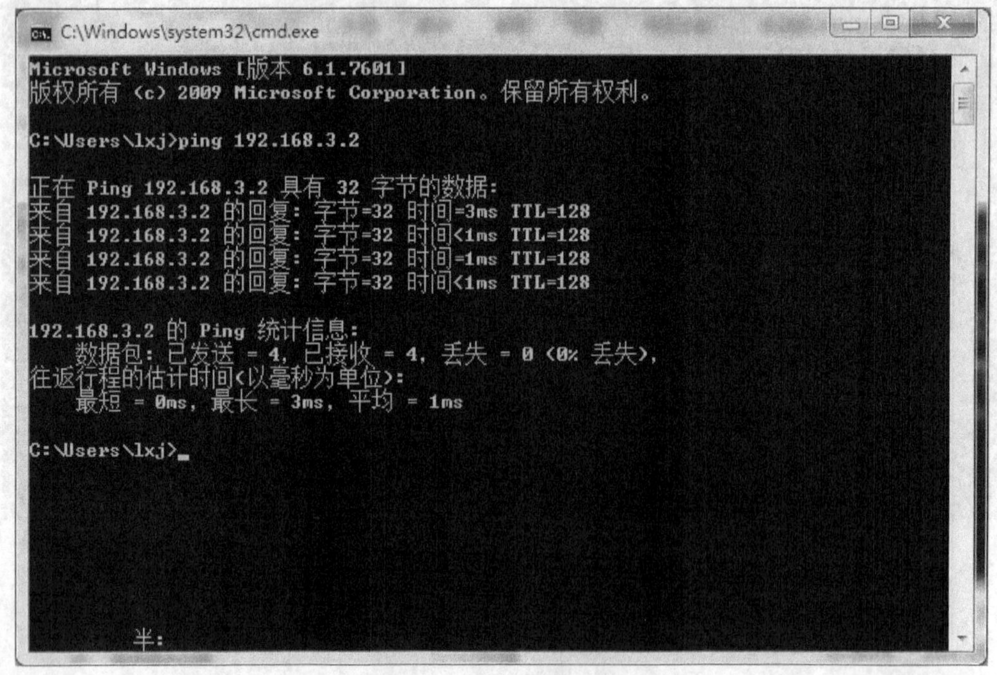

图 A-8 IP 地址被占用

③输入 ping 192. 168. 3. 181,输出如图 A-9 所示内容,说明 IP 地址没有被占用。

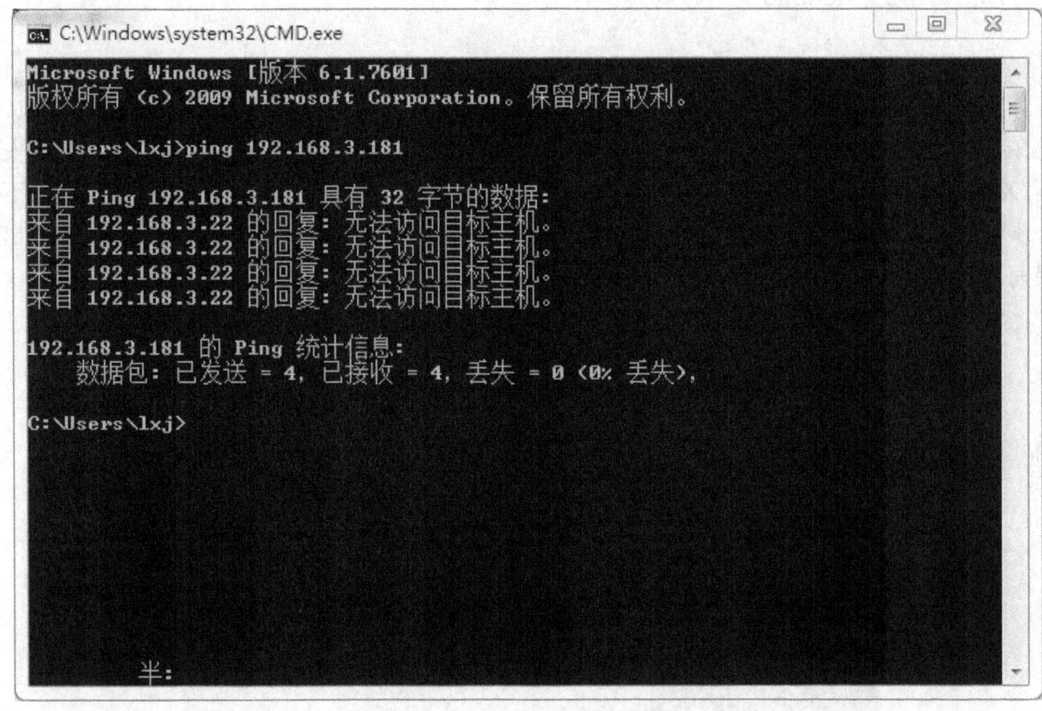

图 A-9　IP 地址未被占用

(3)树莓派端修改静态 IP

①打开终端,输入 sudo nano /etc/dhcpcd. conf。

②按"↓"按键移动至 dhcpcd. conf 的末尾处,修改网络信息,如图 A-10 所示(假如要设置为未被占用的 IP:192. 168. 3. 181)。

```
interface eth0
static ip_address=192.168.3.181
static routers=192.168.3.1
static domain_name_servers=8.8.8.8 114.114.114.114
```

图 A-10　修改网络信息

③修改完成后按 Ctrl+X 退出,按 Y 保存修改,按 Enter 键。

④输入 sudo reboot,重启树莓派。

⑤重启完成后输入 ifconfig 查看高亮处当前 IP,如图 A-11 所示。

```
pi@raspberrypi:~ $ ifconfig
eth0: flags=4163<UP,BROADCAST,RUNNING,MULTICAST>  mtu 1500
        inet 192.168.3.181  netmask 255.255.255.0  broadcast 192.168.3.255
        inet6 fe80::b3f4:753f:a9c2:b592  prefixlen 64  scopeid 0x20<link>
        ether b8:27:eb:5e:[illegible]0f  txqueuelen 1000  (Ethernet)
        RX packets 69  bytes 7144 (6.9 KiB)
        RX errors 0  dropped 0  overruns 0  frame 0
        TX packets 113  bytes 16163 (15.7 KiB)
        TX errors 0  dropped 0 overruns 0  carrier 0  collisions 0
```

图 A-11　查看当前 IP

A.5 安装 Xshell6

(1)安装 Xshell6

Xshell6 是一个很好用的终端安全软件,有免费版和付费版,免费版可用于个人和学校。Xshell6 的安装包位于"无人值守自动灌溉系统光盘 V2.0/5. 软件工具/2. 网关开发环境安装/Xshell-6.0.0109p.exe",右击"Xshell-6.0.0109p.exe",以管理员身份运行,一路单击"下一步"按钮,接受用户协议,选择安装目录为默认或者其它盘都可以,然后选择安装,直到出现完成对话框,如图 A-12 所示,去掉"Xshell 6 Personal 运行",单击"完成"按钮。

图 A-12 Xshell 安装完成对话框

(2)这里使用 ssh 协议连接树莓派。现在正在运行的树莓派,IP 地址是 192.168.3.181,树莓派已经开启了 ssh。现在可以使用 Xshell 来远程登录这个树莓派。

①首先,打开 Xshell,如图 A-13 所示。

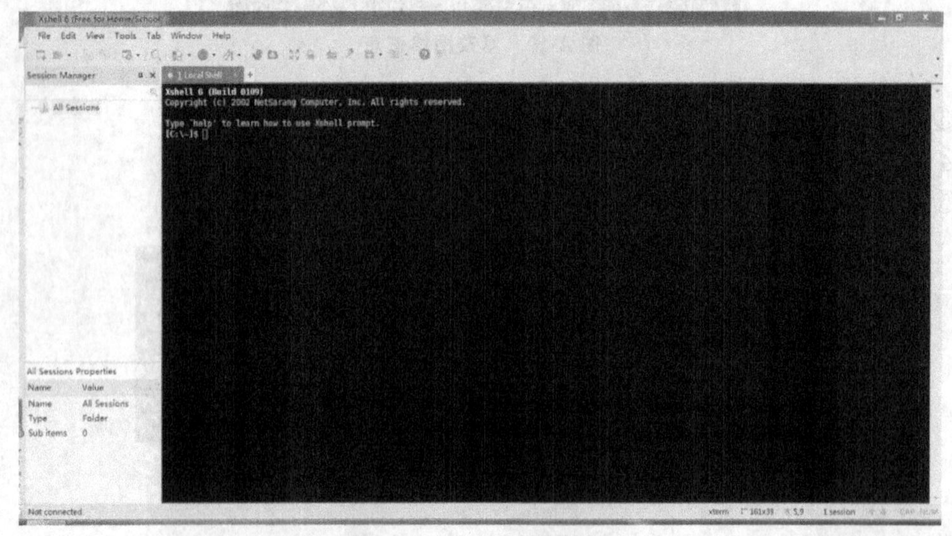

图 A-13 Xshell 运行界面

②接下来，开始创建会话。选择“file”→“new”，弹出“New Session Properties”窗口如图 A-14 所示。

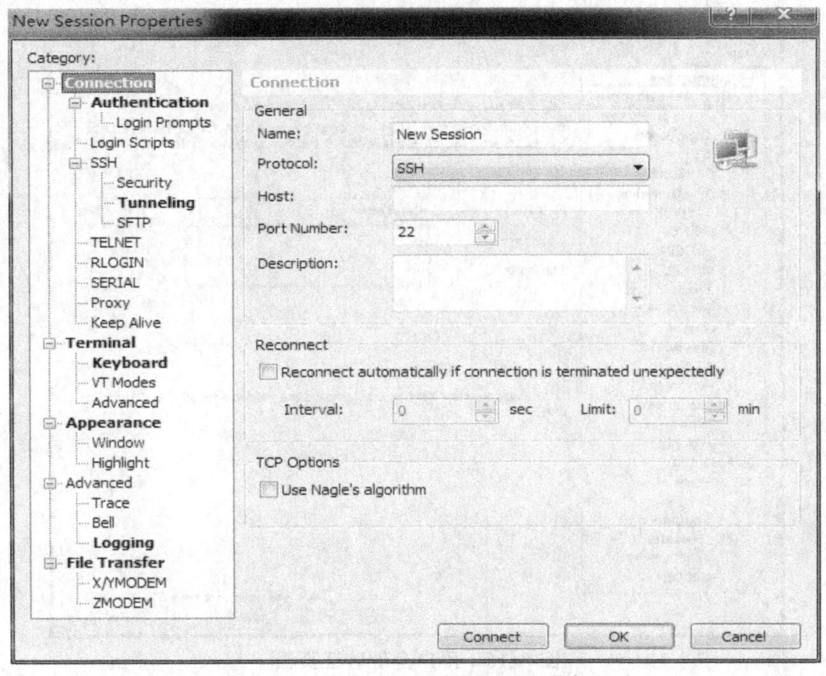

图 A-14　“New Session Properties”窗口

③在名称栏“name”里输入一个便于记忆的名字，可以为目标 IP 地址。主机栏“Host”里输入目标 IP，即正在运行的树莓派 IP 地址为 192.168.3.181，端口号“Port Number”22 保持不变，如图 A-15 所示。

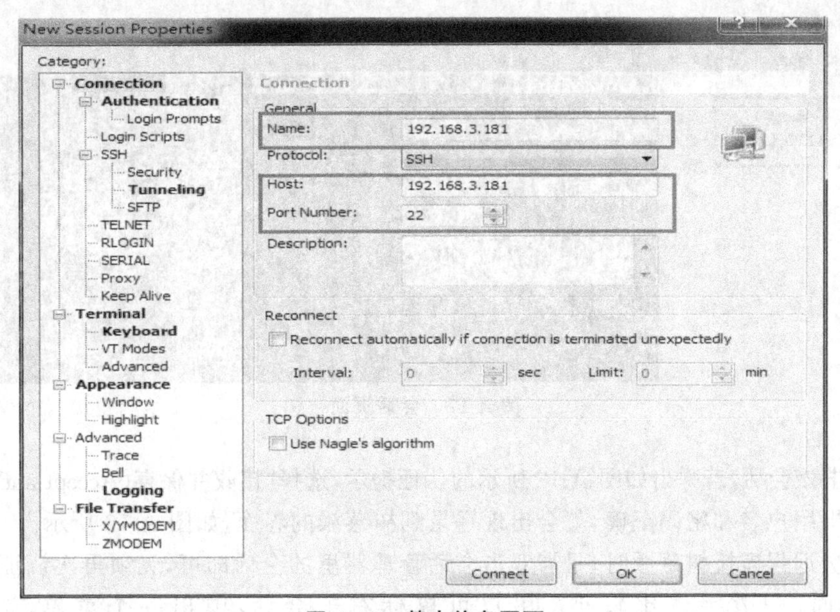

图 A-15　基本信息页面

④输入完成后，单击左侧栏目里的用户身份验证“Authentication”，出现输入用户身份的页面。用户名“User Name”输入 pi，密码“Password”为 pi，注意不要有空格，如图 A-16 所示。

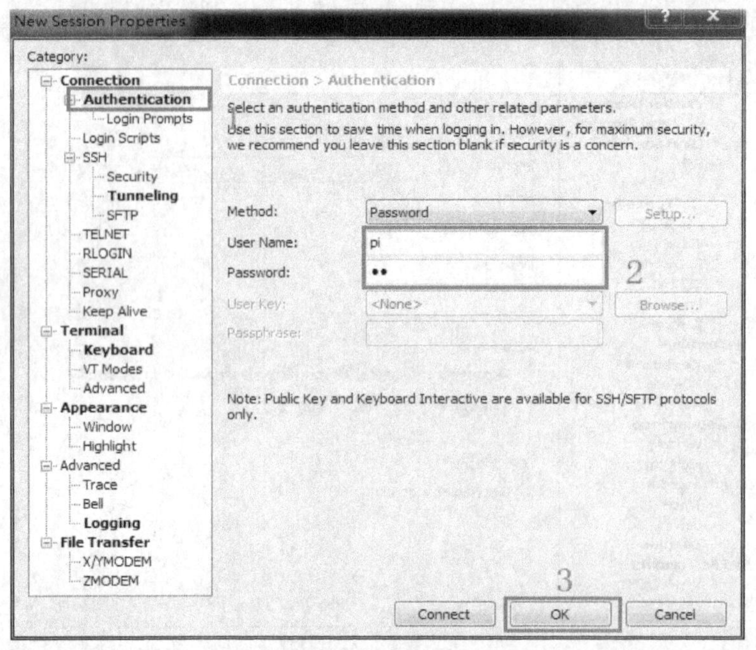

图 A-16　用户身份验证页面

⑤单击下方的“确定”按钮。这时，在左侧的会话管理器栏目中，会出现一个新建的会话，如图 A-17 所示。

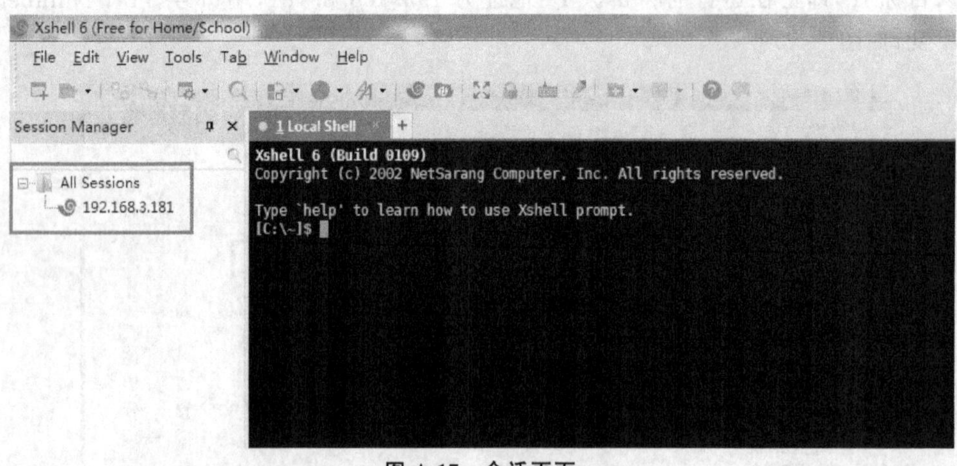

图 A-17　会话页面

⑥双击该会话，若弹出如图 A-18 所示的认证提示，选择“接收并保存(Accept and save)”。

⑦如果用户名和密码正确，就会出现登录到树莓派的界面，如图 A-19 所示。

⑧下次远程连接树莓派时，只需双击会话管理器里的会话即可，无须再次认证。Xshell 的默认界面，一般字体比较小。用户可鼠标右击会话，弹出一个菜单，选择属性“Properties”，进入会话设置界面。如图 A-20 所示，然后可根据需要进行设置。

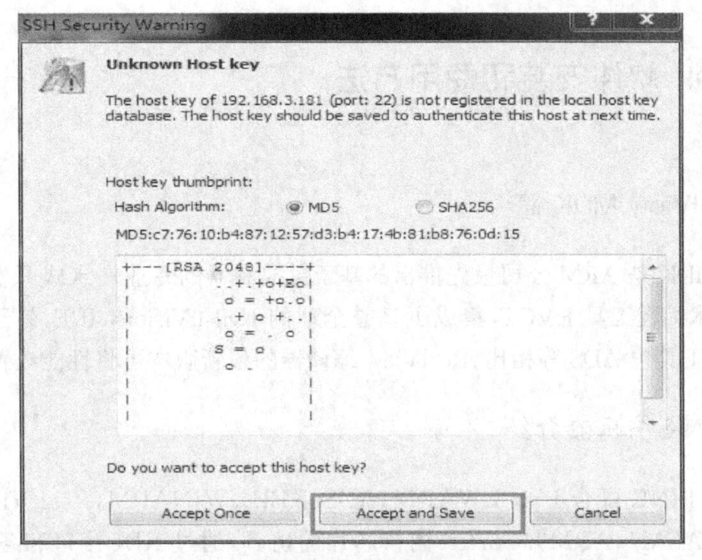

图 A-18　认证提示

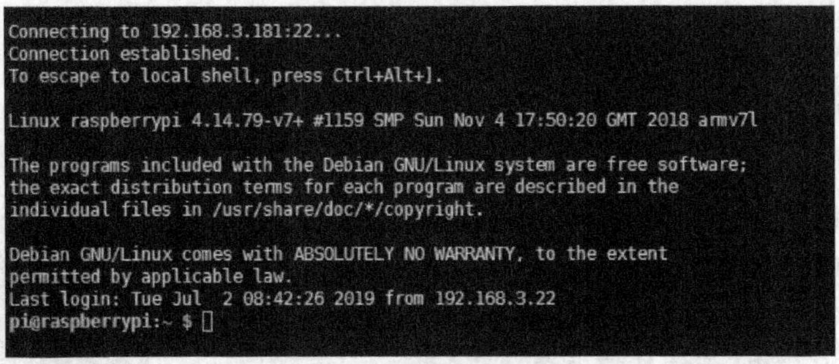

```
Connecting to 192.168.3.181:22...
Connection established.
To escape to local shell, press Ctrl+Alt+].

Linux raspberrypi 4.14.79-v7+ #1159 SMP Sun Nov 4 17:50:20 GMT 2018 armv7l

The programs included with the Debian GNU/Linux system are free software;
the exact distribution terms for each program are described in the
individual files in /usr/share/doc/*/copyright.

Debian GNU/Linux comes with ABSOLUTELY NO WARRANTY, to the extent
permitted by applicable law.
Last login: Tue Jul  2 08:42:26 2019 from 192.168.3.22
pi@raspberrypi:~ $
```

图 A-19　登录树莓派界面

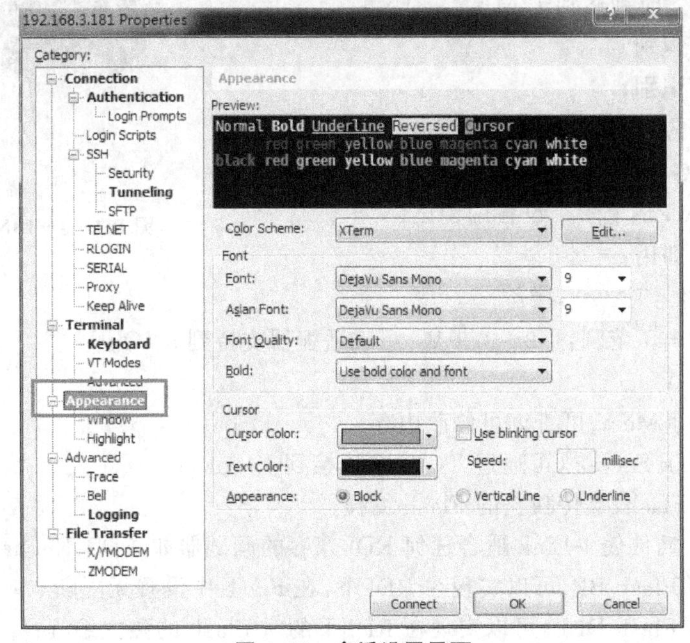

图 A-20　会话设置界面

附录 B MDK 软件安装和使用方法

B. 1 RealView MDK 简介

RealView MDK 是 ARM 公司最先推出的基于微控制器的专业嵌入式开发工具。它采用 ARM 的最新技术编程工具 RVCT，集成了享誉全球的 Keil uVision4 IDE，易于使用，性能好。与 ARM 之前的工具包 ADS 等相比，RealView 编译器的最新版本可将性能改善超过 20%。

B. 2 J-LINK 仿真器介绍

全功能版 J-LINK 配合 IAR EWARM、ADS、KEIL、WINARM，Real View 等集成开发环境，支持所有 ARM7/ARM9/Cortex 内核芯片的仿真，通过 RDI 接口和各集成开发环境无缝连接，操作方便、简单易学，是学习开发 ARM 最实用的开发工具。它速度快、FLASH 断点不限制数量、支持 IAR、KEIL、Real View、ADS 等环境。其特点有：

- USB 2.0 接口；
- 支持任何 ARM7/ARM9/Cortex-M4 核，包括 ithumb 模式；
- 下载速度达 600k byte/s；
- DCC 速度到达 800k byte/s；
- 与 IAR Workbench 可无缝集成；
- 通过 USB 供电，无须外接电源；
- JTAG 最大时钟达到 12M；
- 自动内核识别；
- 自动速度识别；
- 支持自适应时钟；
- 所有 JTAG 信号能被监控，目标板电压能被侦测；
- 支持 JTAG 链上多个设备的调试；
- 完全即插即用；
- 20Pin 标准 JTAG 连接器；
- 宽目标板电压范围：1.2～3.3 V（可选适配器支持到 5 V）；
- 多核调试；
- 包括软件 J-Mem，可查询可修改内存；
- 包括 J-Link Server（可通过 TCP/IP 连接到 J-Link）；
- 可选配 J-Flash，支持独立的 Flash 编程；
- 选配 RDI 插件使 J-Link 适合任何 RDI 兼容的调试器如 ADS、Relview 和 Keil 等；
- 选配 RDI Flash BP，可以实现在 RDI 下，在 Flash 中设置无限断点；
- 选配 RDI Flash DLL，可以实现在 RDI 下的对 Flash 的独立编程；
- 选配 GDB server，可以实现在 GDB 环境下的调试。

图 B-1 J－LINK 仿真器

B.3　安装 RealView MDK5.17 环境

RealView MDK5.17 的安装步骤如下。

(1)将光盘里面的“无人值守自动灌溉系统光盘 V2.0/5. 软件工具/3.MDK 安装/MDK 编译工具”复制到计算机根目录下,先勾掉只读属性,然后右击“无人值守自动灌溉系统光盘 V2.0/5. 软件工具/3.MDK 安装/MDK 编译工具”文件夹里面的 MDK517 图标,以管理员身份运行,出现对话框如图 B-2 所示。

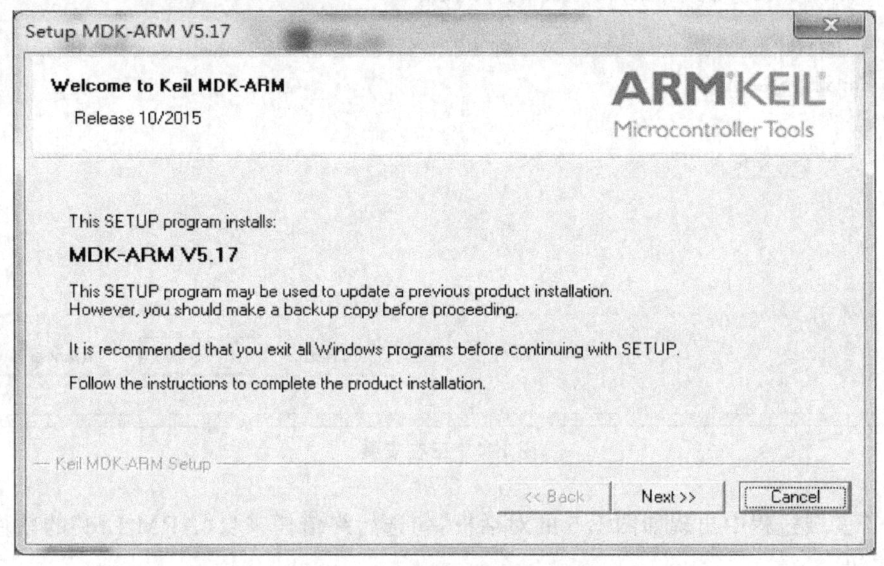

图 B-2　启动安装环境对话框

(2)接受用户协议,单击“Next”按钮,直至安装完成。选择默认路径即可。出现以图 B-3 输入相关内容(输入任意内容都可以)。

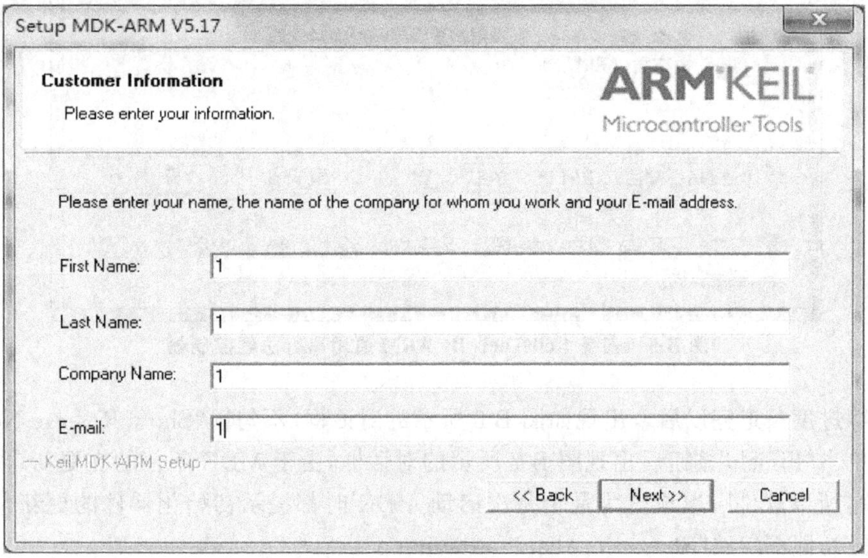

图 B-3　输入信息对话框

(3)单击“Next”按钮开始安装,如图 B-4 所示。

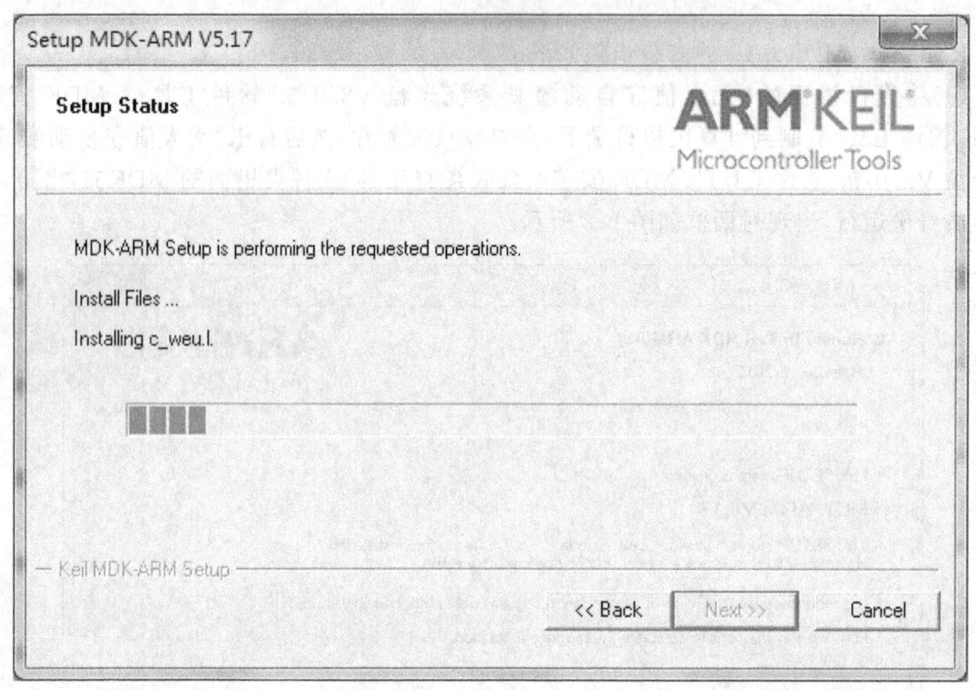

图 B-4　正在安装

(4)若安装过程中出现如图 B-5 的对话框,勾选始终信任来自“ARM Ltd”的软件,单击“安装”按钮。

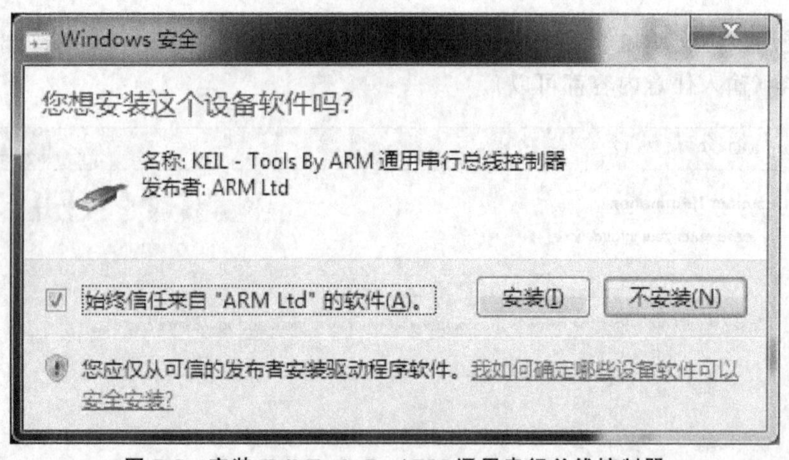

图 B-5　安装 Keil-Tools By ARM 通用串行总线控制器

(5)等进度条走完以后。出现如图 B-6 所示的对话框,不勾选“Show Release Notes”。

(6)单击“Finish”按钮后出现图 B-7 所示的对话框,由于 MDK 不停的在更新,以支持更多的芯片,所以软件可以设置为是否每次启动 MDK 时都提示初始化器件的更新包。此处选择不提示,即不勾选“Show this dialog at startup”。

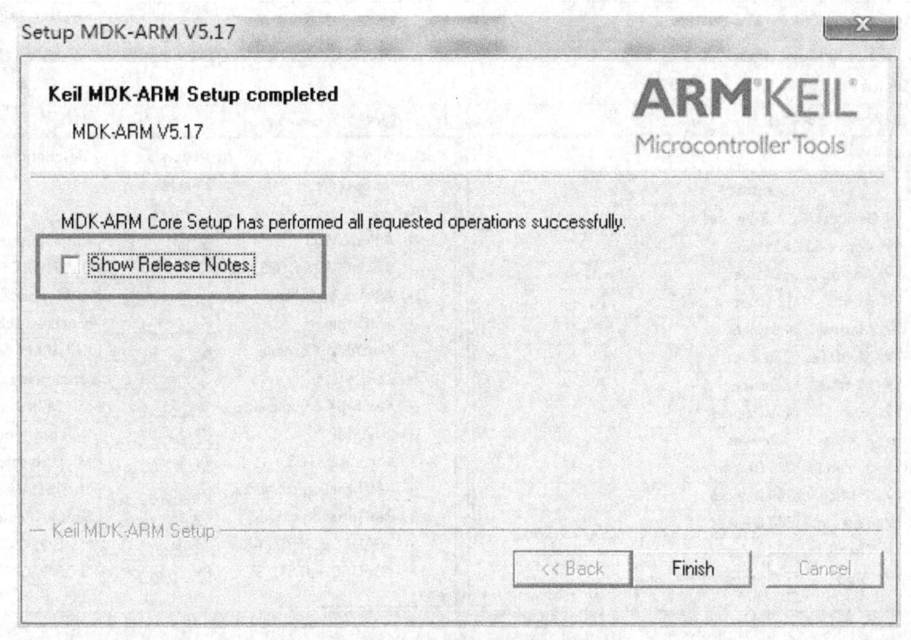

图 B-6　完成安装对话框

图 B-7　完成安装对话框

(7)单击“OK”按钮，出现图 B-8 所示的对话框，此对话框为在线更新 MDK 支持器件的开发包，由于在线更新需要联网，且速度慢，所以此处直接单击对话框的“X”按钮关闭。

B.4　安装 STM32F1xx 系列芯片的开发包

双击“无人值守自动灌溉系统光盘 V2.0/5. 软件工具/3. MDK 安装/MDK 编译工具”文件夹里面的 Keil. STM32F1xx_DFP. 2. 0. 0 图标，出现对话框如图 B-9 所示。

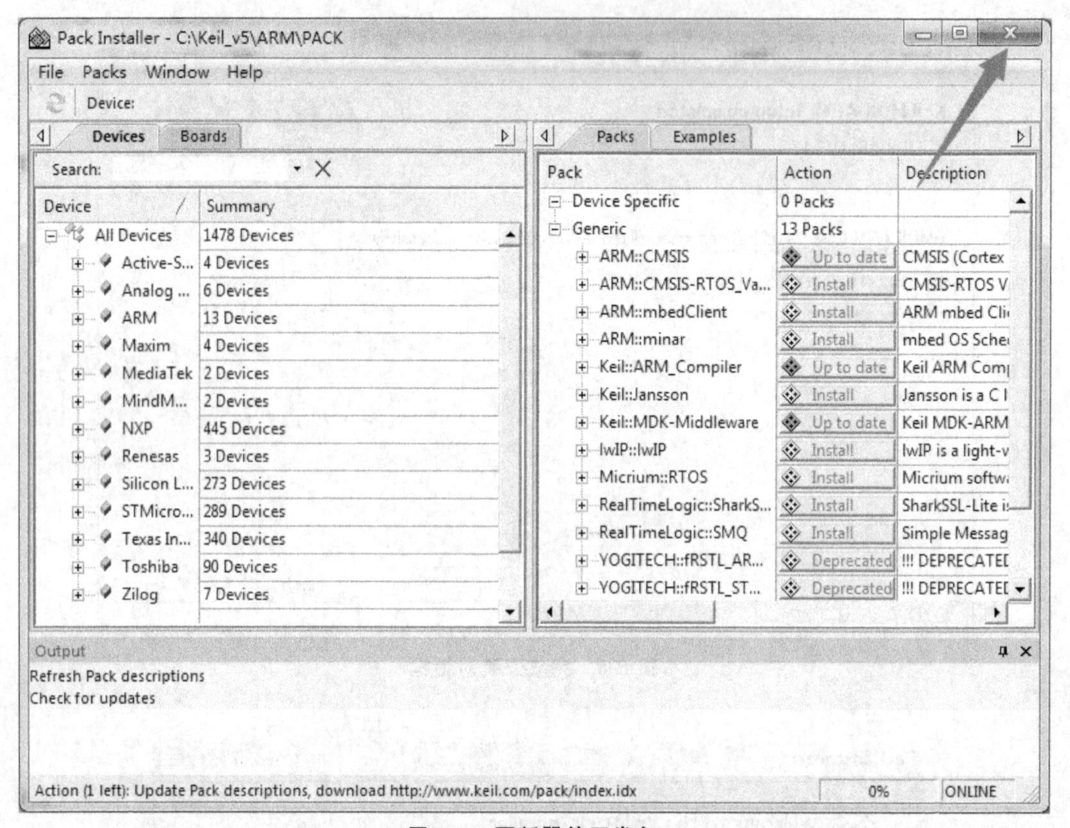

图 B-8 更新器件开发包

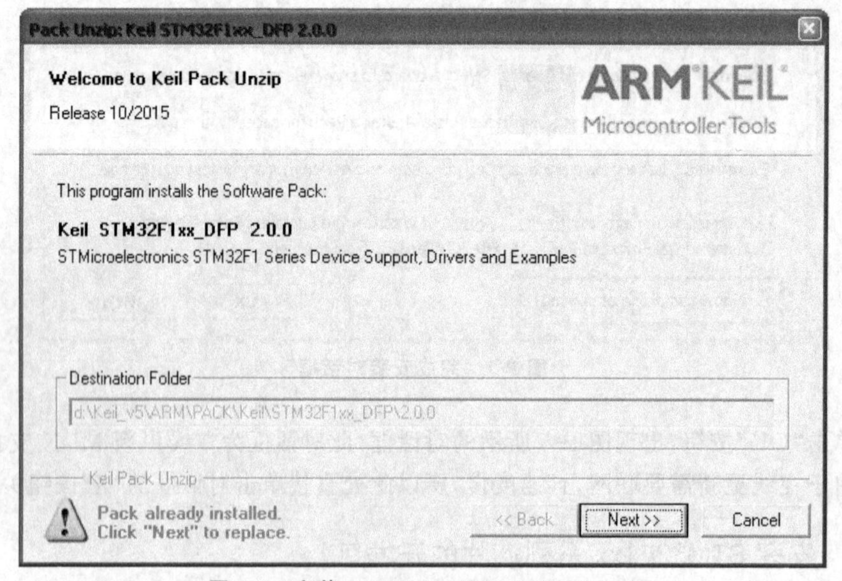

图 B-9 安装 Keil. STM32F1xx_DFP. 2. 0. 0

B.5 安装 J-LINK 仿真器驱动

(1)将光盘里面的“无人值守自动灌溉系统光盘 V2.0/5. 软件工具/3. MDK 安装/JLink 仿真器驱动”复制到计算机根目录下，去掉只读属性，右击 2. JLink 仿真器驱动文件夹里面的 Setup_JLinkARM_V422g 图标，以管理员身份运行，出现对话框如图 B-10 所示。

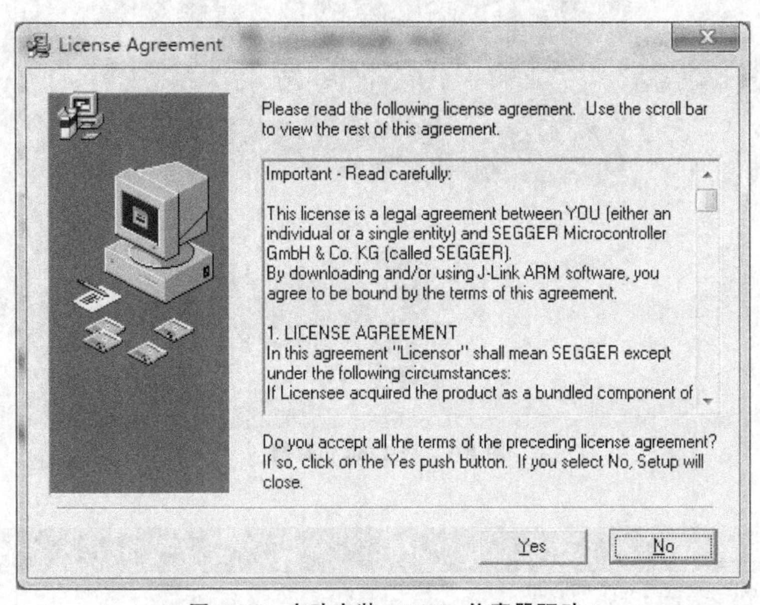

图 B-10　启动安装 J-LINK 仿真器驱动

(2)单击“Yes”按钮出现如图 B-11 所示的对话框，一路单击“Next”按钮直至安装完成。

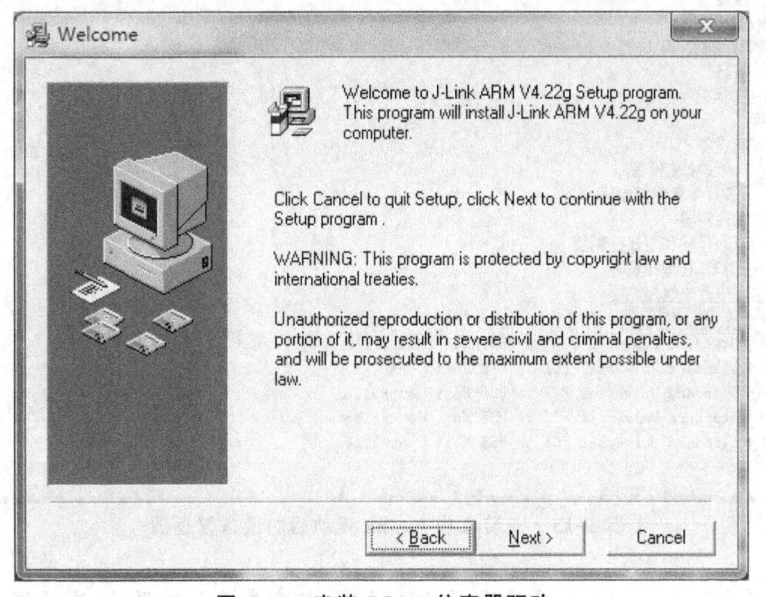

图 B-11　安装 J-Link 仿真器驱动

(3)安装完成后,将 J-Link 仿真器(图 B-12)连接到 PC 上,在“我的电脑”的设备管理器的通用串行总线控制器下能找到 J-Link,driver,如图 B-13 的框中内容所示。

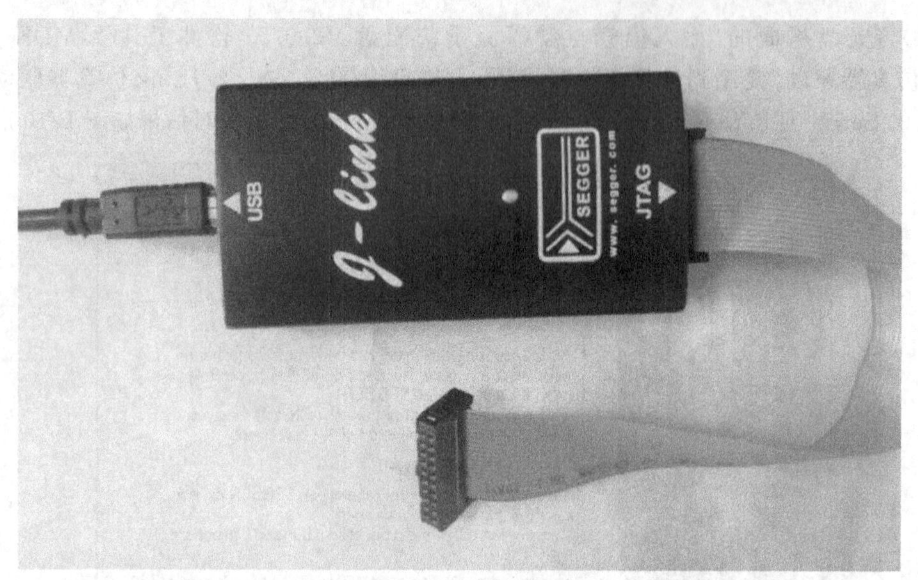

图 B-12　J-Link 仿真器

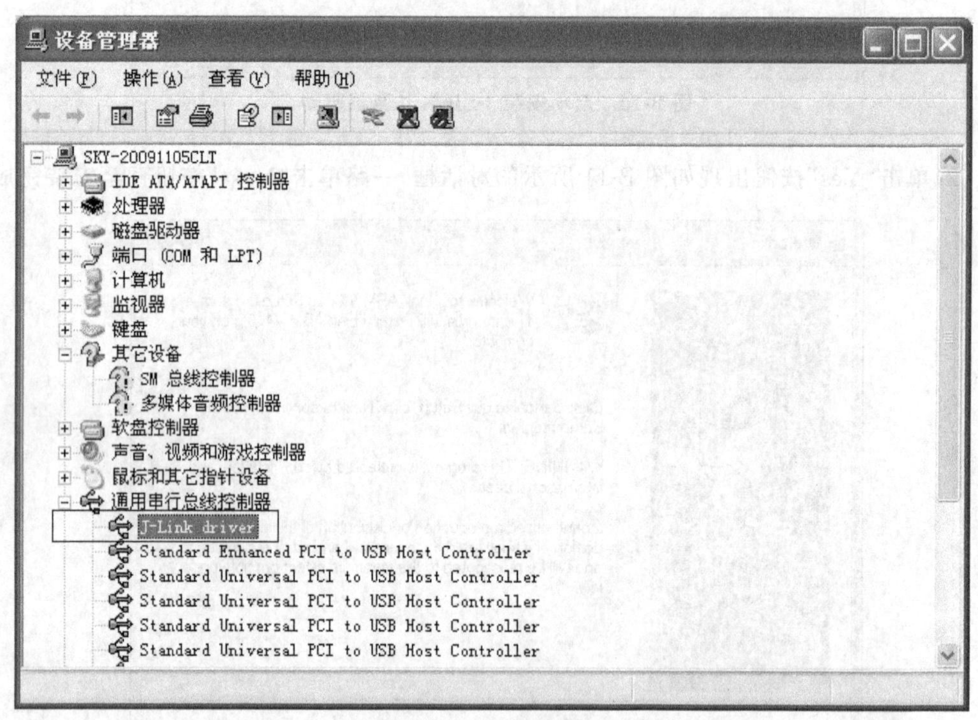

图 B-13　安装成功 J-Link 驱动后的设备管理器

备注:如果 Windows 10 系统安装驱动报错,请右键选择更新驱动,选择驱动路径,自行安装。

B.6　在 MDK 中新建一个工程模板

(1)解压 STM32F10x_StdPeriph_Lib_V3.5.0.zip 库

这里使用的是 V3.5.0 版本的库文件,解压 4. 参考资料/ STM32F103 官方库 3.5 版本。

(2)创建工程

①新建一个文件夹用于存放工程文件,此处文件名为“工程模板”,并在文件夹下面创建 5 个文件夹,分别为:Libraries、List、Output、User、startup,创建 5 个文件主要是方便管理,文件名字可以随意。

②在 User 文件夹下面新建两个文件夹 include 和 source,include 用于存放头文件,source 用于存放 C 文件,User 文件夹主要存放用户编写的源代码。

③打开 Keil uVision5,单击“Project － New μVision Project…” 菜单项,如图 B-14 所示。

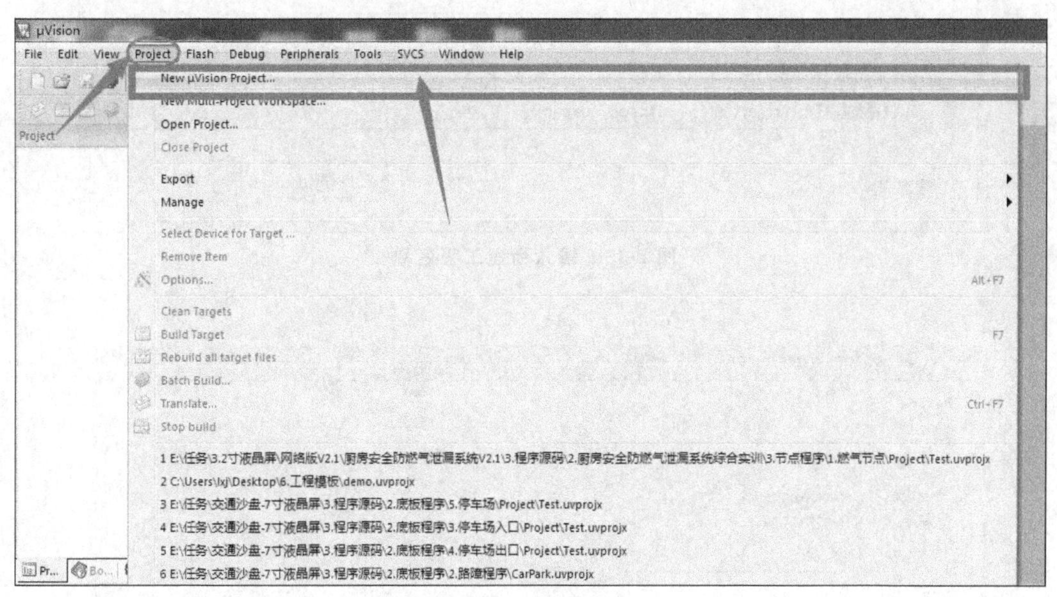

图 B-14　新建工程

(1)软件会自动打开一个标准对话框,输入新建工程的名字“demo ”,新工程保存在文件夹“工程模板”下,如图 B-15 所示。

(2)图中单击“保存”按钮后,要求为工程选择一款对应处理器,此处选择 STMicroelectronics 菜单下的 STM32F103C8,如图 B-16 所示。

注意:一定要安装对应器件的 pack,才会出现下面的对话框。

(3)单击“OK”按钮后出现如图 B-17 所示的对话框,此处单击“Cancel”按钮。

(4)将官方的固件库包里的源码文件复制到工程目录文件夹下面。打开官方固件库包,定位到之前准备好的固件库包的目录:/STM32F10x_StdPeriph_Lib_V3.5.0 /Libraries/ / STM32F10x_StdPeriph_Driver 下面,将目录下面的 src,inc 文件夹复制到刚才建立的 Libraries 文件夹下面。src 存放的是固件库的 .c 文件,inc 存放的是对应的 .h 文件,如图 B-18 所示。

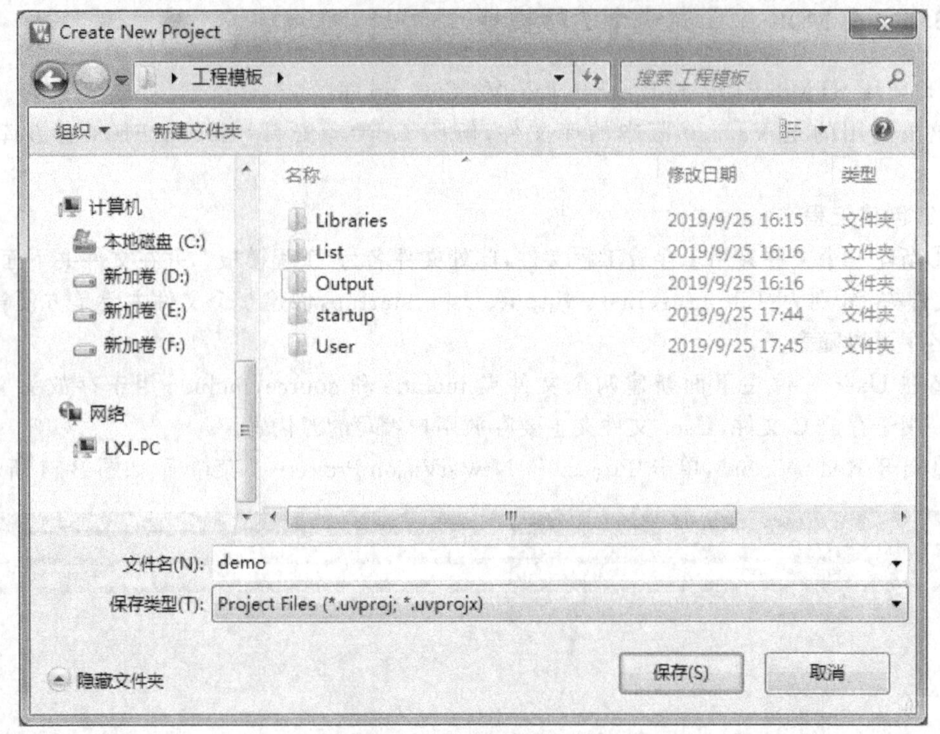

图 B-15　输入新建工程名称

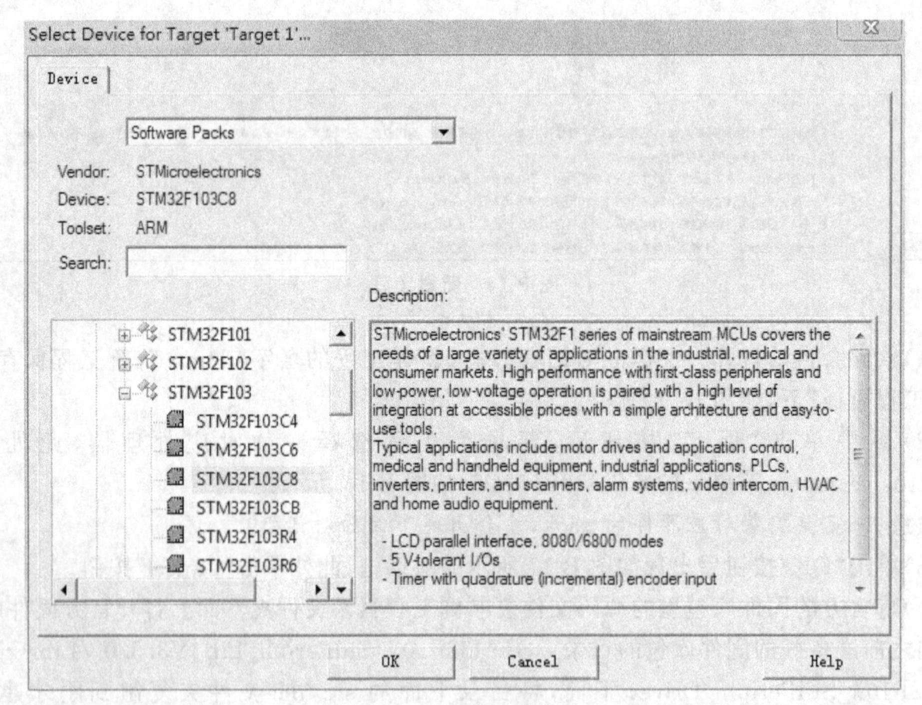

图 B-16　选择器件

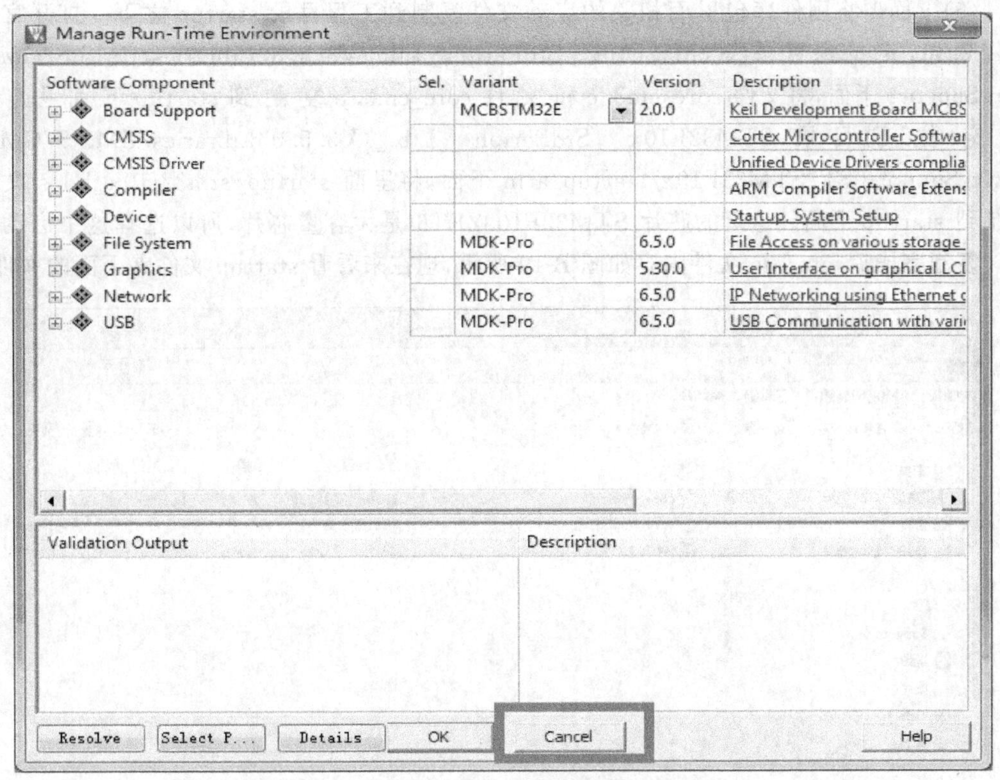

图 B-17　取消软件生成代码

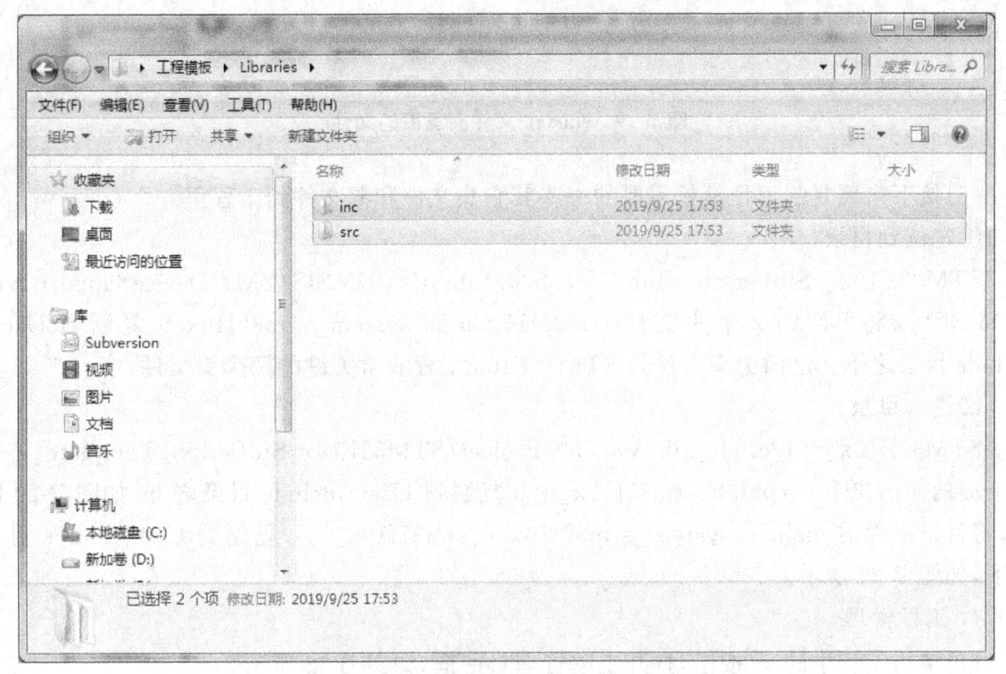

图 B-18　Libraries 文件夹目录

(5)下面要将固件库包里面相关的启动文件复制到工程目录 startup 之下。打开官方固件库包,定位到目录:STM32F10x_StdPeriph_Lib_V3.5.0/Libraries/CMSIS/CM3/CoreSupport 下面,将文件 core_cm3.c 和 文 件 core_cm3.h 复 制 到 startup 下 面 去 。然后 定 位 到目录 STM32F10x_StdPeriph_Lib_V3.5.0/Libraries/CMSIS/CM3/DeviceSupport/ST/STM32F10x/startup/arm 下面,将里面 startup_stm32f10x_hd.s 文件复制到 startup 下面。这里的芯片 STM32F103ZET6 是大容量芯片,所以选择这个启动文件。复制完毕后,startup 文件内容如图 B-19 所示,现在来看看 startup 文件夹下面的文件。

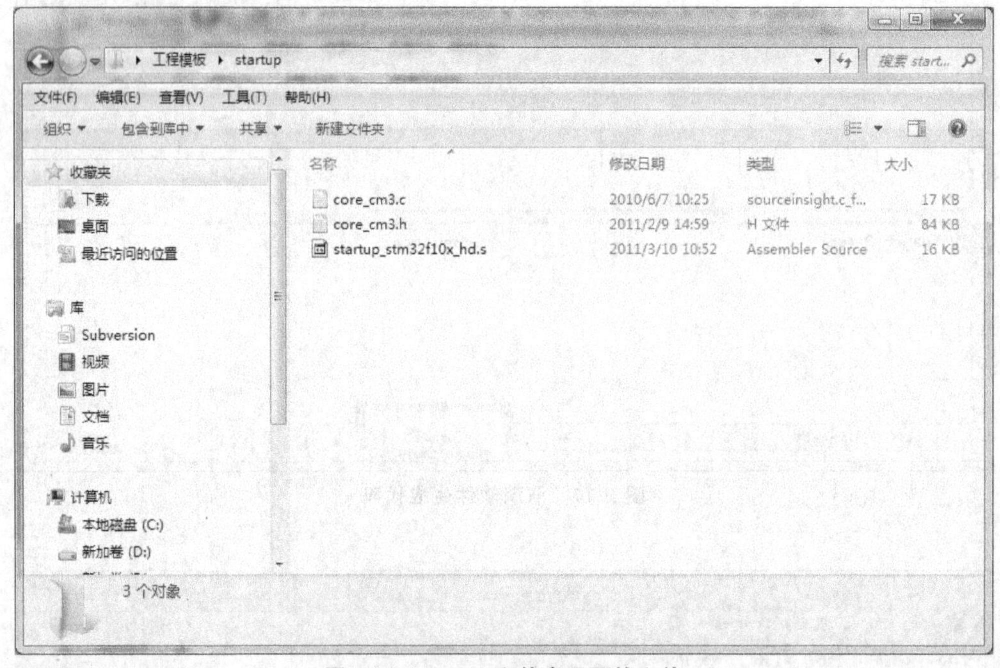

图 B-19 startup 文件夹里面的文件

(6)接下来要复制工程模板需要的一些其它头文件和源文件到工程里。

①定位到目录:

STM32F10x_StdPeriph_Lib_V3.5.0/Libraries/CMSIS/CM3/DeviceSupport/ST/STM32F10x 将里面的 2 个头文件 stm32f10x.h 和 system_stm32f10x.h 复制到 User/include 目录之下。这两个头文件是 STM32F103 工程非常关键的两个头文件。

②进入目录:

STM32F10x_StdPeriph_Lib_V3.5.0/Project/STM32F10x_StdPeriph_Template,将目录下面的 stm32f10x_conf.h、stm32f10x_it.h 复制到 User/include 目录之下,如图 B-20 所示;将目录下面的 main.c、system_stm32f10x.c、stm32f10x_it.c 复制到 User/source 目录之下,如图 B-21 所示。

1. 工程管理

(1)单击工程中的按钮,打开工程管理对话框,如图 B-22 所示。

(2)文件管理。

- 双击 Project Targets 对话框中的“Target1”改为工程名字“demo”。

图 B-20　User/include 文件夹里的文件

图 B-21　User/source 文件夹里的文件

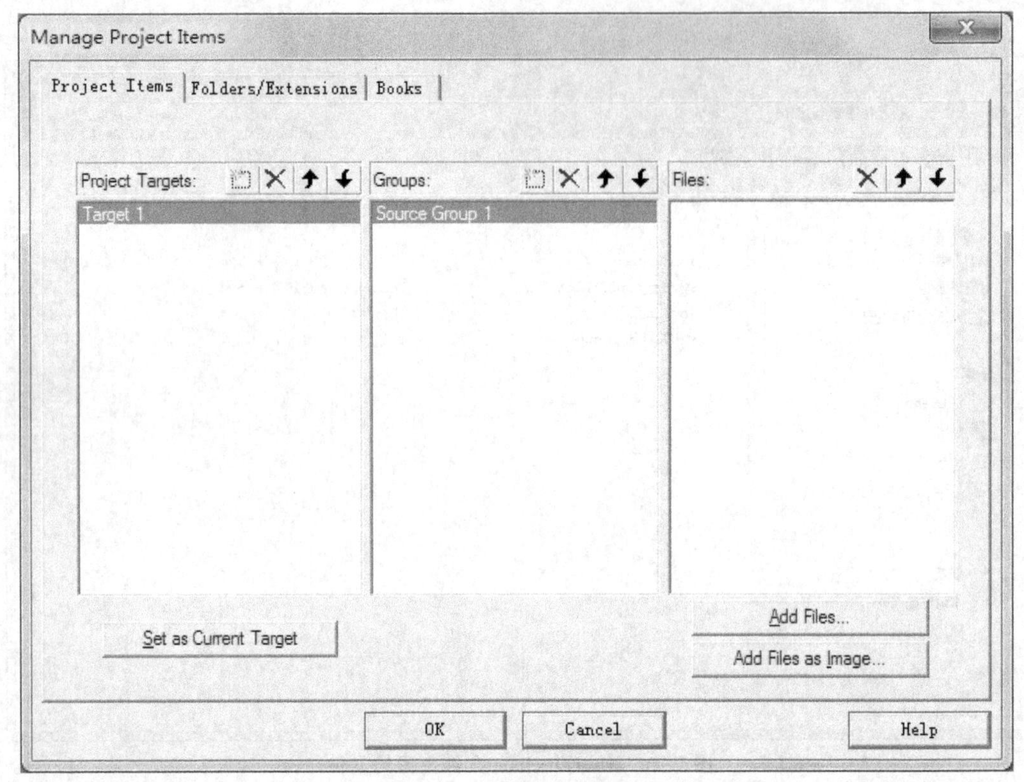

图 B-22 工程管理对话框

- 双击将 Groups 对话框中的"Source Group 1"改为"Startup"。
- 在 Groups 对话框中新建 2 个文件组 Libraries 和 User。
- 单击"Startup"按钮,然后在 Files 中添加 startup_stm32f10x_hd. s 文件。文件所在位置为 demo/startup,选择文件的时候类型改为 All files,否则无法显示。
- 点击 Libraries,然后在 Files 中添加库文件。文件所在位置文件所在位置为:工程模板/Libraries/src。

注意:新手的话建议把所有 . c 文件都加入,熟悉 STM32 的可以只增加自己所用到的资源的 . c 文件。

- 单击"USER"按钮,然后在 Files 中添加用户 C 文件,文件所在位置文件所在位置为:工程模板/User/source。添加完成后如图 B-23 所示。

2. 工程配置

(1)单击按钮,打开工程配置, Target 勾选 Use MicroLIB,如图 B-24 所示。

注意:此处勾选 Use MicroLIB 主要是用串口输出数据的时候可以直接调用 printf 函数输出各种格式的数据。

(2)OutPut 里面单击"Select Folder for objects…"选择输出文件存放的目录,目录为:工程模板/Output,如果要输出 HEX 文件的话,勾选"Create HEX File",如图 B-25 所示。

(3)Listing 里面单击"Select Folder for Listings…"选择输出文件存放的目录,目录为:工程模板/Listings,如图 B-26 所示。

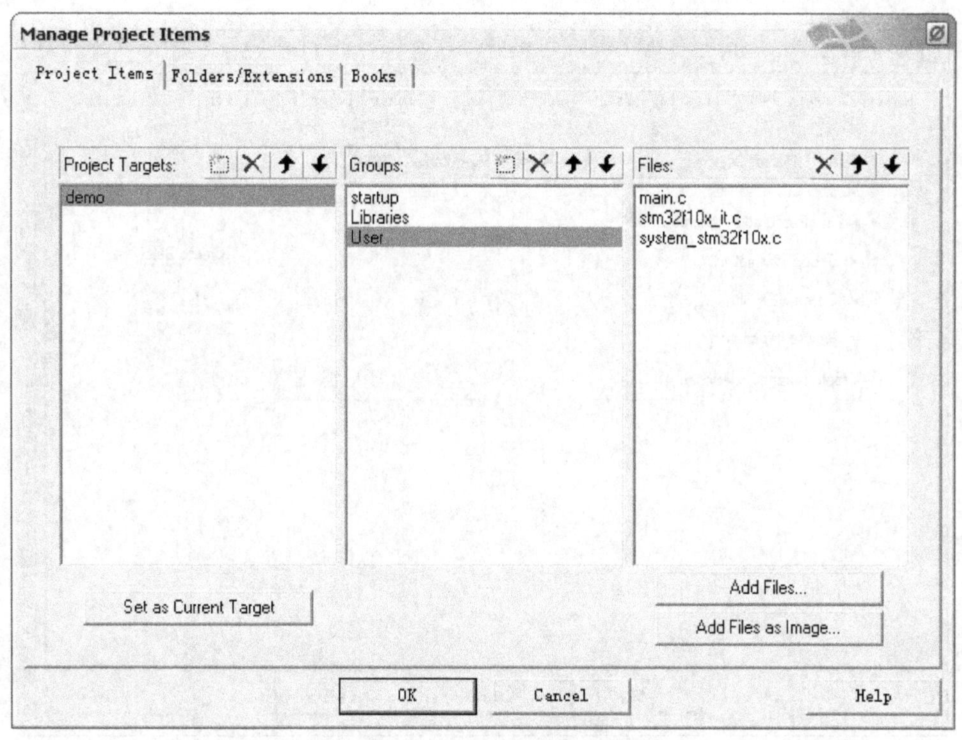

图 B-23　User 文件夹里面的文件

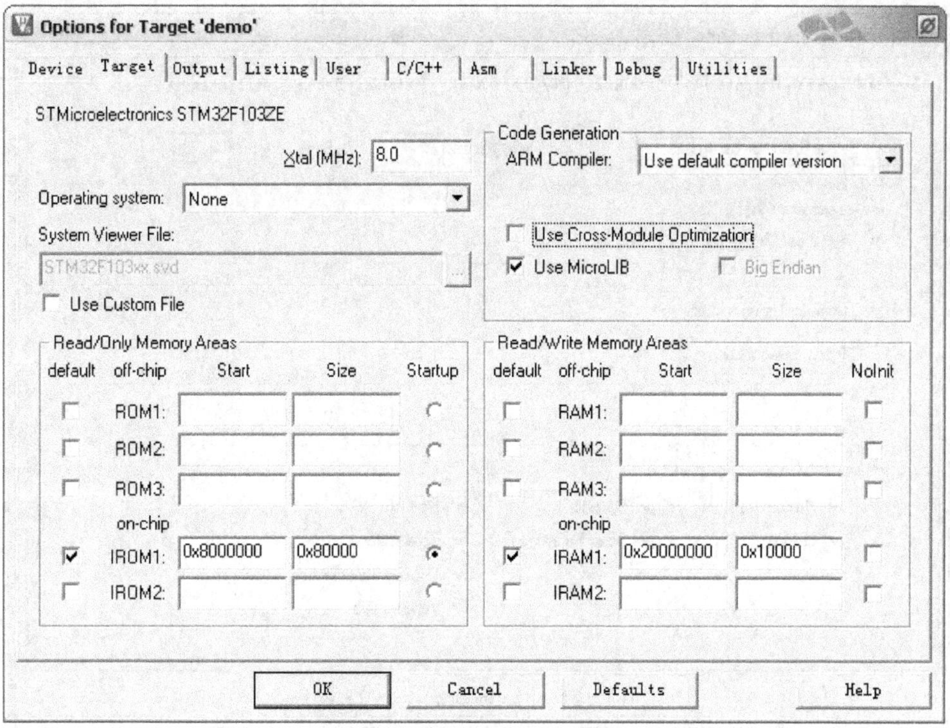

图 B-24　勾选 Use MicroLIB

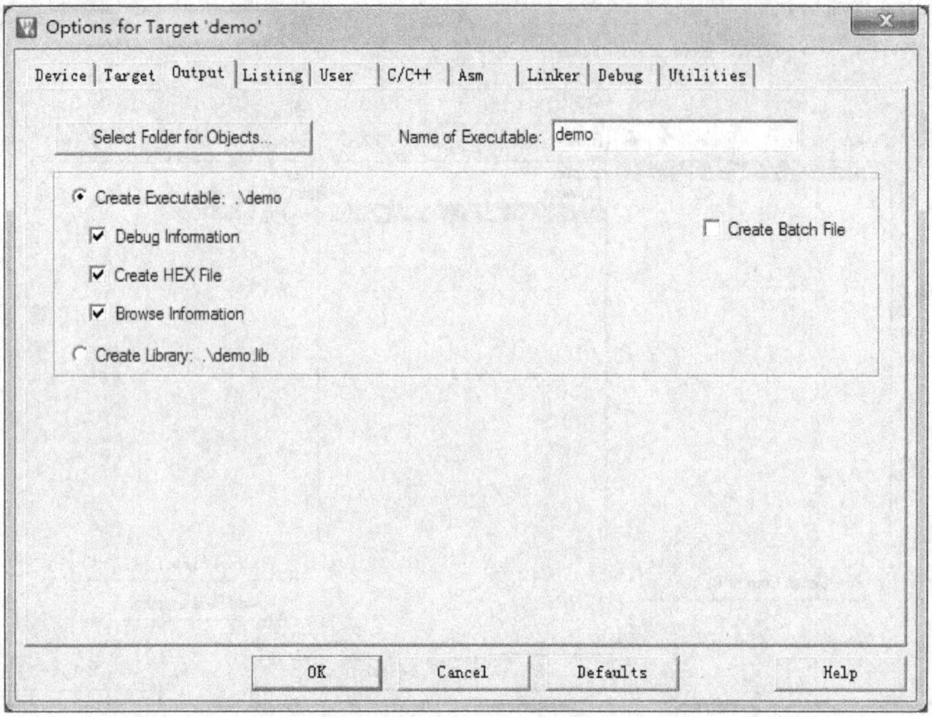

Options for Target 'demo'
Device | Target | Output | Listing | User | C/C++ | Asm | Linker | Debug | Utilities
Select Folder for Objects...
Name of Executable: demo
Create Executable: .\demo
Debug Information
Create HEX File
Browse Information
Create Library: .\demo.lib
Create Batch File
OK
Cancel
Defaults
Help

图 B-25 勾选 Create HEX File 输出 hex 文件

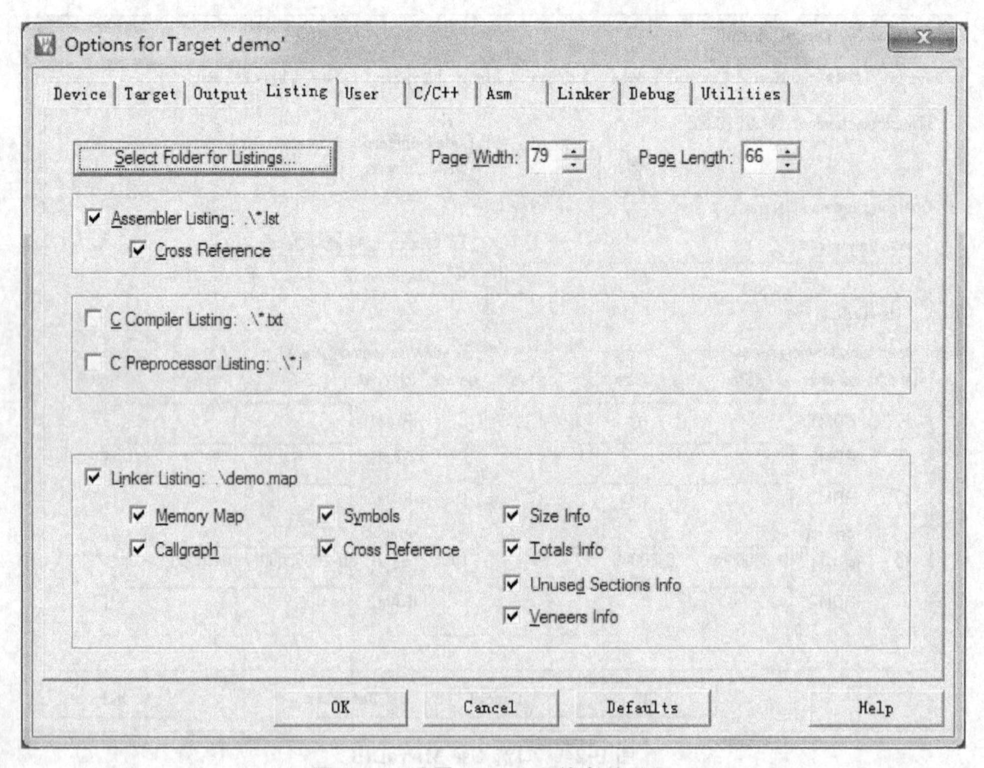

图 B-26 设置 Listing 文件存放目录

(4)C/C++里面需要添加预编译的定义和工程中用到的.h文件的路径,如图B-27所示。在预编译定义里面填写:STM32F10X_HD,USE_STDPERIPH_DRIVER。头文件路径里面添加.h文件路径,添加完成如图B-28所示。

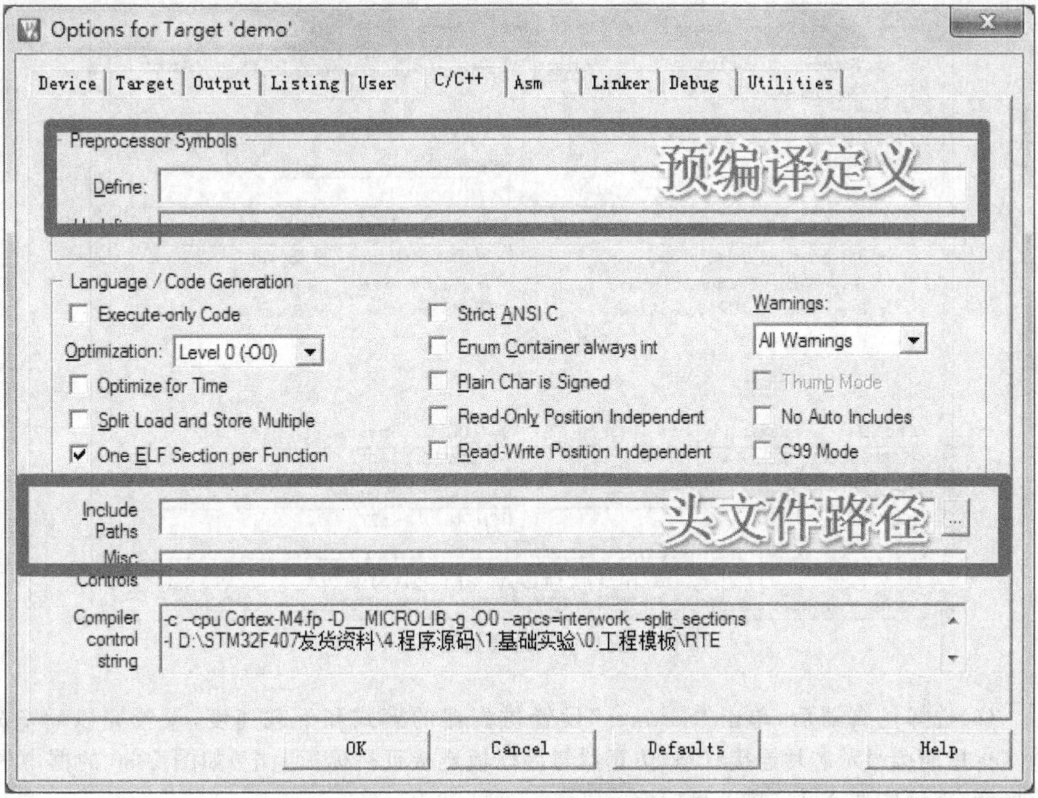

Options for Target 'demo'

Device | Target | Output | Listing | User | C/C++ | Asm | Linker | Debug | Utilities

Preprocessor Symbols

Define: 预编译定义

Language / Code Generation

Execute-only Code　Strict ANSI C　Warnings: All Warnings

Optimization: Level 0 (-O0)　Enum Container always int

Optimize for Time　Plain Char is Signed　Thumb Mode

Split Load and Store Multiple　Read-Only Position Independent　No Auto Includes

One ELF Section per Function　Read-Write Position Independent　C99 Mode

Include Paths 头文件路径

Misc Controls

Compiler control string: -c --cpu Cortex-M4.fp -D__MICROLIB -g -O0 --apcs=interwork --split_sections -I D:\STM32F407发货资料\4.程序源码\1.基础实验\0.工程模板\RTE

OK　Cancel　Defaults　Help

图 B-27　预编译和.h文件路径

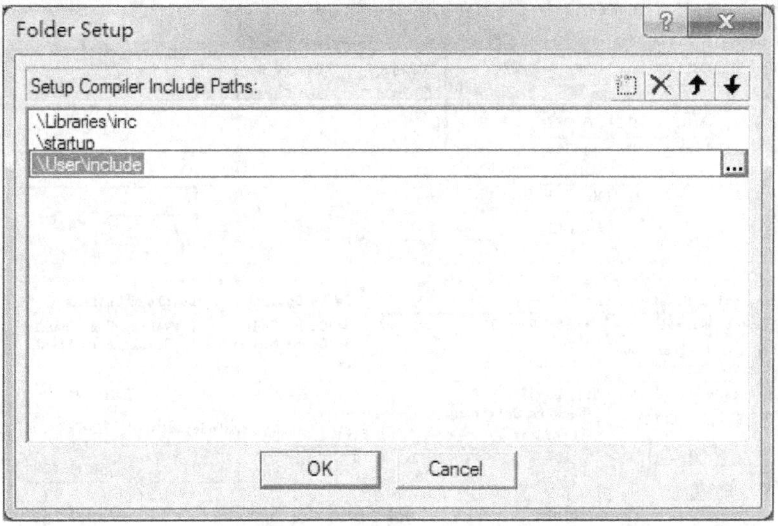

Folder Setup

Setup Compiler Include Paths:

.\Libraries\inc
.\startup
.\User\include

OK　Cancel

图 B-28　添加.h文件路径

(5)Debug 里面选择 J-LINK,单击“Settings”打开仿真器设置对话框选择仿真器,如图 B-29 所示。

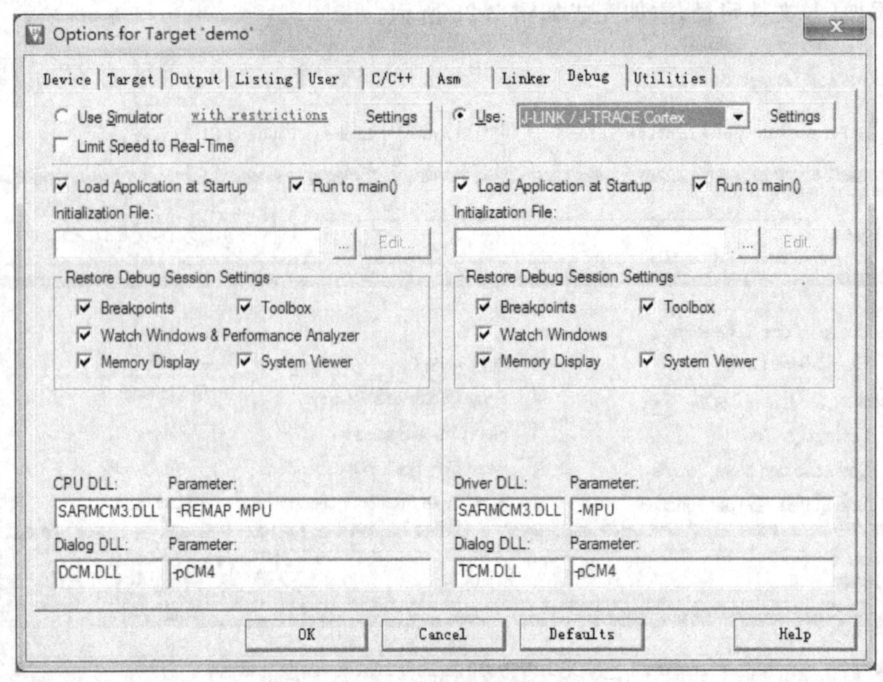

图 B-29 选择仿真器

(6)选择仿真器后,单击“Settings”设置仿真器的模式和下载速度,设置完以后 SW Device 里面会显示芯片连接状态(仿真器与目标板连接且目标板上电)如图 B-30 的框中内容所示,表示仿真器已连接上目标板。

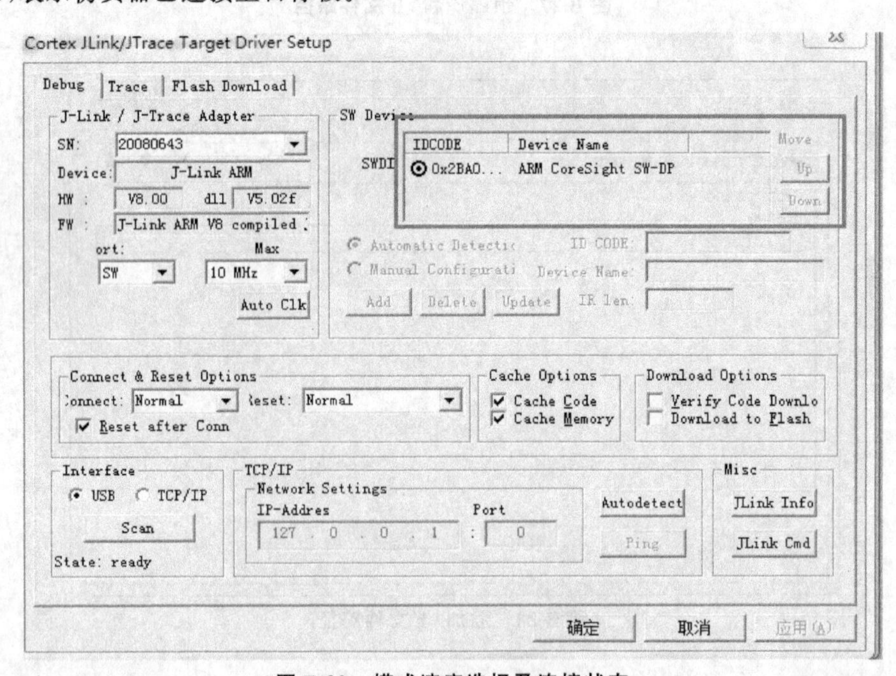

图 B-30 模式速度选择及连接状态

(7)Utilities 里面勾选“Use Debug Driver”,如图 B-31 所示。

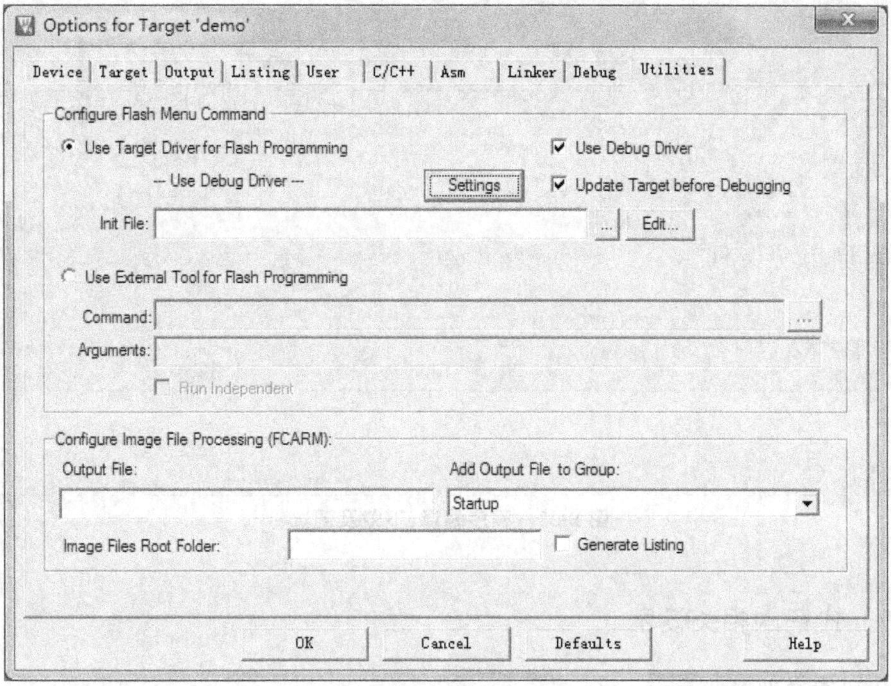

图 B-31　勾选 Use Debug Driver

(8)单击“Settings”打开对话框,然后添加芯片 flash 的大小,如图 B-32 所示。

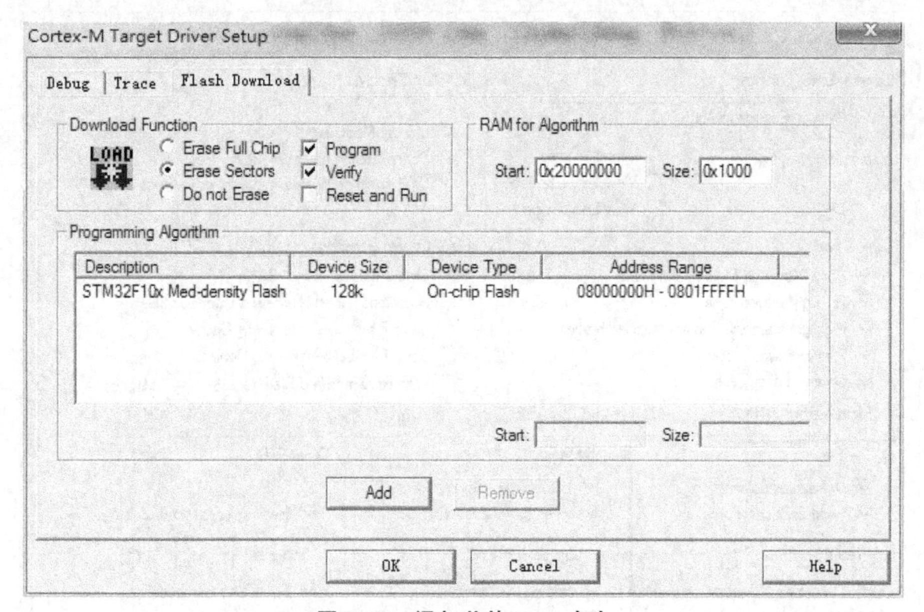

图 B-32　添加芯片 flash 大小

3. 编译、下载和调试程序

程序的编译、下载和调试如图 B-33 所示。

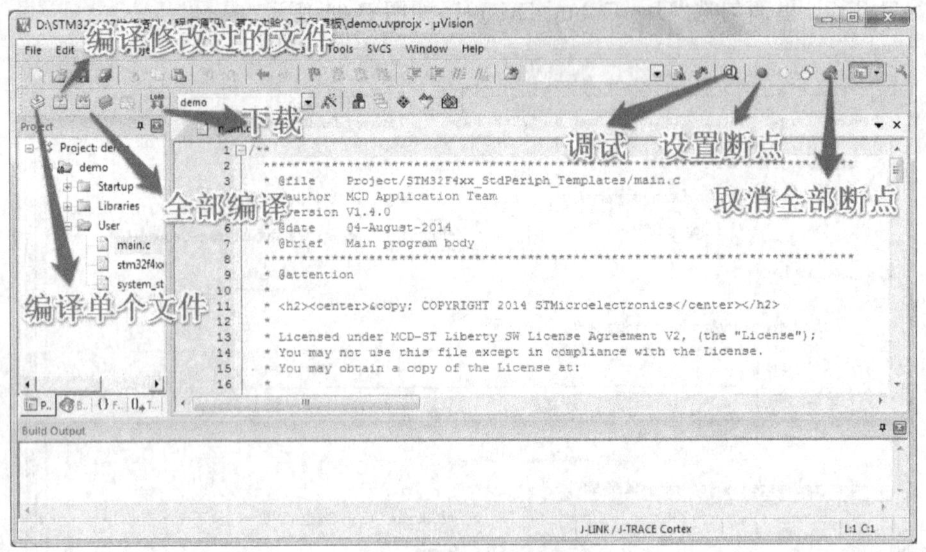

图 B-33　程序编译、下载及调试

B.7　代码的相关设置

1. 代码缩进设置

单击 MDK 菜单栏中的 打开设置对话框，用 4 个空格键替代 Tab 键，如图 B-34 所示。

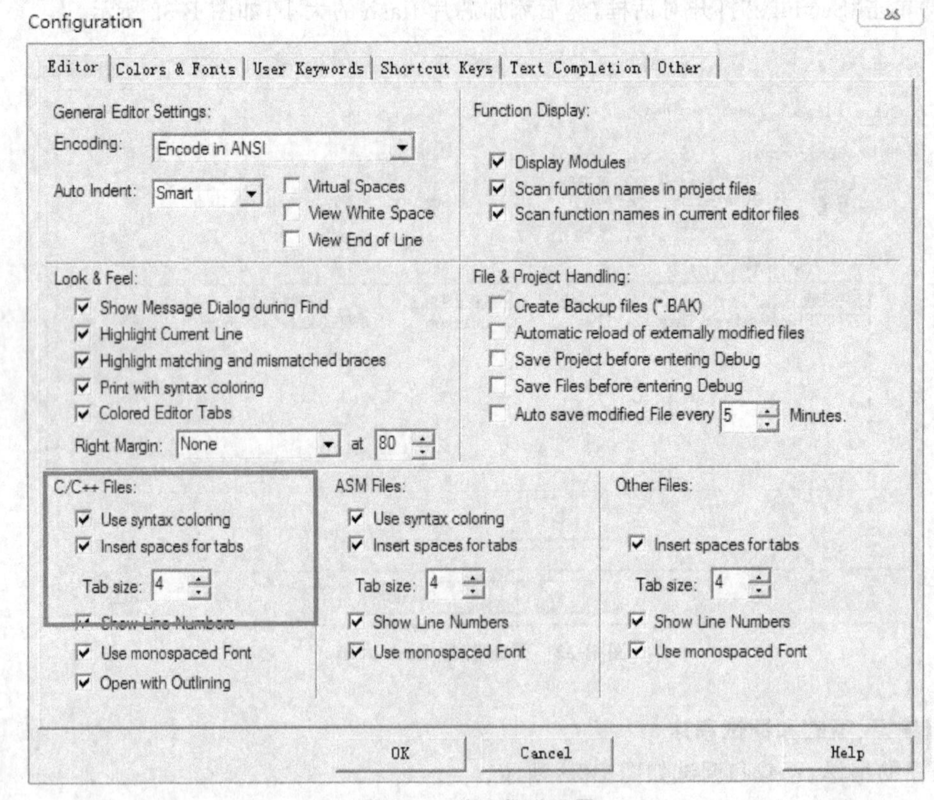

图 B-34　代码缩进设置

2. 代码自动补全功能设置

单击 MDK 菜单栏中的 打开设置对话框，选择 TEXT Completion，设置从第三个字符开始补全代码，如图 B-35 所示。

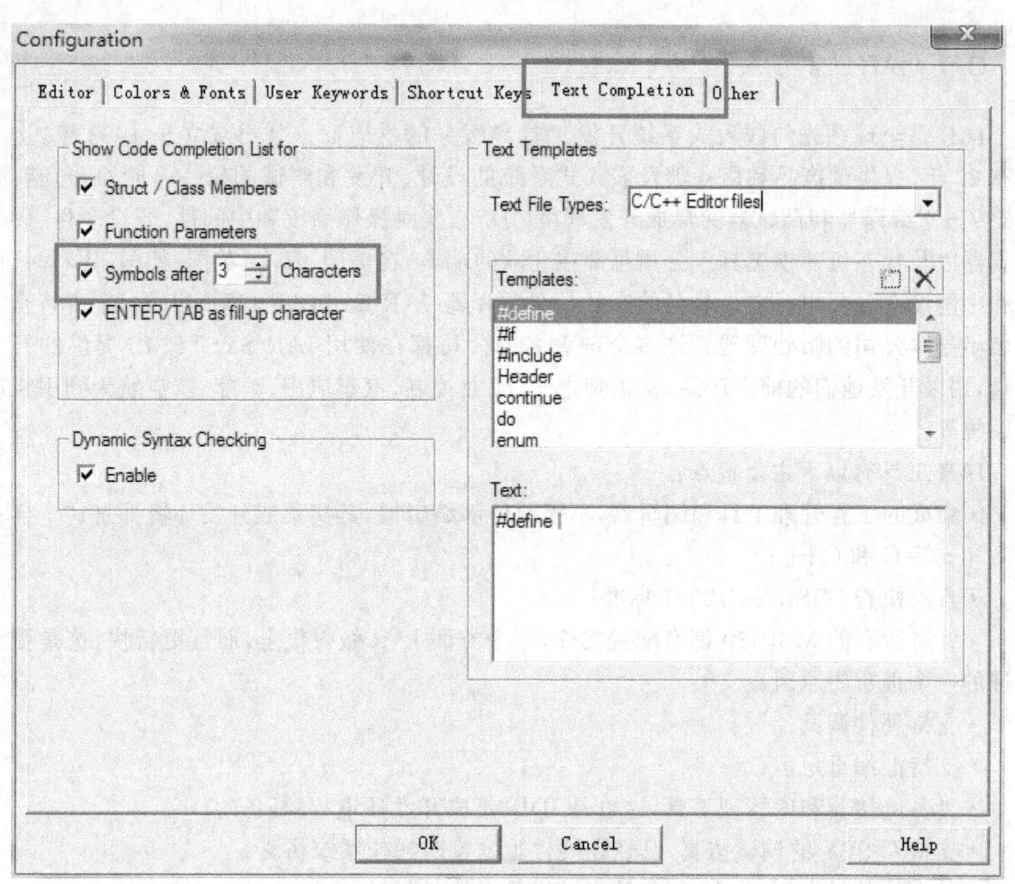

图 B-35　代码自动补全设置

附录C IAR软件安装和使用方法

C.1 IAR工具介绍

IAR是全球领先的嵌入式系统开发工具和服务的供应商。公司成立于1983年，迄今已有27年，提供的产品和服务涉及嵌入式系统的设计、开发和测试的每一个阶段，包括：带有C/C++编译器和调试器的集成开发环境(IDE)、实时操作系统和中间件、开发套件、硬件仿真器以及状态机建模工具。公司总部在北欧的瑞典，在美国、日本、英国、德国、比利时、巴西和中国设有分公司。它最著名的产品是C编译器-IAR Embedded Workbench，支持众多知名半导体公司的微处理器。许多全球著名的公司都在使用IAR SYSTEMS提供的开发工具，用以开发他们的前沿产品，从消费电子、工业控制、汽车应用、医疗、航空航天到手机应用系统等。

IAR工具有以下主要特点：

• 集成的工程管理工具和编辑器，不需要外部编辑器，其实集成开发环境都是这个样；

• 支持C和C++；

• 自动检查MISRA-C:2004标准；

• 针对所有的MSP430都有配置文件，这个方面IAR做得很全，而且更新快，这是受到欢迎的一个很重要原因；

• 支持硬件调试；

• 支持汇编重定位；

• 具备链接器和库管理工具，这也是IDE(集成开发环境)都具备的；

• 支持C-SPY的调试仿真，已经在硬件上的实时操作系统仿真；

• 其它的就是有例程、有PDF的指导以及在线的帮助；

• IAR很受欢迎主要是两个方面：一方面是使用简洁方便，并且对器件的支持做得很好，包括代码的优化和新器件的支持；另一方面IAR的产品线很广，几乎针对目前主流的MCU它都有对应的版本，而且界面之类的是完全一致的，所以即便是换了器件使用基本相同的IDE，大家使用起来不会觉察到很大变化，过渡非常的方便。

C.2 安装IAR软件

(1)解压“无人值守自动灌溉系统光盘V2.0/5.软件工具/4.IAR安装/IAR EW8051-8.1带注册工具”，右击EW8051-EV-8103-Web.exe，以管理员身份运行，然后开始安装，如图C-1和图C-2所示。

(2)出现如图C-3所示的界面，选择接受协议。

(3)打开“无人值守自动灌溉系统光盘V2.0/5.软件工具/4.IAR安装/IAR EW8051-8.1带注册工具”文件夹下面的IAR kegen PartA.exe(Windows XP系统直接打开，Windows 10系统使用管理员身份运行)，如图C-4所示，按图中框里的内容选择，然后单击“Generate”按钮生产License number和License key。

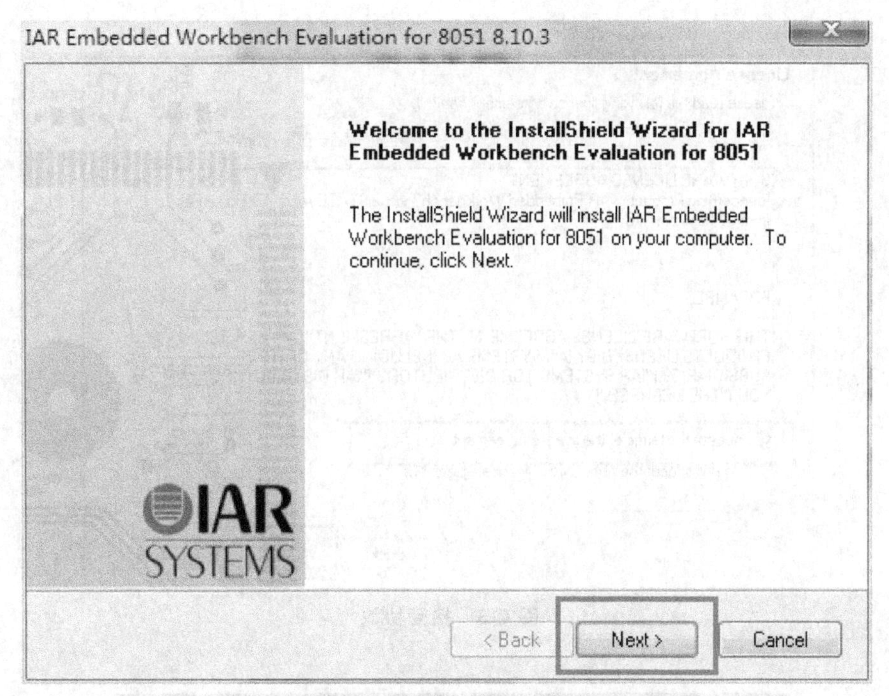

图 C-1　启动安装 IAR 界面

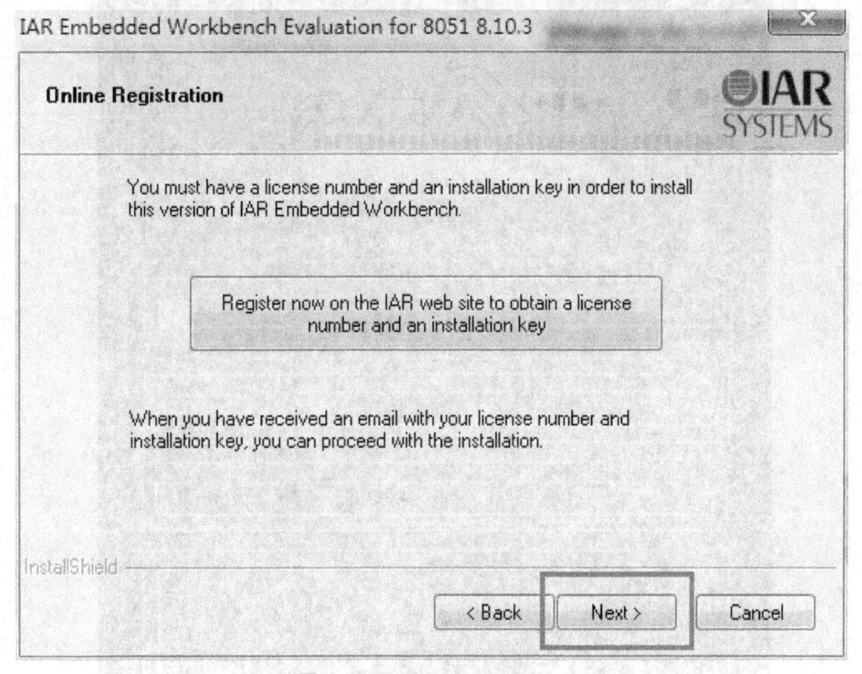

图 C-2　Online Registration

(4)将图 C-4 生成的 License number 复制到图 C-5 的 License＃里面。

(5)单击"Next"按钮,然后将图 C-4 生成的 License key 复制到图 C-6 的 License key 里面。

IAR Embedded Workbench Evaluation for 8051 8.10.3
License Agreement
Please read the following license agreement carefully.
IAR SYSTEMS
SOFTWARE LICENSE AGREEMENT
(concerning Products: IAR Embedded Workbench? visualSTATE?and IAR PowerPac?
from IAR Systems AB
PREAMBLE
THIS SOFTWARE LICENSE AGREEMENT (THE "AGREEMENT") APPLIES TO PRODUCTS LICENSED BY IAR SYSTEMS AB INCLUDING ANY OF ITS SUBSIDIARIES ("IAR SYSTEMS") OR DISTRIBUTORS ("IAR DISTRIBUTORS"), TO YOU ("THE LICENSEE").
I accept the terms of the license agreement
I do not accept the terms of the license agreement
Print
InstallShield
< Back
Next >
Cancel

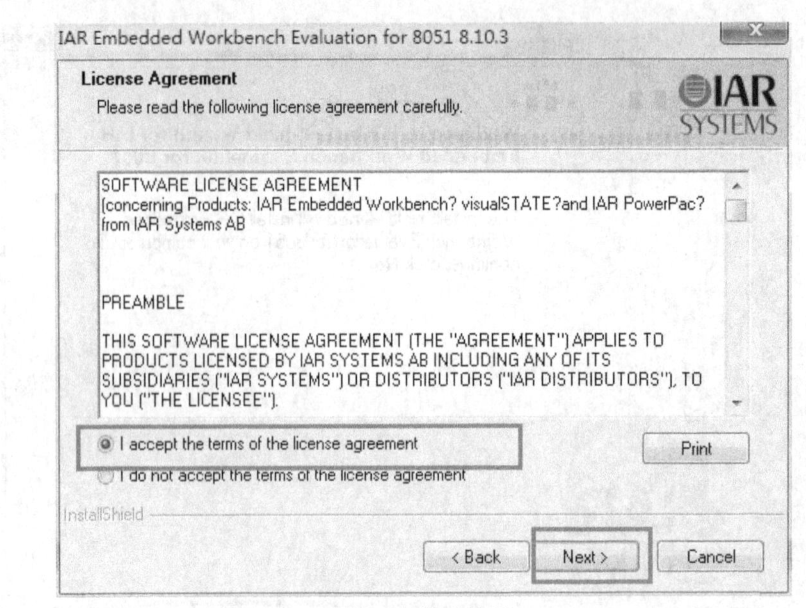

图 C-3 接受协议

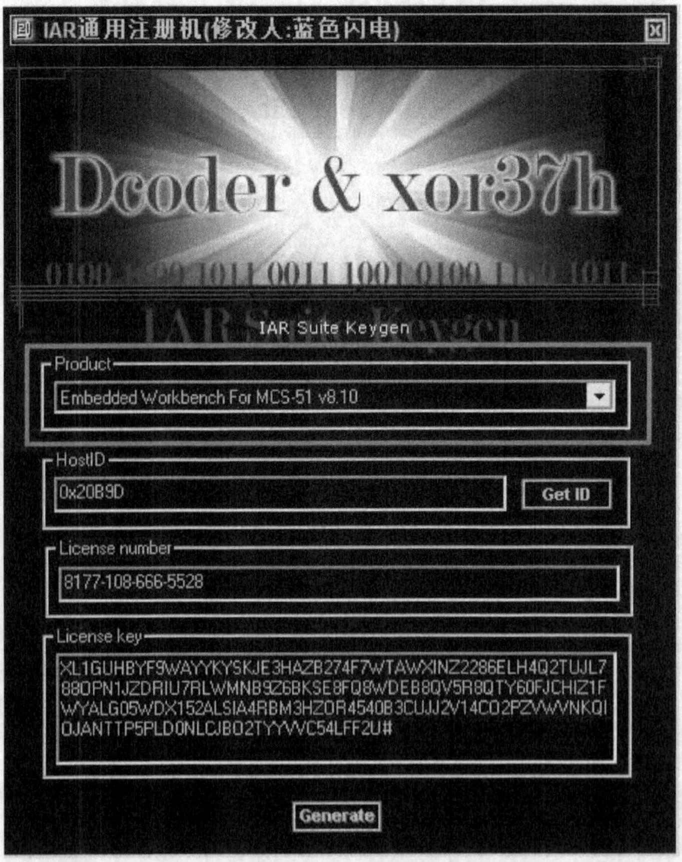

IAR通用注册机(修改人:蓝色闪电)
Dcoder & xor37h
IAR Suite Keygen
Product
Embedded Workbench For MCS-51 v8.10
HostID
0x20B9D
Get ID
License number
8177-108-666-5528
License key
XL1GUHBYF9WAYYKYSKJE3HAZB274F7WTAWXINZ2286ELH4Q2TUJL788OPN1JZDRIU7RLWMNB9Z6BKSE8FQ8WDEB8QV5R8QTY60FJCHIZ1FWYALG05WDX152ALSIA4RBM3HZOR4540B3CUJJ2V14CO2PZVWVNKQIOJANTTP5PLDONLCJBO2TYYVVC54LFF2U#
Generate

图 C-4 生产 License

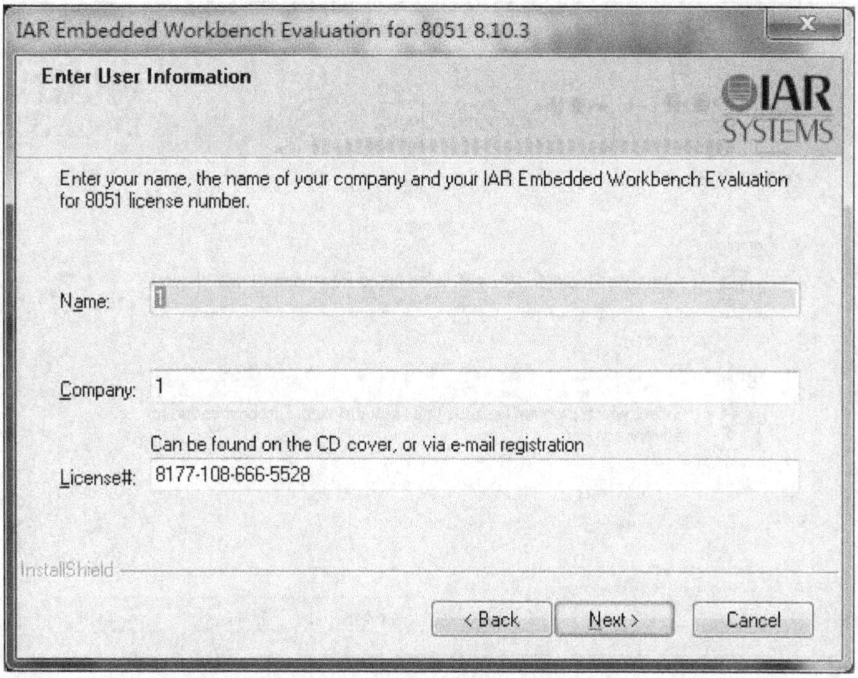

图 C-5　写 License number

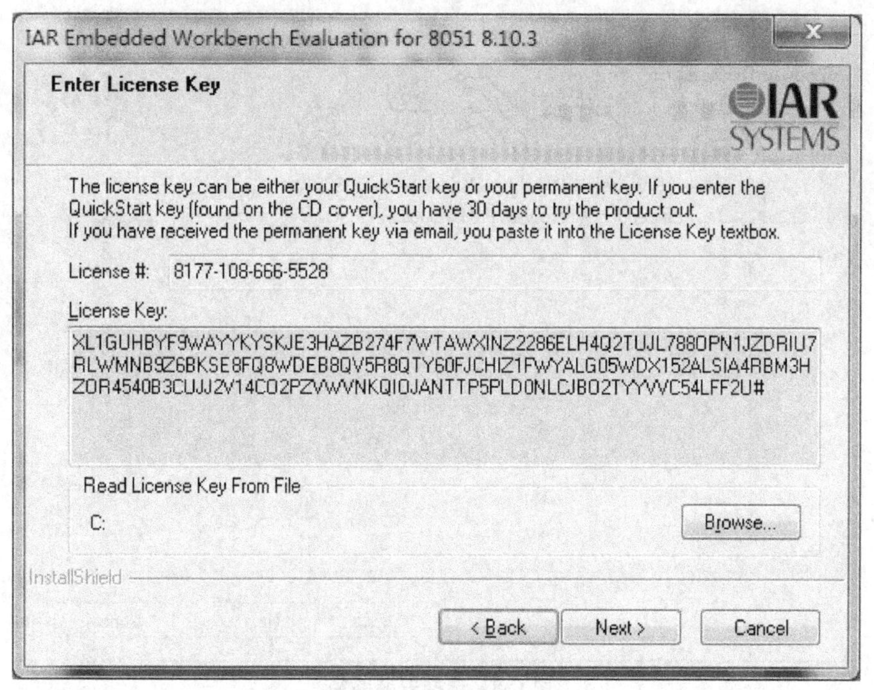

图 C-6　写 License Key

(6)单击"Next"按钮,选择全功能安装,如图 C-7 所示。

(7)单击"Next"按钮,然后选择安装路径,默认即可,如图 C-8 所示。

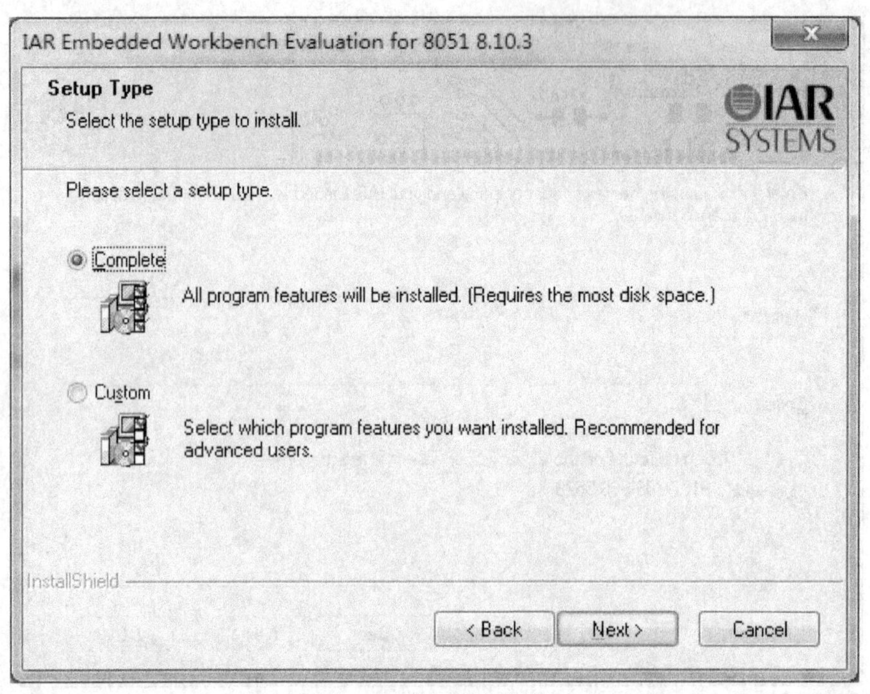

图 C-7　选择完全安装

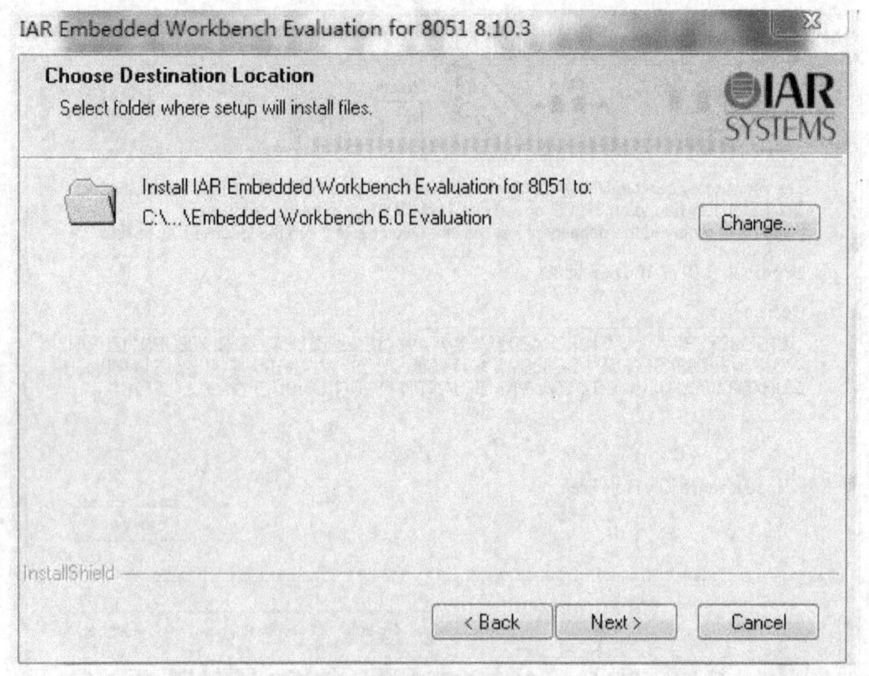

图 C-8　选择安装路径

(8)一路单击“Next”按钮,直至出现如图 C-9 所示的对话框,然后取消勾选,最后单击“Finish”按钮完成安装。

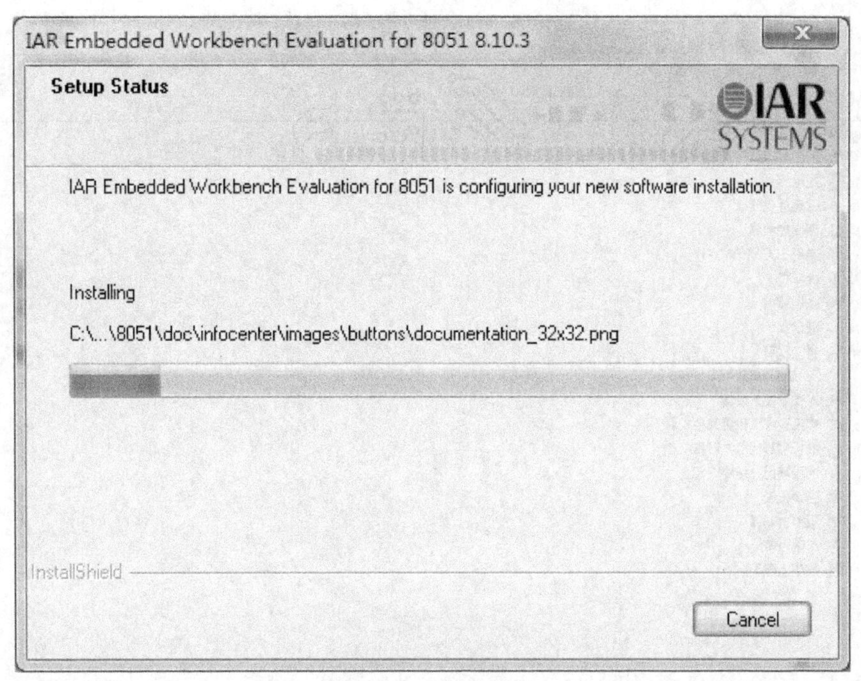

图 C-9　安装等待中

C.3　安装仿真器驱动

(1)将 SmartRF04EB 仿真器连接到 PC 上，如图 C-10 所示。在其它设备中弹出“SmartRF04EB”，右击“SmartRF04EB”，选择更新驱动程序软件，如图 C-11 所示。

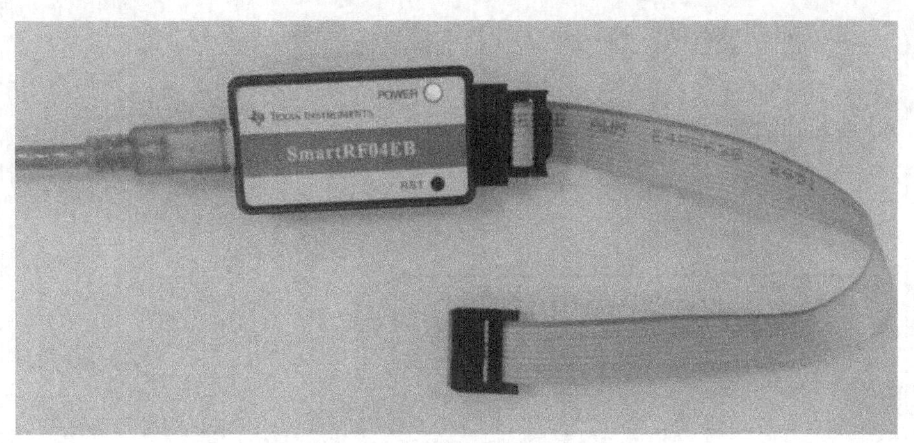

图 C-10　SmartRF04EB 仿真器

(2)选择“浏览计算机以查找驱动程序软件”，如图 C-12 所示。

(3)单击“浏览”按钮。选择路径““无人值守自动灌溉系统光盘 V2.0/5. 软件工具\4. IAR 安装\SmartRF04EB 仿真器驱动\SmartRF04EB 仿真器\win_64bit_x64”，单击“下一步”按钮，开始安装驱动，如图 C-13 所示。

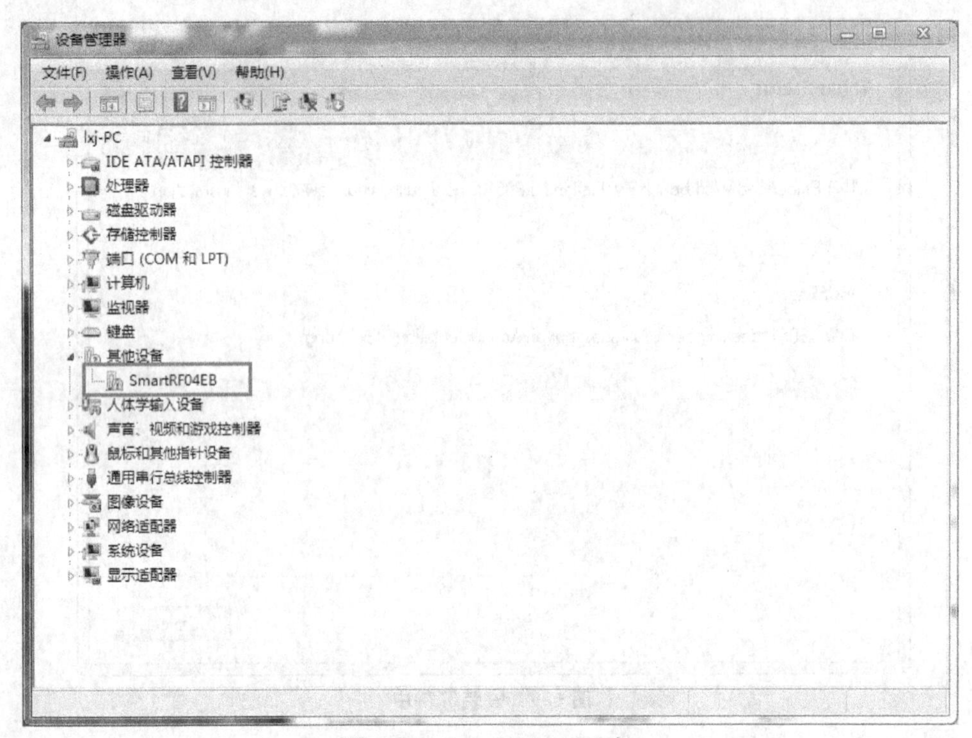

图 C-11 SmartRF04EB 设备

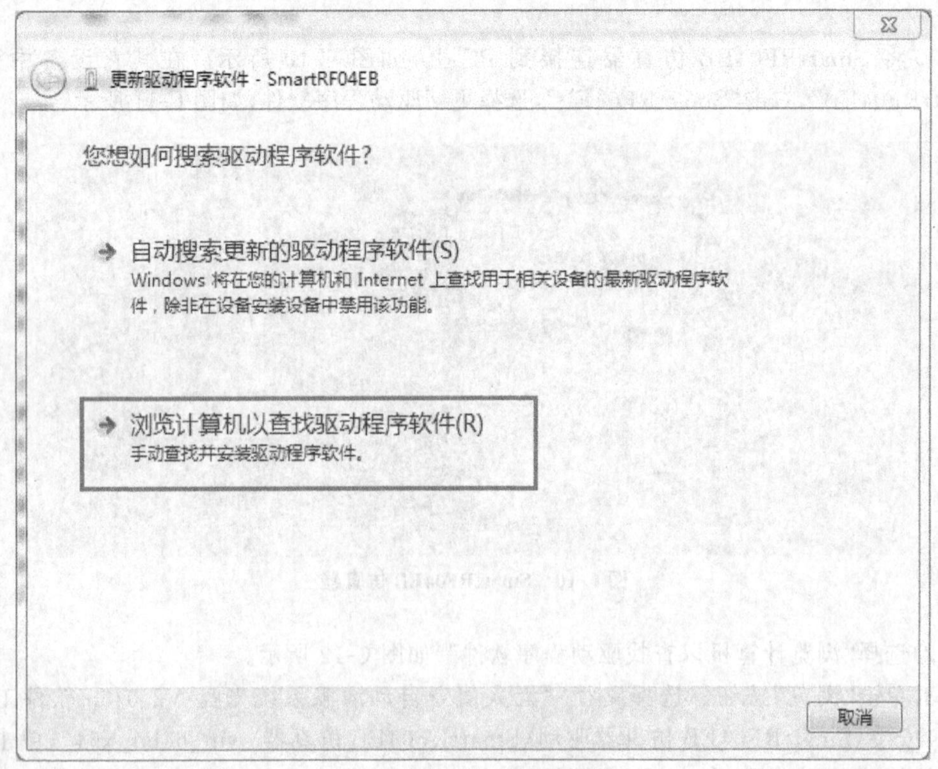

图 C-12 查找驱动程序软件

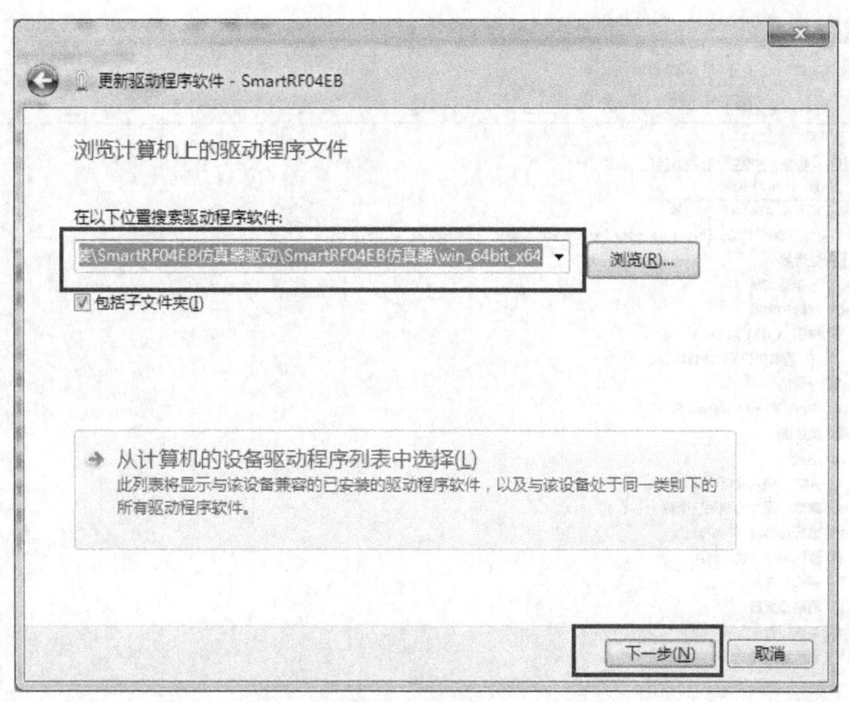

图 C-13　选择路径

(4)驱动安装完毕后单击“完成”按钮，如图 C-14 所示，设备管理器里会出现如图 C-15 所示的设备。

图 C-14　SmartRF04EB 设备

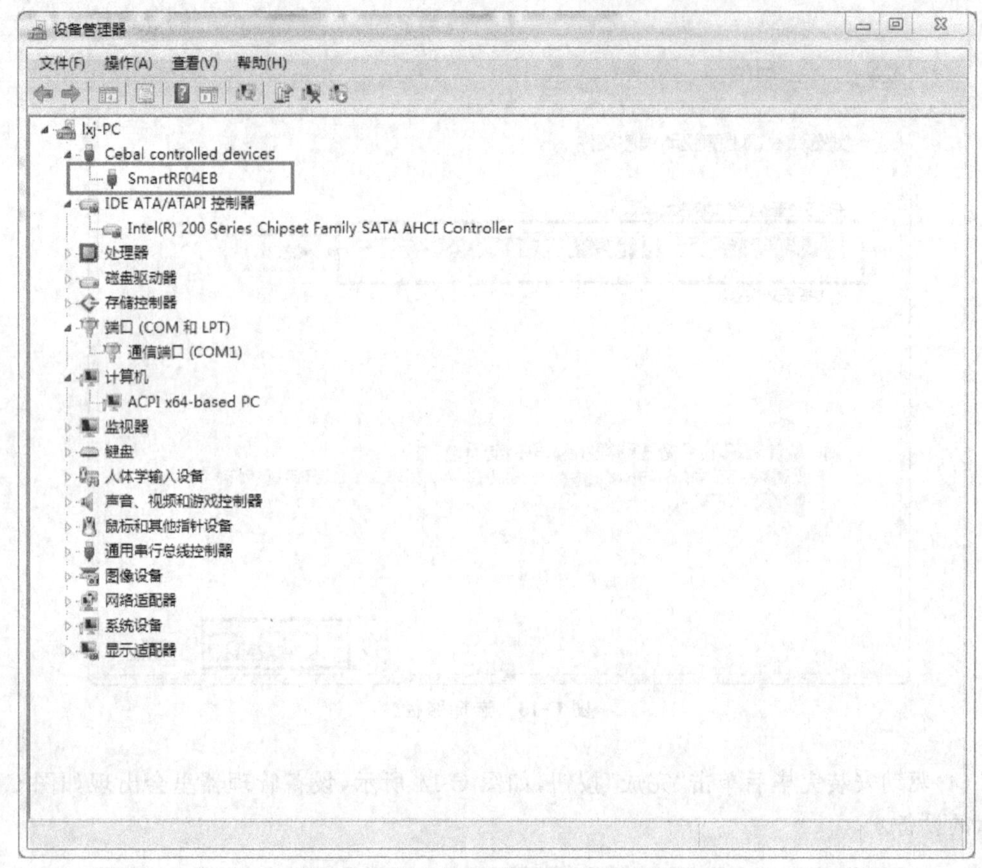

图 C-15 装完仿真器驱动后出现的设备

C.4 新建工程与工程配置

(1)新建文件夹 demo,用于存放工程。

(2)打开 IAR 应用程序在计算机上打开左下角开始的图标,找到如图 C-16 所示的应用程序。

(3)在弹出的对话框中,单击“project→create new project…”,如图 C-17 所示。

(4)在弹出的 Creat new project 对话框中,选择芯片和空工程,单击“OK”按钮,如图 C-18 所示。

(5)在弹出的对话框中选择工程保存的路径,文件工程命名为 demo,单击“保存”按钮。可以看到 demo 文件夹下生成了 demo. ewp,如图 C-19 所示。

(6)单击 File→SaveWorkSpace 保存工作空间,文件工程命名为 demo,单击“保存”按钮。可以看到 demo 文件夹下生成了 demo. eww。因为 IAR 打开工程的时候打开的是 xxx. eww 文件。demo 文件夹里面的文件如图 C-20 所示。

(7)IAR 各种文件后缀的含义:

- ewp-工程项目设置文件 project。
- eww-工作空间设置文件 workspace。

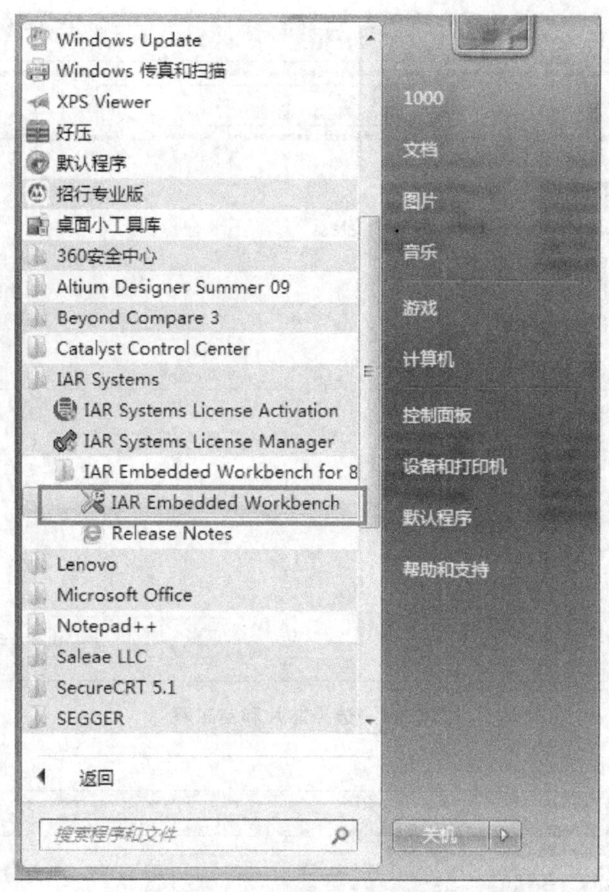

图 C-16　打开 IAR 应用程序

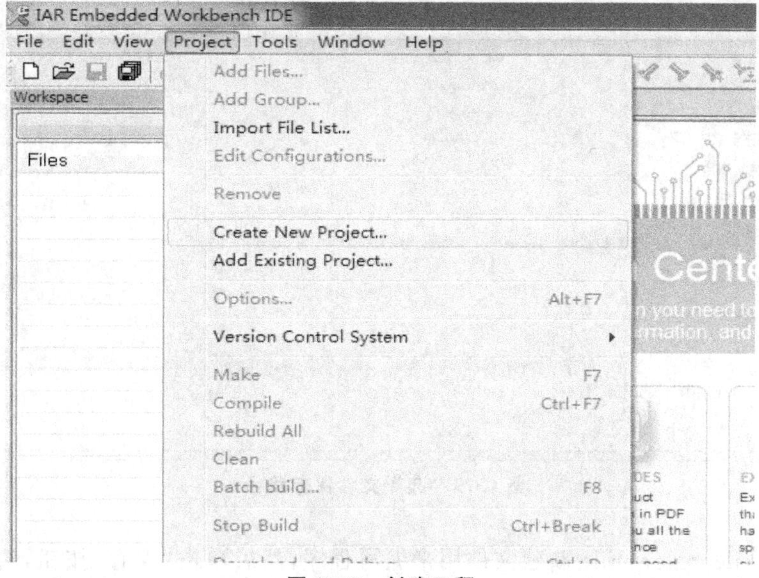

图 C-17　创建工程

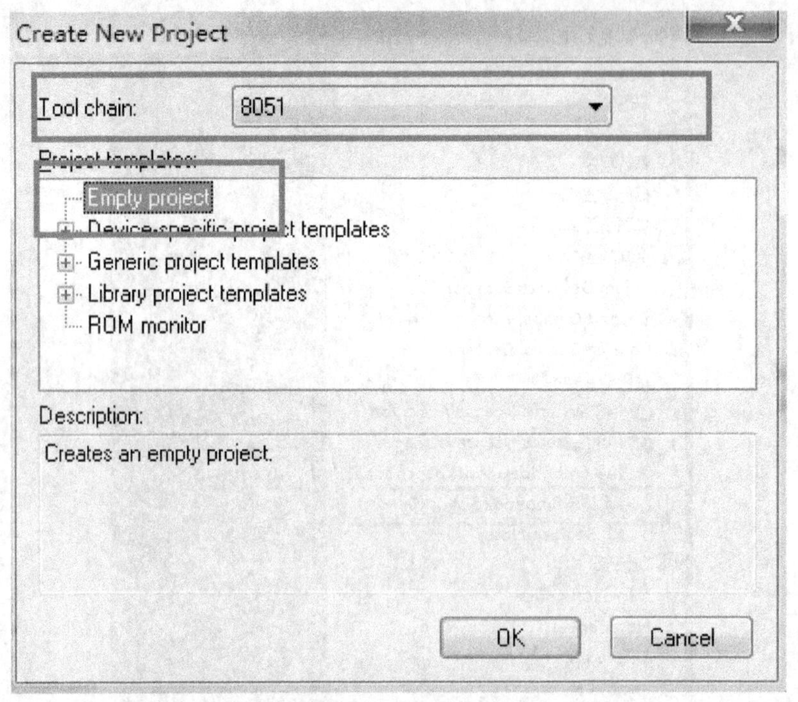

图 C-18　选择芯片和空工程

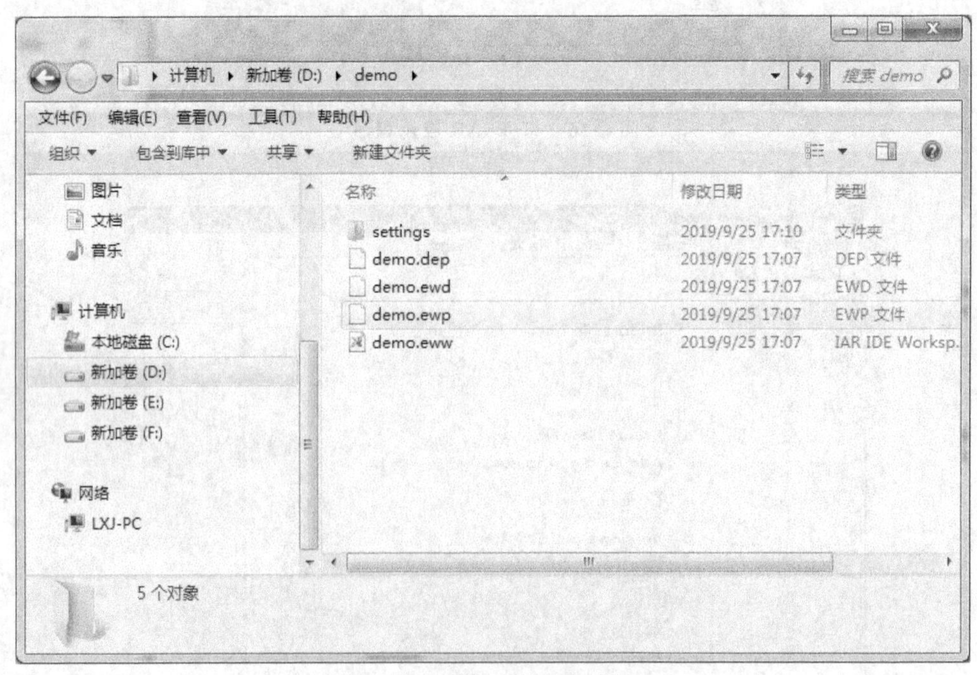

图 C-19　选择文件保存路径

(8)单击 File→New File 新建文件用来编写程序，然后单击“保存”按钮，选择文件保存路径，输入文件名 xxx. c 或 xxx. h，再单击“保存”按钮，如图 C-21 所示。

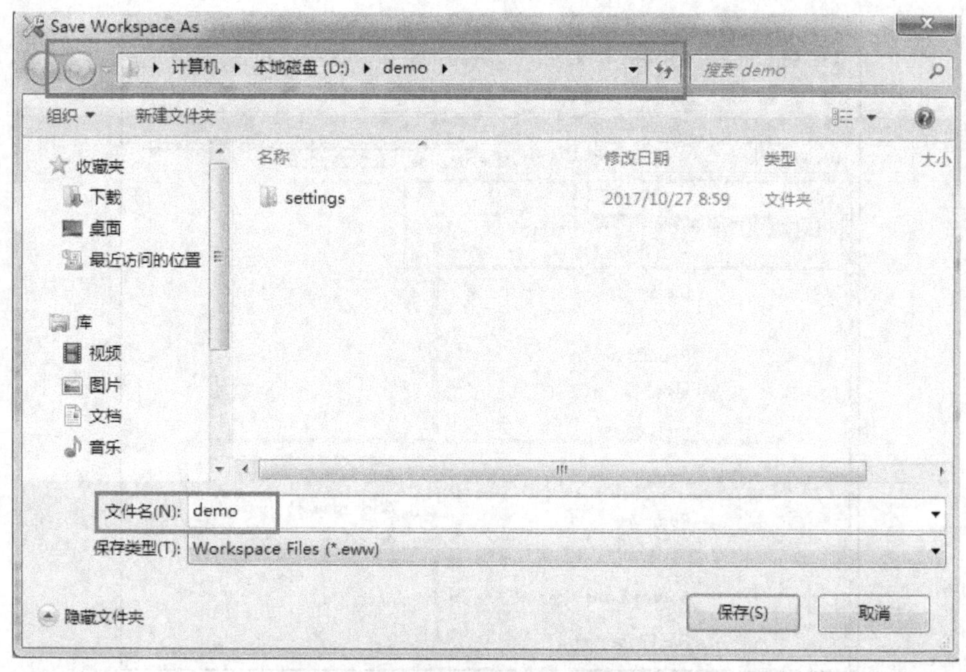

图 C-20　保存工作空间

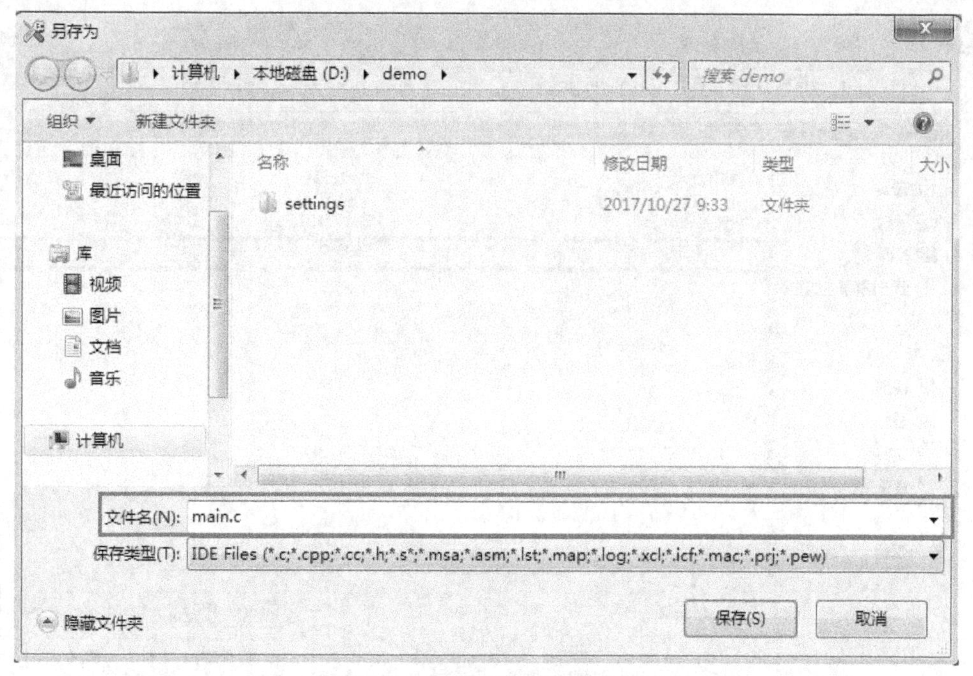

图 C-21　保存用户新建的文件

(9)右击工程名,然后添加用户文件,如图 C-22 所示。

(10)在弹出的对话框中选择要添加的文件,然后单击打开完成文件的添加,如图 C-23 所示。

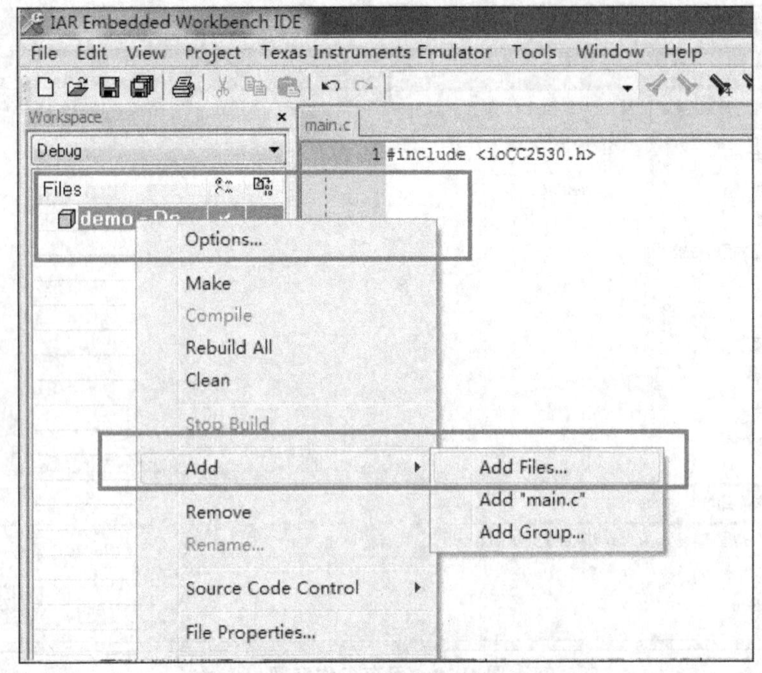

图 C-22 添加文件

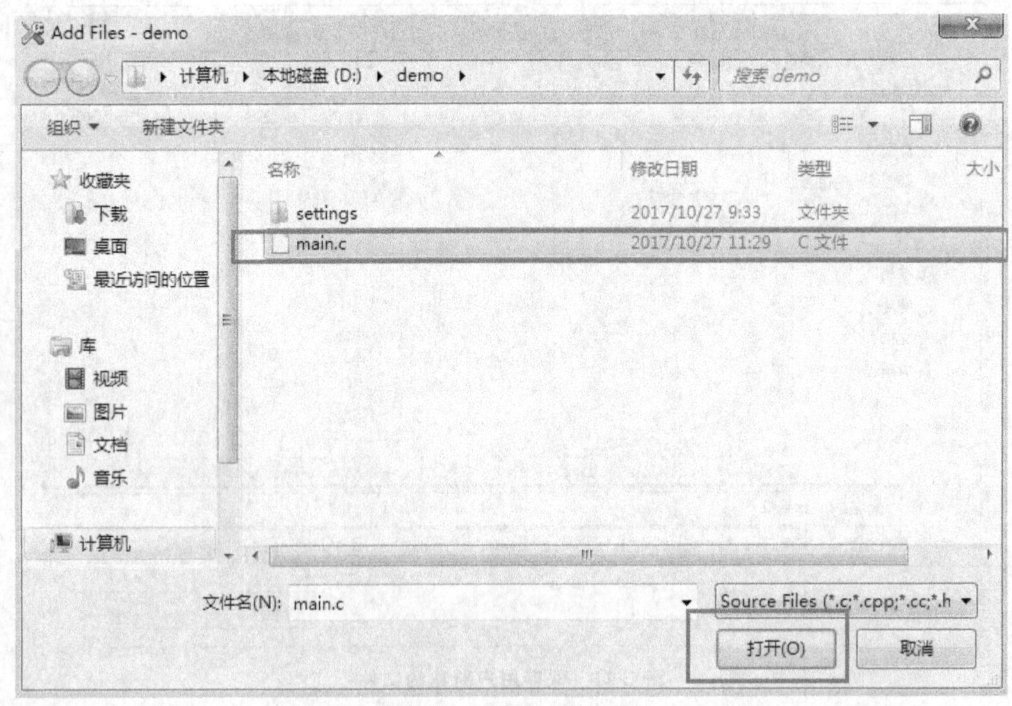

图 C-23 添加文件完成

(11)IAR 进行设置

①打开设置界面,单击“project→options…”,如图 C-24 所示。

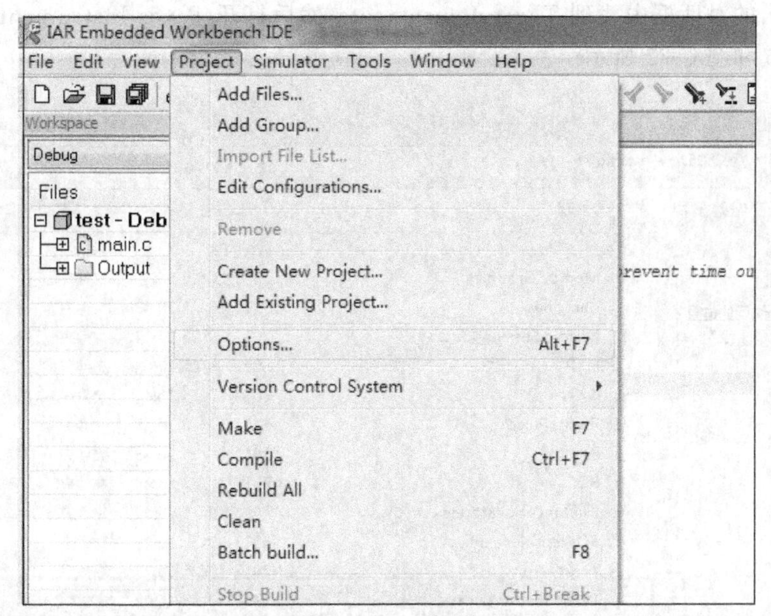

图 C-24　工程配置

②在弹出的 Options for demo 对话框中，单击“general options→target”，然后单击 device 右侧的按钮，如图 C-25 所示。

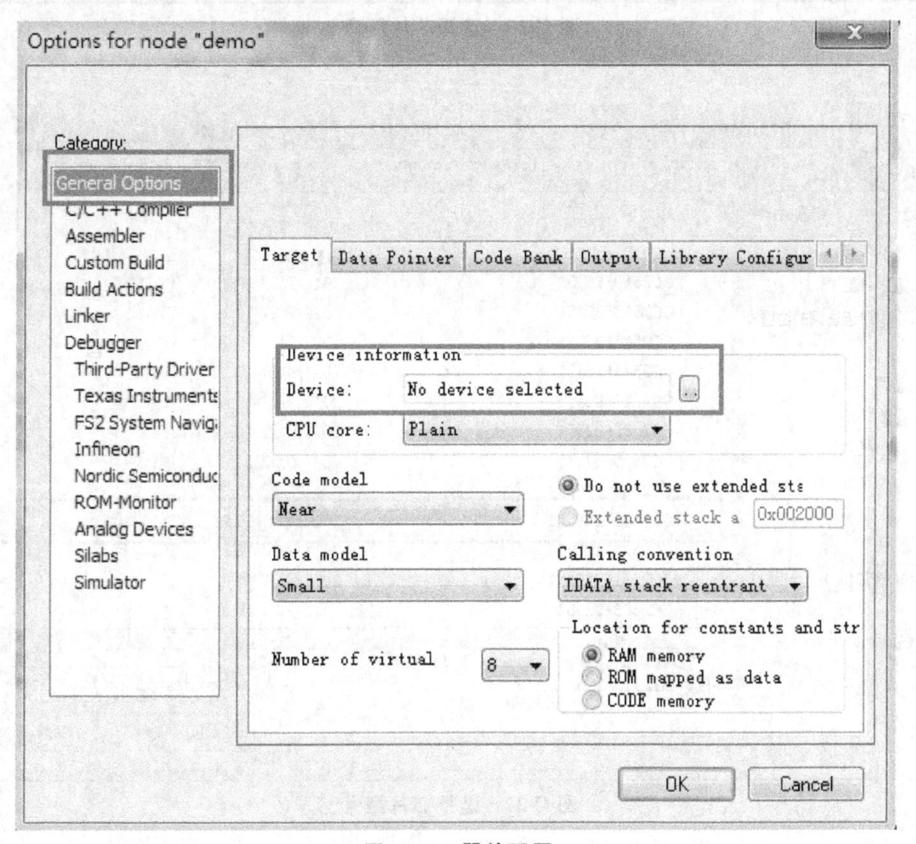

图 C-25　器件配置

③在弹出的对话框中找到 Texas Instruments，然后打开 Texas Instruments 文件夹，选中，如图 C-26 和图 C-27 所示。

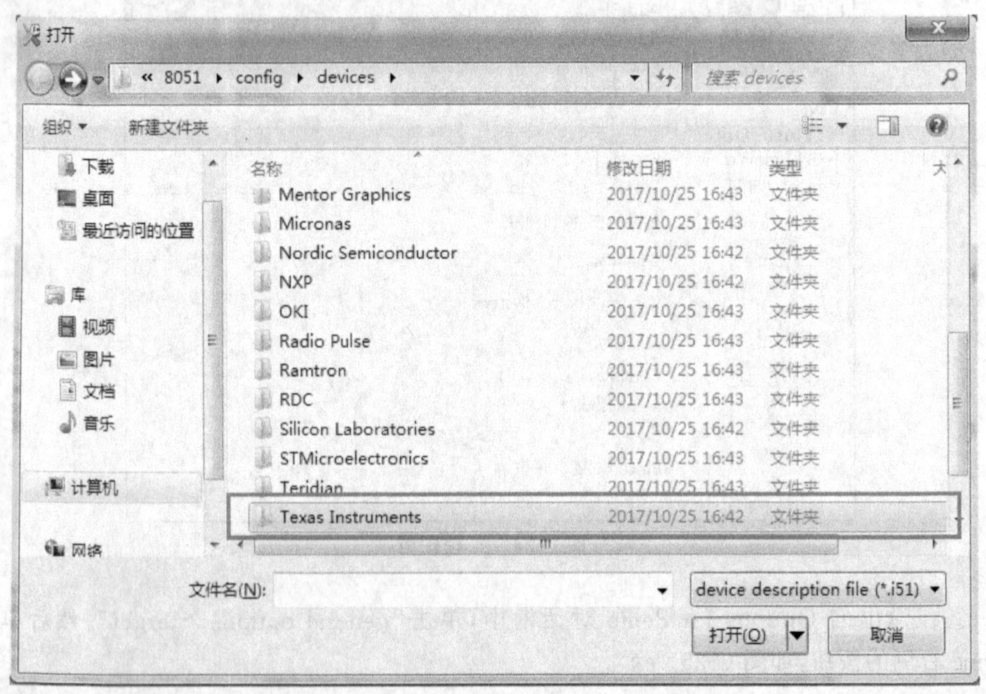

图 C-26　选择芯片厂商

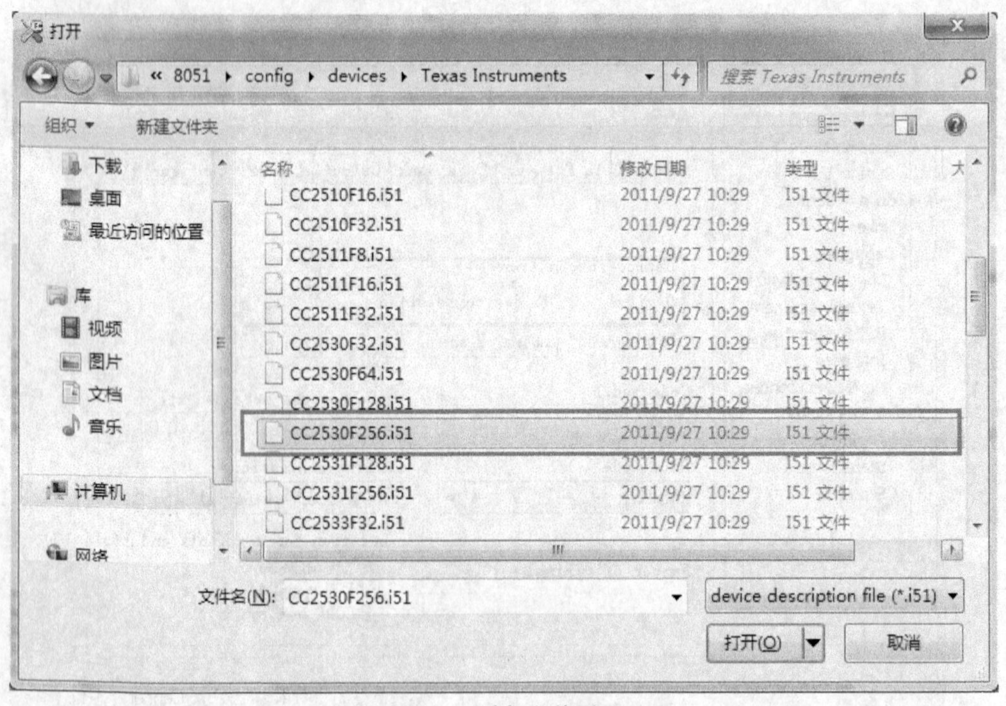

图 C-27　选择芯片型号

④芯片型号配置，如图 C-28 所示。

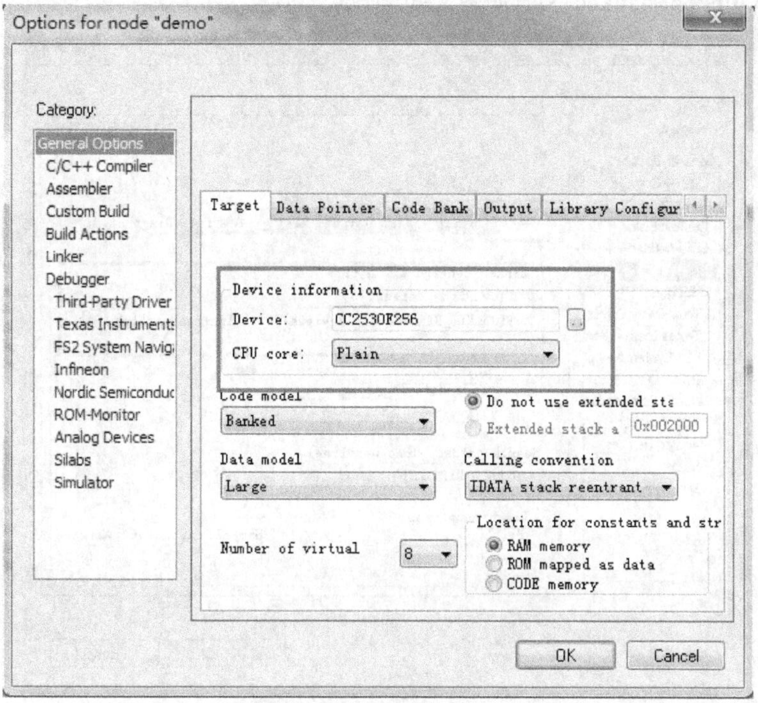

图 C-28　芯片型号配置完毕

⑤在 Stack/Heap 标签，XDATA 文本框内设置为 0x1FF，如图 C-29 所示。

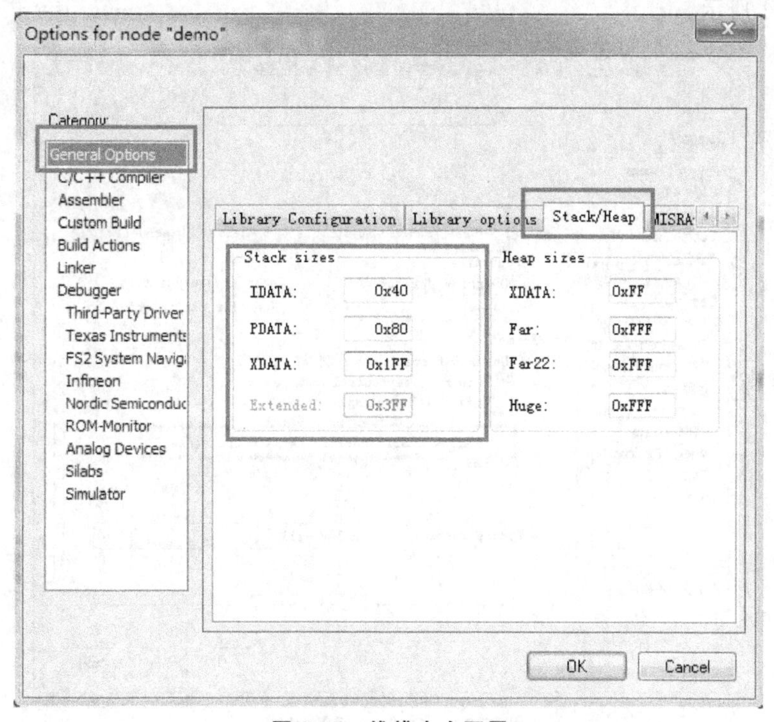

图 C-29　堆栈大小配置

⑥Linker 选项 Config 标签，勾选 Override default，单击下面对话框最右边的按键，选 lnk51ew_cc2530F256_banked. xcl，如图 C-30 所示。

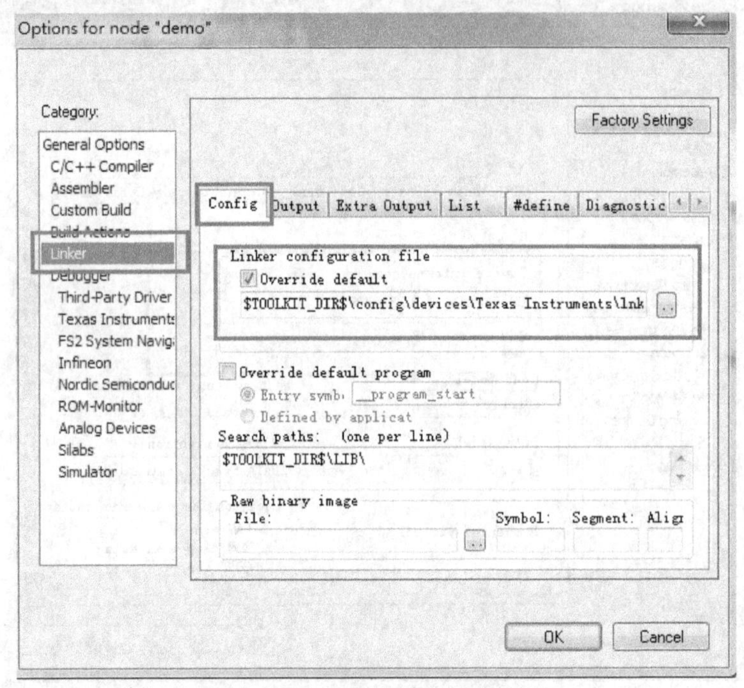

图 C-30 选择连接文件

⑦Output 标签选项主要用于设置输出文件以及格式，勾选 C-SPY-specific extraoutput file，如图 C-31 所示。

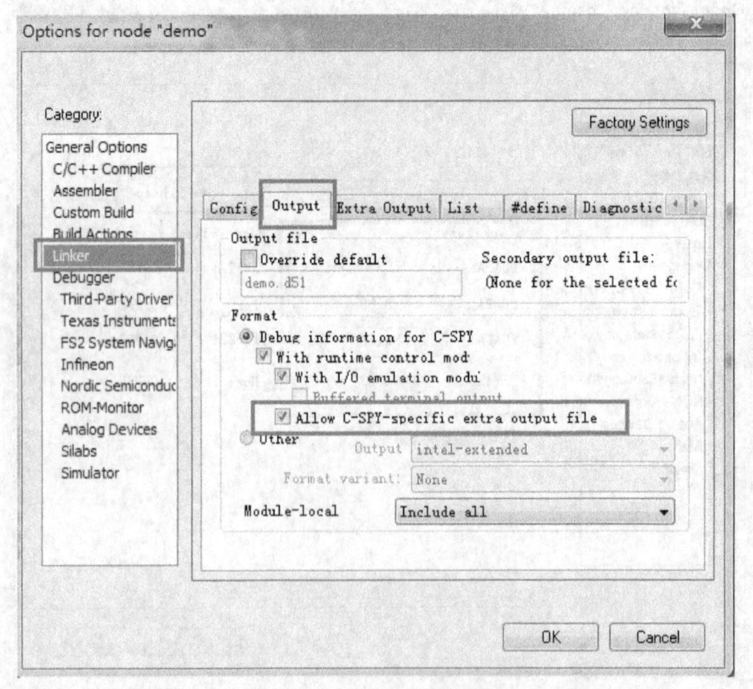

图 C-31 Output 标签设置

⑧设置 Extra Output 如图 C-32 所示。

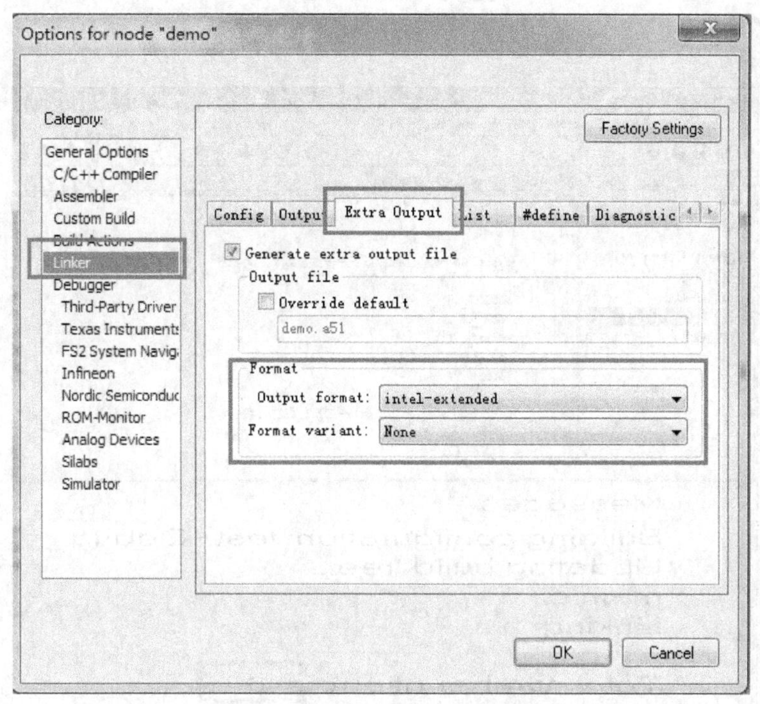

图 C-32　Extra Output 标签配置

⑨Debugger 栏中的 Setup 栏设置为 Tesas Instruments，如图 C-33 所示。

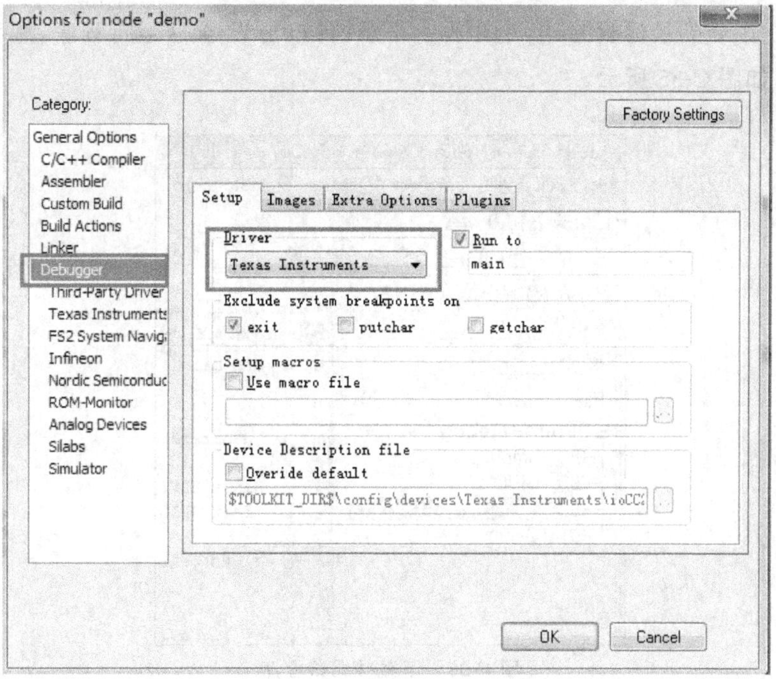

图 C-33　Debugger 配置

⑩对程序进行编译，单击 Make ，查看 Message 中，是否有错误，无错误进行下一步操作，如图 C-34 所示。

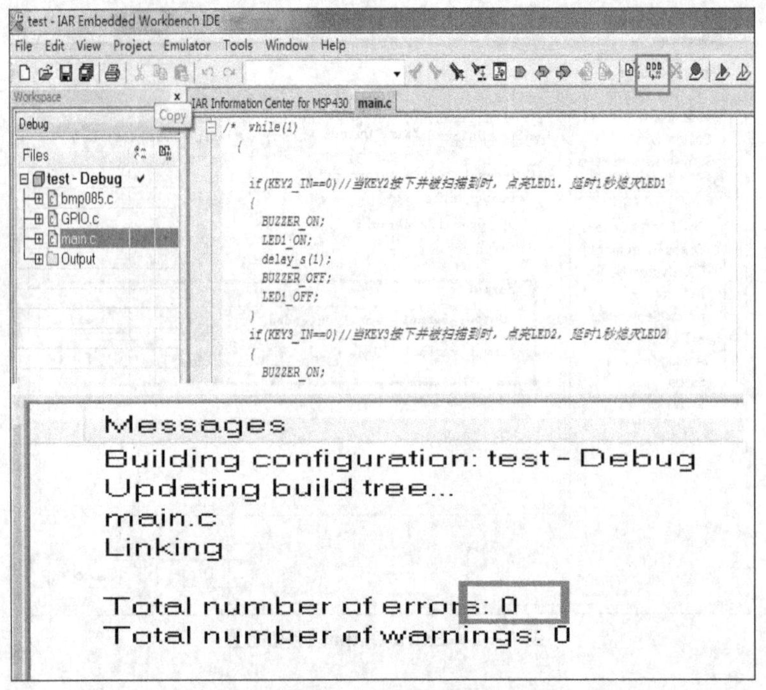

图 C-34　工程编译

⑪把程序下载到目标板上，单击图标下载，再单击全速运行程序，然后单击退出调试模式，如图 C-35 所示。

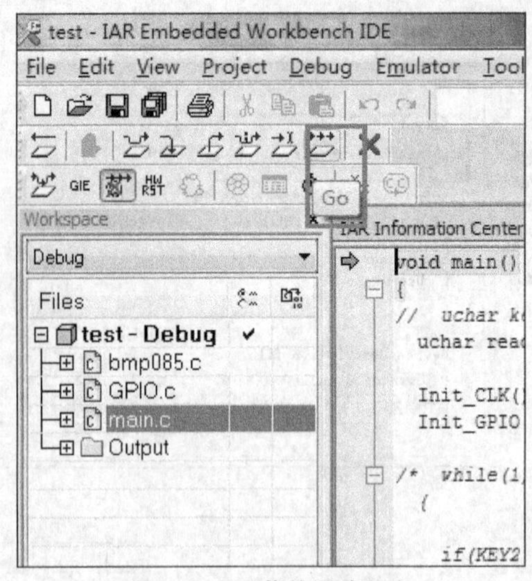

图 C-35　下载并调试程序

C.5　程序缩进设置

(1)单击 Tools→Options 打开设置对话框,设置 Tab 键空格数如图 C-36 所示。

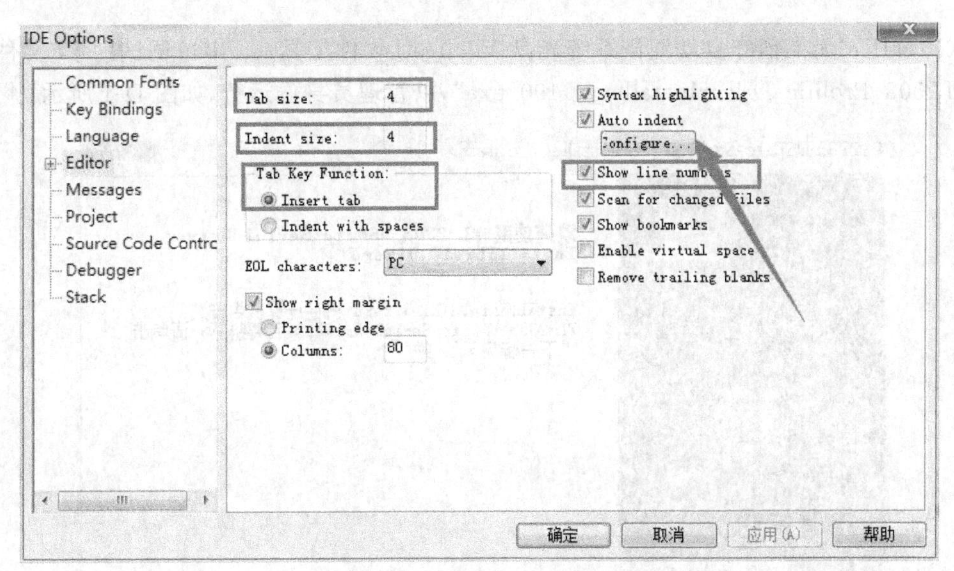

图 C-36　Tab 键空格数设置

(2)单击图 C-36 中的 Configure,在弹出的对话框设置缩进,如图 C-37 所示。

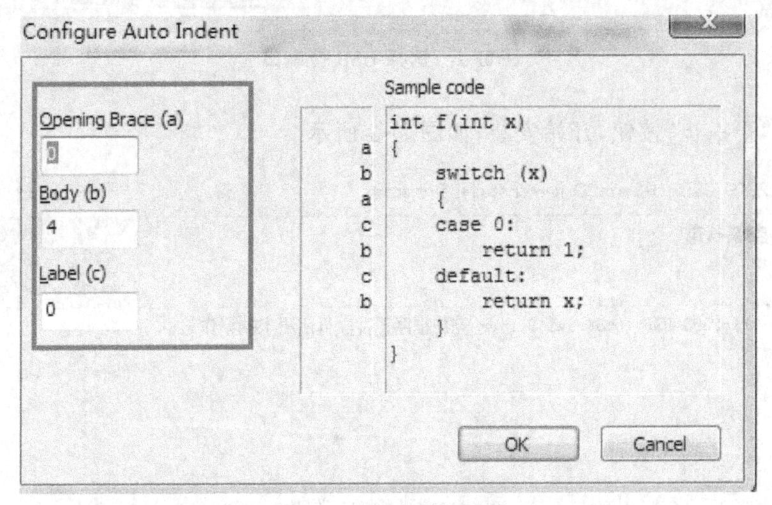

图 C-37　程序缩进设置

附录D　安装USB转串口驱动1

(1)解压:“无人值守自动灌溉系统光盘V2.0/5.软件工具/6.串口调试助手”文件,右击“PL2303_Prolific_DriverInstaller_v1190.exe”,以管理员身份运行,如图D-1所示。

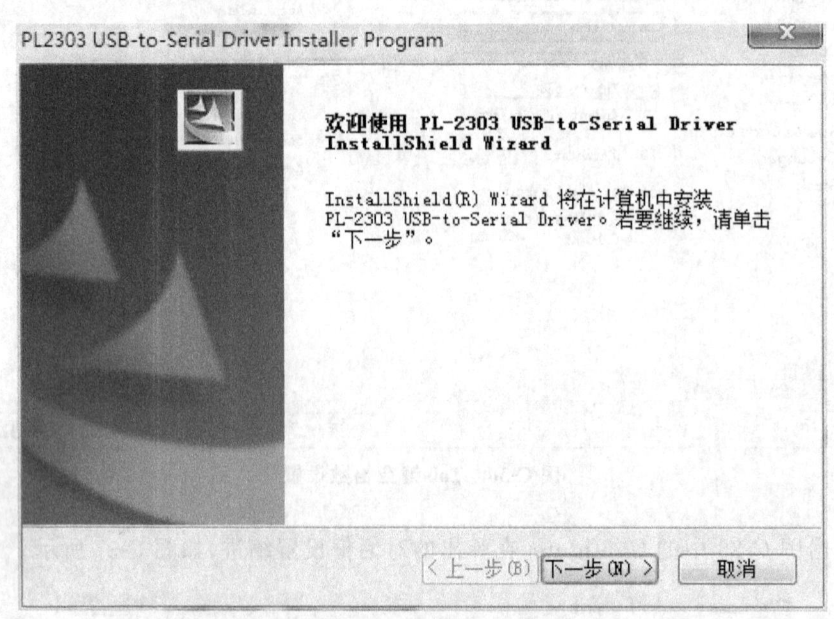

图D-1　选择USB转串口

(2)单击“下一步”按钮,开始安装,如图D-2所示。

PL2303 USB-to-Serial Driver Installer Program
安装状态
PL-2303 USB-to-Serial Driver 安装程序正在执行所请求的操作。
InstallShield
取消

图D-2　信任安装

(3)安装结束后,单击“完成”按钮,如图 D-3 所示。

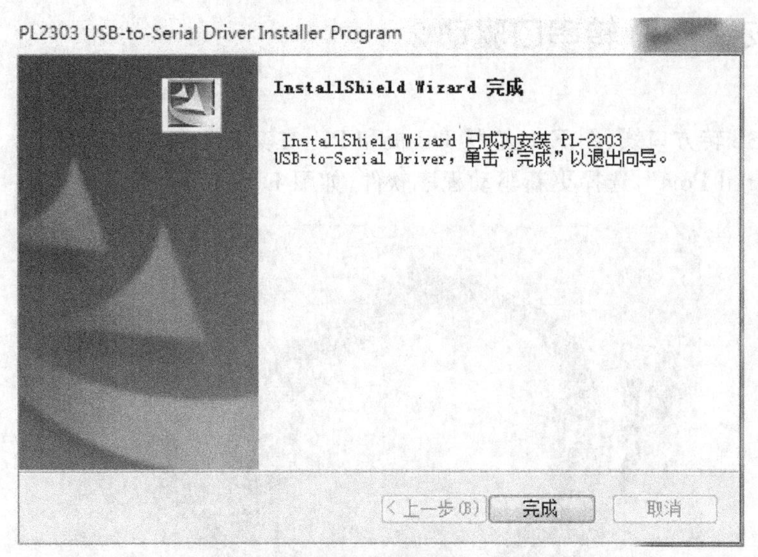

图 D-3　完成安装

(4)将 USB 转 RS232 串口线连接到 PC 上,打开设备管理器,端口处会多增加一个端口,表示驱动安装成功,如图 D-4 和图 D-5 所示。

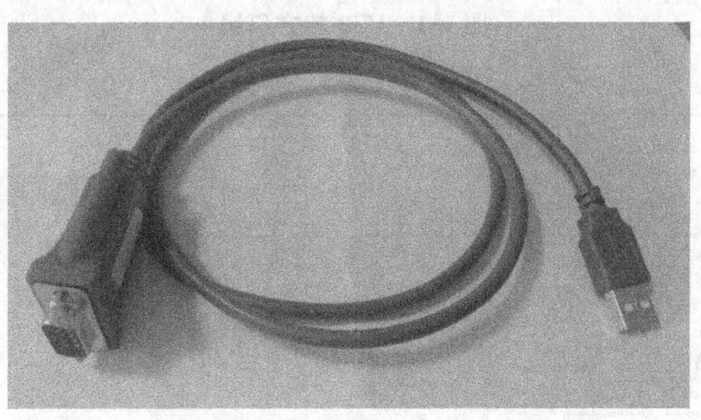

图 D-4　USB 转 RS232 串口线

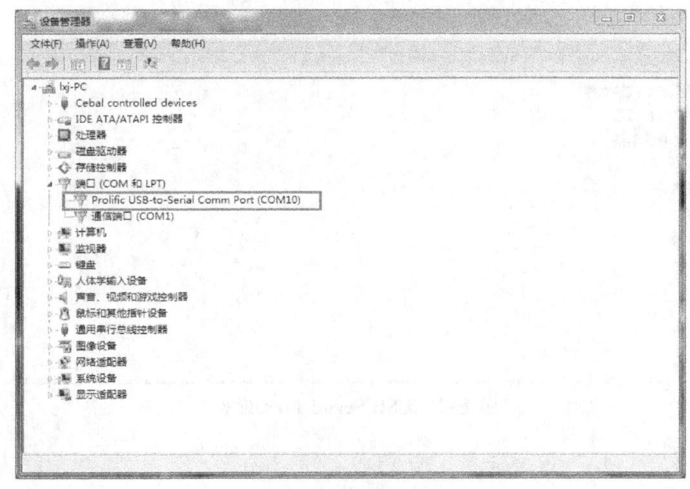

图 D-5　查看端口

附录 E 安装 USB 转串口驱动 2

(1)将 USB 转方口线(图 E-1)连接 DB 板和 PC,在其它设备中弹出“USB Serial Port”,右击“USB Serial Port”,选择更新驱动程序软件,如图 E-1 所示。

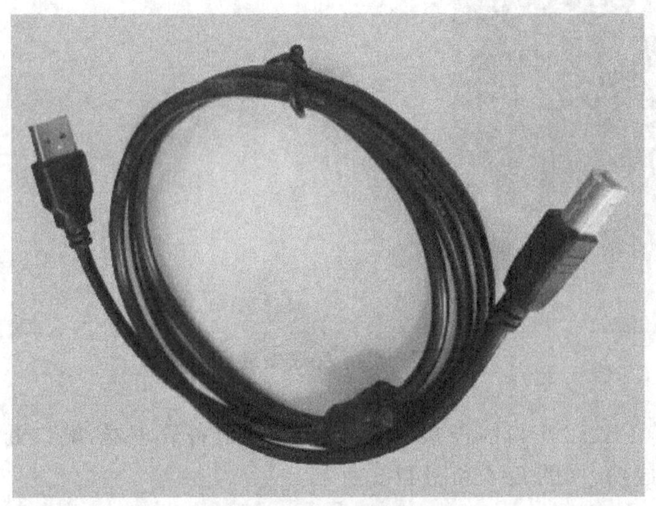

图 E-1 USB 转方口线

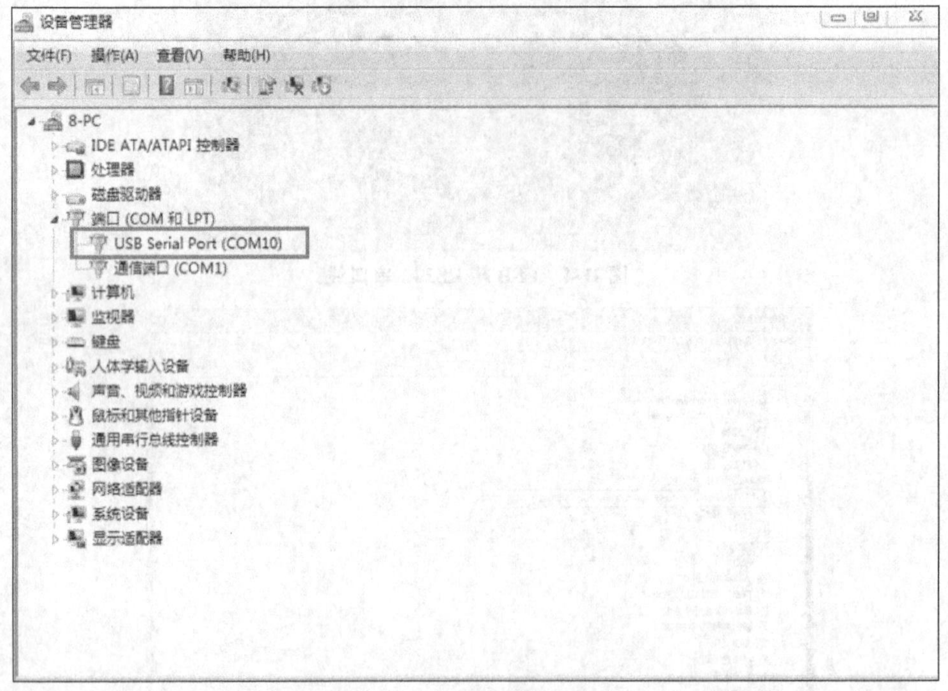

图 E-2 USB Serial Port 设备

(2)选择“浏览计算机以查找驱动程序软件”,如图 E-3 所示。

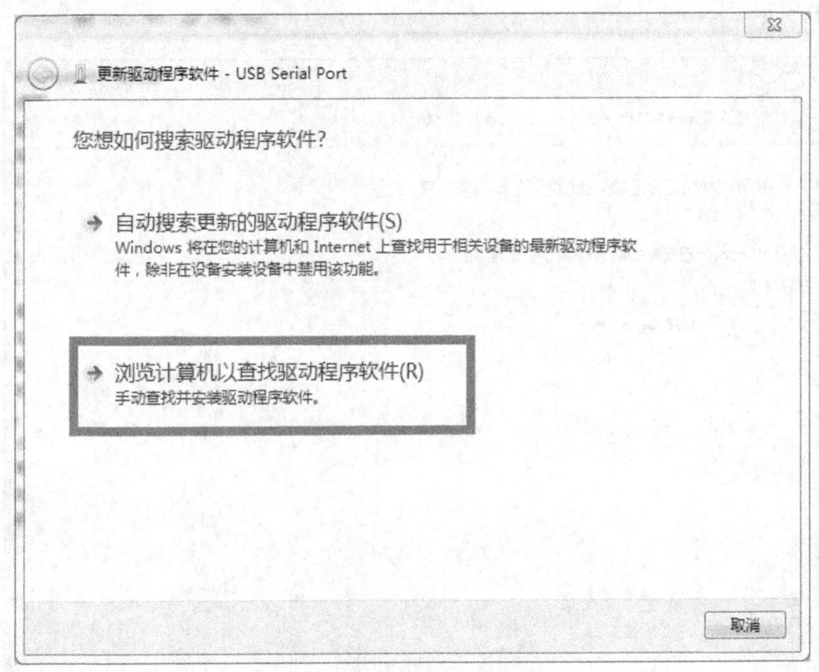

图 E-3　查找驱动程序软件

(3)单击“浏览”按钮,选择路径“无人值守自动灌溉系统光盘 V2.0/5. 软件工具\6. 串口调试助手\ FTDI_Driver-2_04_16”,单击“下一步”按钮,开始安装驱动,如图 E-4 所示。

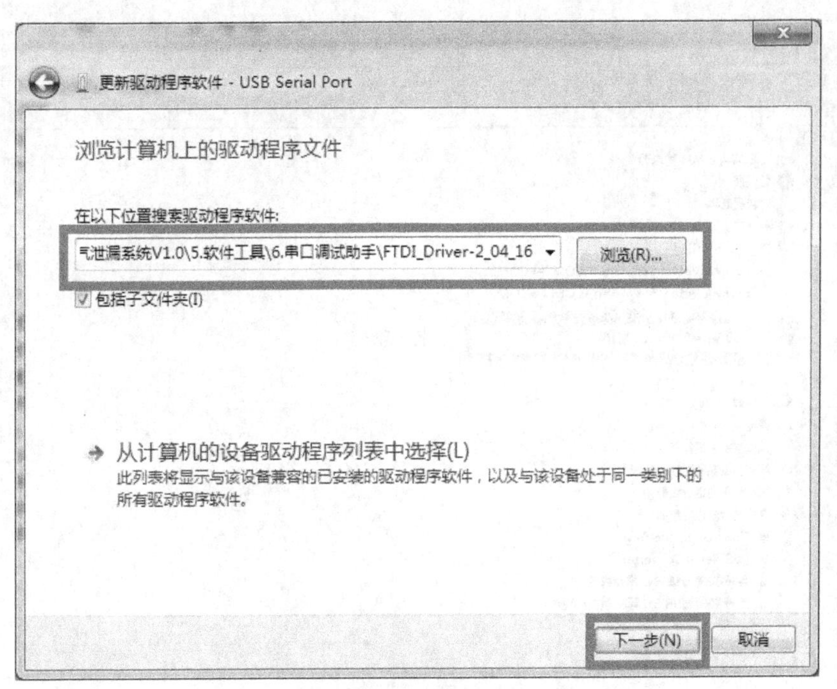

图 E-4　选择路径

(4)驱动安装完毕后,单击“完成”按钮。如图 E-5 所示,设备管理器里会出现如图 E-6 所示的设备。

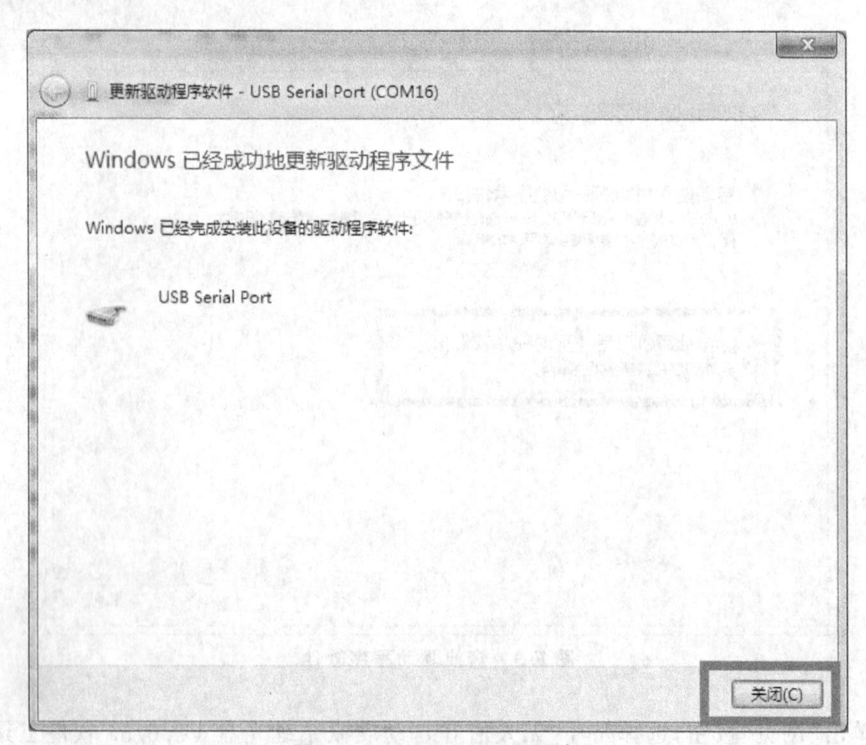

图 E-5 USB Serial Port 设备

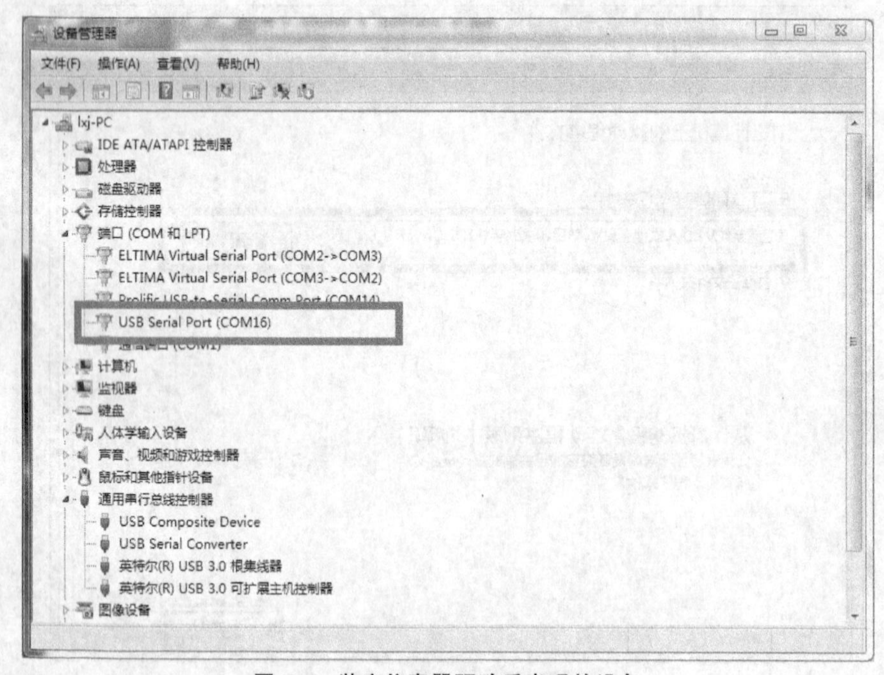

图 E-6 装完仿真器驱动后出现的设备

附录F　安装 USB 转 TTL 驱动

解压:"无人值守自动灌溉系统光盘 V2.0/5. 软件工具/6. 串口调试助手"文件,右击"USBBridgeSetup_CA. exe",以管理员身份运行,如图 F-1 所示。

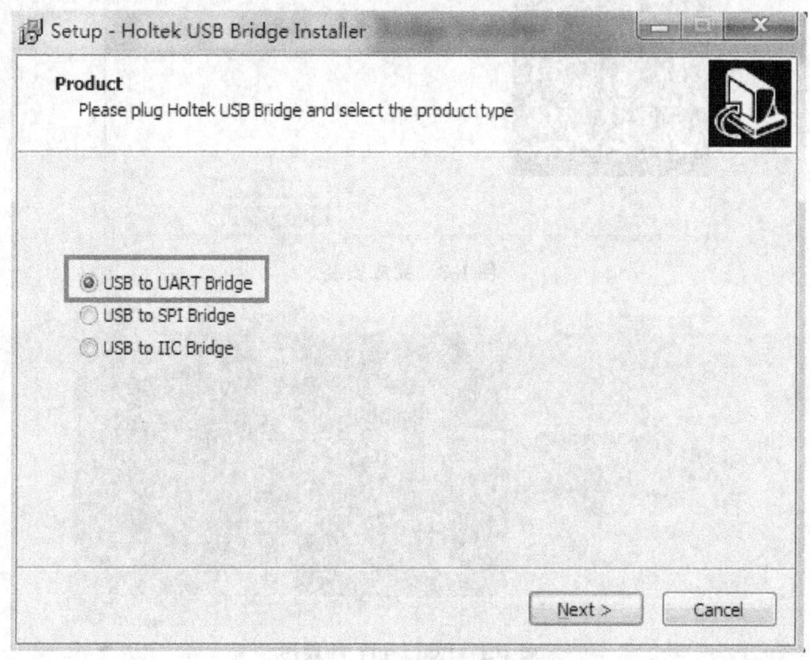

图 F-1　选择 USB 转串口

(1)一路单击"Next"按钮,出现如图 F-2 所示界面,选择信任、安装。

图 F-2　信任安装

(2)单击"Finish"按钮完成安装,如图 F-3 所示。

(3)用 USB 转方口线将 USB&TTL 转接板连接到 PC 上,打开设备管理器,端口处会多增加一个端口,表示驱动安装成功,如图 F-4 所示。

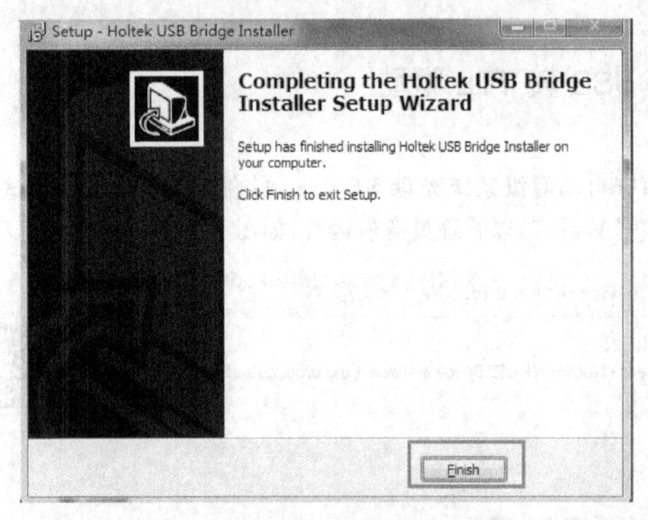

图 F-3　完成安装

图 F-4　USB&TTL 转接板

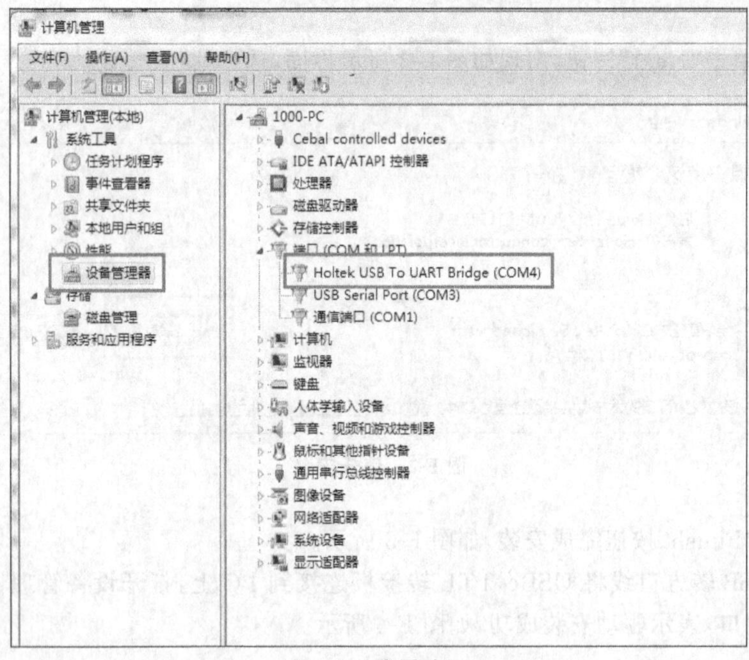

图 F-5　查看端口

附录 G　安装 chrom 浏览器

（1）将光盘里面的“无人值守自动灌溉系统光盘 V2.0/5. 软件工具/5. chrom”浏览器复制到计算机根目录下，然后去掉只读属性，最后双击 5. chrom 浏览器文件夹里面的 70.0.3538.110_chrome_installer.exe，如图 G-1 所示。

图 G-1　打开文件-安全警告

（2）单击“运行”按钮，稍等几秒，安装成功后会自动打开，如图 G-2 所示。

图 G-2　运行浏览器